U0340242

流域环境与流域管理丛书

编 委 会

主 编：安艳玲

副主编：吴起鑫 王 远

成 员：

统 稿：安艳玲

流域环境与流域管理丛书

赤水河流域
水环境保护与流域管理研究

RESEARCH ON THE AQUATIC ENVIRONMENT
PROTECTION AND WATERSHED MANAGEMENT OF
THE CHISHUI RIVER BASIN

安艳玲　等著

中国环境出版社·北京

图书在版编目（CIP）数据

赤水河流域水环境保护与流域管理研究/安艳玲等著. —北京：中国环境出版社，2017.10
（流域环境与流域管理丛书）
ISBN 978-7-5111-3308-3

Ⅰ. ①赤… Ⅱ. ①安… Ⅲ. ①长江流域—水环境—环境管理—研究 Ⅳ. ①X143

中国版本图书馆 CIP 数据核字（2017）第 202040 号

出 版 人　王新程
责任编辑　宾银平
责任校对　尹　芳
封面设计　宋　瑞

出版发行　**中国环境出版社**
　　　　　（100062　北京市东城区广渠门内大街 16 号）
　　　　　网　　址：http://www.cesp.com.cn
　　　　　电子邮箱：bjgl@cesp.com.cn
　　　　　联系电话：010-67112765（编辑管理部）
　　　　　　　　　　010-67113412（第二分社）
　　　　　发行热线：010-67125803，010-67113405（传真）
印　　刷　北京中科印刷有限公司
经　　销　各地新华书店
版　　次　2017 年 10 月第 1 版
印　　次　2017 年 10 月第 1 次印刷
开　　本　787×960　1/16
印　　张　18
字　　数　300 千字
定　　价　89.00 元

总　序

　　流域是产业集中和经济发达的地区，也是水污染事故频发区域。1994 年，淮河水污染事件；2002 年，云南南盘江水污染事件；2003 年，三门峡水库泄出"一库污水"事件；2004 年，四川沱江特大水污染事件；2005 年，吉林松花江污染案；2006 年，牡丹江水棉霉污染事件；2007 年，太湖蓝藻暴发事件；2008 年，阳宗海砷污染事件；2009 年，盐城重大水污染事故；2010 年，大连新港输油管道爆炸案、紫金矿业污染案；2011 年，云南曲靖铬渣污染事件；2012 年，广西龙江镉污染；2013 年，山西苯胺泄漏事故的排污渠汇入浊漳河事件；2014 年，汉江武汉段水污染事件；2015 年，甘肃锑泄漏事件。不断爆发的突发性水污染事件给人民的生活带来了严重影响，同时也引发人们对于水环境的高度关注。

　　2015 年，国家正式颁布《水污染防治行动计划》（"水十条"），这是当前和今后一个时期全国水污染防治工作的行动指南。并明确指出："水环境保护事关人民群众切身利益，事关全面建成小康社会，事关实现中华民族伟大复兴中国梦。当前，我国一些地区水环境质量差、水生态受损重、环境隐患多等问题十分突出，影响和损害群众健康，不利于经济社会持续发展。"

　　2016 年，国家发展改革委印发《"十三五"重点流域水环境综合治理建设规划》，规划旨在进一步加快推进生态文明建设，落实国家"十三五"规划纲要和《水污染防治行动计划》提出的关于全面改善水环境质量的要求，充分发挥重点流域水污染防治中央预算内投资引导作用，推进"十三五"重点流域水环境综合治理重大工程建设，切实增加和改善环境基本公共服务供给，改善重点流域水环境质量、恢复水生态、保障水安全。此外，"十三五"期间，针对流域水环境的突出问题，将推行分类施策，按照重要河流、重要湖库、重大调水工程沿线、近岸海域、城市黑臭水体五大重点治理方向，实行有限目标的综合治理。

贵州省是"两江"（长江流域和珠江流域）的上游，贵州境内流域的水环境质量与"两江"的可持续发展息息相关。赤水河是长江上游的一级支流，位于川、滇、黔三省接壤地带，地跨4个地级和13个县级行政单位，云、贵、川三省人民把赤水河誉为生态河、美酒河、美景河、英雄河。清水江流域是沅江的主源，位于贵州省东南部，是长江流域洞庭湖水系沅江上游主流河段，是贵州省第二大河。三岔河流域是乌江的正源，发源于贵州省西部乌蒙山东麓威宁县，由花鱼洞、黑鱼洞、石缸洞流出的三股地下涌水形成。流域东部与猫跳河相接；南部是珠江流域与长江流域的分水岭，紧邻西江上游支流北盘江；西面是乌蒙山，与金沙江支流横江—牛栏江相隔；北面是乌江一级支流六冲河。都柳江流域，隶属珠江水系，是西江水系一级支流柳江流域的上游。

为了响应党的十八大提出的"努力走向社会主义生态文明新时代"的伟大号召，迎接流域治理与管理新时代的来临，我带领课题组以贵州的赤水河流域、清水江流域、三岔河流域、都柳江等为研究对象，从采样到实验、测试、分析，历经5年时光，在"十三五"开局之年推出"流域环境与流域管理丛书"（以下简称"丛书"）。"丛书"力争出版5部，"丛书"涉及学科很多、内容广泛，理论与实践问题研究较深，大致可以归纳为流域水质现状评价，流域水化学特征及其影响因素研究，流域土地利用方式、景观格局对水质的影响研究以及流域管理政策体制的实践等方面内容。

　　"丛书"是课题组从采样到实验、测试、分析的研究成果，鉴于理论水平有限，有些认识不一定到位，因而"丛书"只能说给读者和研究者提供一个平台继续深入探讨，恳请专家学者和广大读者指正，共同迎接流域治理与管理领域的繁荣与发展。

前　言

赤水河是长江上游的一级支流，位于川、滇、黔三省接壤地带，地跨 4 个地级和 13 个县级行政单位。全长 444.5 km，流域面积 18 932 km²，河流总落差 1 588 m。赤水河流经的 13 个县市，因所处流域位置不同、发展水平差异，导致不同行政区之间在流域水资源的开发利用、防洪、生态环境保护等方面有不同的利益需求。总体上来看上游地区对生态保护的经济补偿较为关注，中游地区对上游排污控制和水质保护更加关注，下游地区对水质要求、流域防洪、蓄洪区建设与上游水土流失与污染排放、长江联运较为关注。

赤水河上游干流流经云南省的镇雄县与威信县、贵州省的毕节市七星关区、大方县、金沙县。这一区域贫困人口多，农村能源短缺，森林植被破坏严重，农业面源污染严重，生态环境压力大。尽管当前水土保持工作已经取得很大成就，但水土流失问题仍然严重，滑坡、泥石流等灾害多、频率高，对本地区人民生命财产安全带来极大危害。赤水河上游工业以采煤、电力和煤化工为主，给环境带来极大的危害，污染物减排和环境保护压力大。上游所流经地区除毕节市外，其余各县都是国家级贫困县，经济基础薄弱，生态环境脆弱，依靠自身的力量实施生态保护难度很大，需要生态效益补偿的办法，实行水资源和生态效益的有偿使用。通过立法、市场等手段解决中下游地区对上游的利益补偿，使上游生态环境保护与建设的资金得到长期、稳定、规模的投入，扭转生态环境恶化的局面，对赤水河流域的保护至关重要。

赤水河中游流经贵州省遵义市的播州区、桐梓县、仁怀市、习水县，四川省的古蔺县。这一区域人口密度大，垦殖率高，水土流失治理远远赶不上水土流失的速度，水土流失严重，为此造成生态环境恶化的趋势越来越重。赤水河流域中游工业发展主要以酿酒业为主，是我国著名的优质白酒生产基地。中游酿酒业与城镇污水对下游水质带来了较大的影响，随着经济的发展和城市化进程的加快，水污染问题日渐突出，对下游造成的影响与损失也将越来越严重。

赤水河下游干流流经赤水市、合江县，是流域内生态保护与经济发展都比较好的区域。这一区域内有世界自然遗产地赤水丹霞、赤水杪椤国家级自然保护区，生态环境保护较好，森林覆盖率达到 50%以上。农业经济发达，是流域内商品农业最发达的区域，农产品人均占有量是流域其他区域的 2~4 倍。其工业以化工、造纸、食品加工为主，随着经济社会快速发展，水环境问题、生态环境问题带来的威胁也越来越突出，维持现在III类水质要求的难度也将更大。

云南、贵州、四川三省人民把赤水河誉为生态河、美酒河、美景河、英雄河。

生态河。赤水河流域属于长江上游珍稀、特有鱼类国家级自然保护区的重要组成部分，并建成了 3 个国家级自然保护区、2 个国家级森林公园，流域内在世界同纬度地区保护最好的常绿阔叶林带、百万亩竹海、面积居全国第一位的丹霞地貌，以及古人类遗址、古文化遗址、古盐道遗迹和红军四渡赤水时留下的重要革命历史文物，具有重要的生态环境保护、文物保护和旅游开发价值。目前赤水河共有鱼类 109 种，其中长江上游的特有鱼类 29 种。根据《关于调整长江合江——雷波段珍稀鱼类国家级自然保护区有关问题的通知》（环函〔2005〕162号）文件，赤水河被列入长江上游珍稀、特有鱼类国家级自然保护区，总面积 33 174.2 hm²，核心区 10 803.5 hm²，缓冲区 15 804.6 hm²，实验区 6 566.1 hm²。保护区的主要保护对象是 69 种珍稀、特有鱼类，以及大鲵和水獭及其生存的重要生境。据贵州省农委水产局统计：赤水河有浮游植物 35 属，其中硅藻门 20 属，绿藻门 8 属，蓝藻门 7 属，藻类的组成以硅藻门为主，其次为绿藻和蓝藻；有浮游动物 51 属 87 种，其中枝角类 19 属 36 种，轮虫 18 属 32 种，桡足类 9 属 13 种，原生动物 5 属 6 种，常见种类有象鼻蚤、尖额蚤和臂尾轮虫；有底栖动物四大类，共 40 属 50 种，其中水生昆虫 19 属 19 种，软体动物 10 属 18 种，环节动物 7 属 7 种，甲壳动物 4 属 6 种，常见种类有耳萝卜螺、水蛭蚓、圆田螺、背角无齿蚌；有水生维管束植物 24 属 33 种，有眼子菜、菹草、聚草、轮叶黑藻等稀疏群落，还有如喜旱莲子草、旱苗蓼等湿生植物；有鱼类 111 种和亚种，隶属 7 目 17 科 71 属，其中有长江上游珍稀特有鱼类 28 种；其他水生野生动物有国家二级保护动物大鲵，日渐稀少的龟、中华鳖及水獭等。基于赤水河较好地保留了生命之河的重要生态价值，2006 年年初，世界自然基金会开始实施"携手保护生命之河——赤水河"项目，保护赤水河流域生物多样性，实现生态环境与经济发展的可持续性。赤水河流域已成为国际生态环境保护领域高度关注的全球重要生物多样性区域之一。

美酒河。赤水河这条目前国内唯一没有筑坝、没有建设电站的干流无坝长江唯一支流，具有高度的生境异质性、河谷微生物群落、生态环境多样性、原生境的生物多样性等独特河流生态环境，孕育了茅台、郎酒等中国酒文化。以茅台为代表的白酒位于我国乃至全世界最为名贵的白酒之列，所占的经济比重非常大。早在 1972 年的全国计划工作会上，周恩来总理明确指示："在茅台河上游100 km 范围内，不能因工矿建设影响酿酒用水，更不能建化工厂。"多年来，在各级政府的共同努力下，赤水河流域水质、生态环境保存较好，没有大面积污染现象，保证了美酒的酿造。按照时任中共中央总书记胡锦涛关于加快发展贵州特色优势产业的重要指示精神，2011 年 4 月，贵州省委、省政府提出了把茅台酒打造成"世界蒸馏酒第一品牌"、把茅台镇打造成"中国国酒之心"、把仁怀市打造成"中国国酒文化之都",努力做到"未来十年中国白酒看贵州",推动全省白酒产业跨越式发展的战略思想。如果不加强赤水河流域的环境保护和治理,赤水河本身的自净能力将达到极限,水质会不断恶化,美酒河将不复存在,将对我国经济的发展造成重大损失。

多年来,党中央、国务院有关部委对赤水河上游生态环境保护和建设工作非常重视,不断加大资金投入和政策支持力度。贵州、四川、云南三省各级政府和部门及流域有关企业对赤水河的生态环境保护建设也做了大量卓有成效的工作,特别是在流域的水质保护、生物多样性和生态环境保护方面,使赤水河目前仍是长江上游唯一一个自然生态环境保护良好、自由流淌的一级支流。

但是近年来,随着经济社会的快速发展,赤水河流域良好的自然生态环境正面临产业结构初级化、城镇发展无序化、农村贫困化和流域规划不协调带来的威胁,再加上工业化和城镇化进程的加快,导致了流域内保护与发展的矛盾,水质污染、森林资源减少、河道水量减少、生物多样性受破坏等问题显现,加剧了流域生态环境保护的严峻性。

因此,加强赤水河流域保护,有利于推动贵州省白酒产业跨越式发展,有利于创建珍稀特有鱼类栖息的良好生态环境,有利于促进水生生物多样性健康发展,有利于确保沿岸群众饮用水安全,有利于提供流域综合管理典型范例,对保护三峡库区上游生态环境,确保社会经济的可持续发展有极其重要的作用。

鉴于赤水河流域保护的重要意义所在,从 2012 年开始,笔者带领课题组成员,历经 4 年,系统研究赤水河流域水质时空分布特征、水化学特征及其控制因素、不同土地利用/土地覆被变化与水质的响应、沉积物的微量元素时空分布及赋存状态、生态补偿机制、流域可持续管理的对策建议等方面,以期为赤水河流域生态环境保护与可持续管理提供借鉴和理论参考。

本书由 8 章组成：

第 1 章主要介绍赤水河流域的概况，主要包括地理区位、地质地貌、水文气象及社会经济等情况。

第 2 章主要介绍样品采集及分析测试方法。

第 3 章主要阐述赤水河流域水化学特征及其控制因素。对赤水河流域河水主要离子浓度进行测定，分析流域主要离子组成及时空变化特征，并根据流域离子组成、水化学特征分析流域主要化学风化过程，探讨赤水河水化学的控制因素以及主要离子的来源，并估算各类岩石风化（主要是碳酸盐岩和硅酸盐岩）对赤水河流域的影响。

第 4 章主要分析赤水河流域水质时空分布特征。对赤水河流域选取的 29 个采样点的 pH、DO、COD_{Cr}、NH_3-N、TN、TP 六项水质指标进行测定，首先运用基于层次分析法、熵权法和超标加权法确定的组合权重、改进的综合水质标识指数法，得出赤水河的水质类别，进行水质定性和定量评价；其次根据水质标识指数的变化分析赤水河干流的水质时空分布变化特征，并结合相关性分析初步确定枯水期和丰水期主要的污染来源；最后选取典型人类活动反映指标，利用多元线性回归分析，进行水质时空分布与人类的响应关系研究。

第 5 章主要研究不同土地利用/土地覆被变化条件下赤水河流域的水质变化。以 ERDAS IMAGINE 9.1 软件为平台，选择赤水河流域作为研究区，采用赤水河流域 2009 年的遥感 ETM⁺影像和 2013 年的遥感 OLI 影像作为数据源，分别提取两个年份的土地利用/土地覆被信息，得到 2009 年和 2013 年赤水河流域的土地利用/覆被变化数据；并结合赤水河流域（贵州段）2009—2012 年的水质监测数据，以及 2013 年课题组对赤水河全流域采样得到的水质数据，采用子流域分析法，分析子流域尺度下土地利用结构变化与水质变化的相关性，进而建立赤水河流域水质对土地利用变化的空间响应模型。

第 6 章主要研究赤水河流域沉积物中微量元素时空分布特征及赋存状态。以赤水河流域水体表层沉积物为研究对象，采用耶拿连续光源火焰-石墨炉一体原子吸收分光光度仪和吉田冷原子荧光光谱仪对赤水河表层沉积物中的 Cu、Zn、Cd、Mn、Ni、Hg、As、Cr、Pb、Fe 共 10 种元素总量及 Cu、Cd、Cr、Ni、Pb 5 种元素的五步形态提取量进行测定。在此基础上，对赤水河流域水系沉积物中微量元素的时空分布、来源、赋存形态及其生物可利用性等进行分析，并采用地积累指数法、Tomlinson 污染负荷指数法、Hakanson 潜在生态风险指数法对沉积物中的微量元素总量进行评价；采用次生相与原生相分布比值法对 5 种形态含量进行评价。

第 7 章主要研究赤水河流域生态补偿机制。从水污染生态防治成本、上游地区生态保护总成本兼顾考核断面水质水量达标情况、上游地区生态系统服务价值以及上下游地区经济发展差异的角度出发，计算了赤水河流域水环境容量及分别作为上限、下限及标准值的生态补偿标准；并在总结分析国内 4 种典型的政府主导生态补偿模式的基础上，根据赤水河流域上游地区预留的剩余水环境容量市场价值，探讨赤水河流域生态补偿机制的建议，构建基于信息熵值理论的补偿标准分配模型，并以生态保护总成本量为初始值模拟补偿标准分配额度。

第 8 章主要阐述赤水河流域保护与管理的政策及法规（保护条例、生态补偿办法、河长制、生态文明体制改革、规划）实施背景及其效果。

衷心感谢恩师南京大学环境学院前院长陆根法教授多年来的谆谆教导。衷心感谢贵州省科技厅的课题经费支持，才使我们有机会对赤水河流域开展系统、深入的研究，也让我们有机会用所学的专业知识为赤水河流域治理与管理献计献策。衷心感谢贵州理工学院书记曾羽教授、校长龙奋杰教授、副校长宋建波教授、副校长王建平教授给予的鼓励和鞭策。

在读博士研究生蒋浩、于霞和吕婕梅，贵阳市青年志愿者指导中心的罗进，烟台市环境监测中心站的张聪，安徽省合肥市委组织部的陈东晖，贵州省水利投资（集团）有限公司的刘霄，均为赤水河流域的系统研究付出了辛勤劳动，他们还参与了部分书稿的编写及材料准备等工作。课题组的彭宏佳、秦玲、曾杰、葛馨、秦立、柯安、杨天浩、陈银波、叶润成、黄轶婧等研究生为本书做了文字校正、图形美化、排版等大量工作。本书的撰写还引用了大量参考文献，在此一并表示感谢。

还要感谢我的先生赵忠勇及儿子赵孝祺对我的理解和支持。

最后感谢中国环境出版社的宾银平女士为本书出版所付出的辛勤劳动。

由于本书涉及范围广，限于时间仓促以及作者所从事专业和写作水平，鉴于理论水平有限，可能理解不够全面，表述不够准确，因而只能说给读者和研究者提供一个平台继续深入探讨，恳请同行专家学者和广大读者批评指正，共同迎接流域治理与管理领域的繁荣与发展。

安艳玲

2017 年 3 月 20 日于贵州理工学院

目　录

第 *1* 章
赤水河流域概况

1.1 自然生态环境

1.1.1 地理位置

赤水河位于川、滇、黔三省接壤地带，东经 104°45′～106°51′，北纬 27°20′～28°50′，发源于云南镇雄县鱼洞乡大洞，至四川省合江汇入长江。赤水河河流总长 444.5 km，流域总面积 18 932 km²，地跨云南省（10%）、贵州省（59%）、四川省（31%）。流域贵州段干流总长 268.4 km，主要流经毕节地区的七星关、大方、金沙和遵义市播州区、仁怀市、赤水市、习水县、桐梓县，流域面积 10 700.2 km²，占全流域土地面积的 56.4%。赤水河流域水系见图 1-1。

1.1.2 地质地貌

赤水河流域属于扬子沉积区，从元古界到新生代的地层均有出露，主要岩性为碳酸盐岩、泥岩、砂岩、砾岩等类型。流域中上游地区为典型的喀斯特地区，下游赤水—习水地区主要为丹霞地貌，以红色陆相碎屑岩分布为主。

由于受地质构造和岩性的影响较大，赤水河流域形成了山原中山峡谷地貌特征。自第三纪以来，构造运动呈间歇性上升，形成了地貌景观的成层性，除三级河谷阶地外，还有三级夷平面，在地壳隆起过程中，由于上升幅度不一，导致夷平面由西向东倾斜，同一夷平面西部比东部高 100~200 m。图 1-2 为赤水河流域地势。

1.1.3　气候条件

赤水河流域属中亚热带—南亚热带湿润气候区[1]，具有温暖湿润、无霜期长、冬暖春早，夏季炎热多伏旱、降水量大的特点。上游的源头区（二道河以西）处于高原地带，夏短冬长，春长于秋，四季不分明，蒸发量小，湿度大，干雨季不明显，夏无酷暑，冬无严寒，春秋暖和，一雨成冬。中上游年均气温 13.1~17.6℃，年降水量 749~1 286 mm，无霜期有 320 d[1]，≥10℃积温 3 920.5~4 770℃。古蔺、土城一带是赤水河流域少雨区，年降雨量 749~777 mm，属典型的中亚热带气候区。下游地区属四川盆地，多年平均气温介于 18.1~18.2℃，多年平均降水量 1 189~1 386 mm，无霜期为 357 d。降水主要集中在 5—10 月，暴雨多发生在 5—8 月，积温 5 800~5 888℃。

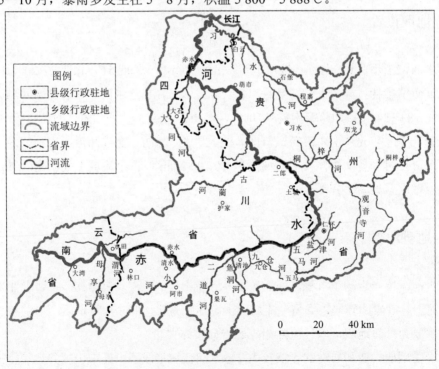

图 1-1　赤水河流域水系

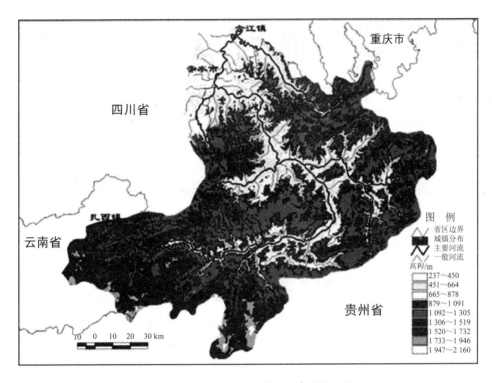

图 1-2　赤水河流域地势（来源：贵州省环保厅）

1.1.4　土壤植被

　　复杂的地质、地貌和气候条件造就了赤水河流域土壤类型的多样性，流域内黄壤、黄棕壤、黄红壤、石灰土、紫色土和水稻土广泛分布。黄壤主要分布于流域中上游地区，主要集中在四川境内海拔 500～1 400 m、中游 1 000～1 700 m 地区、上游 1 200～1 850 m 地区，酸性强（pH 在 4.5～5.5）。黄红壤主要分布在下游干流及支流的河谷地带，酸性至微酸性，pH 为 5.5。黄棕壤主要分布于上游源头山地区，分布海拔 1 400～1 900 m。源头区 1 850～2 400 m、中游 1 600～2 200 m 地区是棕壤和黄壤的过渡区，土壤呈酸性或强酸性，主要成分为石灰岩、第四系红色黏土等。石灰土是流域内分布较广的主要土壤之一，常与地带性土壤交错分布，土壤大多呈中性至微碱性。紫色土在毕节、大方、遵义、仁怀、习水、威信等地为带状分布，古蔺、赤水、合江等地连片分布，是流域内

3

下游地区的主要农业土壤。水稻土是主要的耕作土壤之一，主要分布在赤水河下游地区，在四川境内广泛分布于海拔 1 300 m 以下的槽谷缓坡和坝地，水稻土的分布上限大致为黄棕壤的分布下限。

1.1.5　水文水资源条件

赤水河流域落差 1 588 m，平均比降 3.57%[2]。上游水浅流急，含氧丰富，年均含沙量 0.8 kg/m³，水质可达国家Ⅱ级标准。中下游河段水面宽阔，水深流缓，径流主要来源于降水补给，河口多年平均流量 289.7 m³/s，年径流量 91.3×10⁸ m³，含沙量 0.92 kg/m³。2012 年赤水河流域水资源流量情况见表 1-1。

表 1-1　赤水河流域分区 2012 年水文水资源量统计

流域分区	年降水总量/亿 m³	地表水资源量/亿 m³	地下水资源量/亿 m³	水资源总量/亿 m³	人口/万人	人均水资源占有量/(m³/人)
赤水河流域	112.001	50.936	14.272	50.936	284.33	1 791
长江流域	1 081.438	511.302	165.739	511.302	2 775.62	1 842

资料来源：《赤水河流域（贵州）环境现状调查报告及初步容量分析》。

1.2　社会经济环境

1.2.1　流域水环境质量现状

流域人口密度较大，为 282 人/km²，特别是上游地区，人口密度远高于云南、贵州、四川三省的平均人口密度。近年来，赤水河流域的水质总体状况较好，达到国家Ⅱ类水的标准，但是赤水河流域已出现明显的生态环境退化现象。例如，上游地区陡坡种植和乱砍滥伐、土法炼硫等导致的流域土壤侵蚀、河道沉积物和养分载荷；散布于流域中下游沿岸的小煤窑、酒作坊、小纸厂快速膨胀，加上城镇污水处理滞后，城镇居民生活垃圾等点源污染造成的水体总磷、氨氮、COD、高锰酸盐指数等超标，导致流域污染较为严重，水环境质量有明显退化的趋势[3]。上、下游沿岸共同存在的高污染、高能耗产业（采矿业、化工业、印染业等）废弃物及污水直接排放导致的水质、水量下降问题，加上流域处于喀斯特环境下的生态脆弱区，生态环境面临着不可逆的破坏。

1.2.2　流域经济社会发展总体概况

赤水河流域经济社会发展较为落后且上下游发展差距较大。上游工、农业发展较为落后，交通不便利，中、下游流域经济发展较快。上游流域流经地区有镇雄、威信、大方、习水、古蔺以及叙永县 6 个国家级贫困县。迄今为止，这个区域仍然是贵州、云南和四川相对落后的地区[4]。赤水河流域的人均 GDP 仅为全国平均水平的 1/3；上游各县人均 GDP 最低，其中上游镇雄县仅只占全国平均水平的 1/10；而中下游流经城市仁怀市由于有白酒工业支持，人均 GDP 已经超过全国平均水平，成为流域经济发展最为强劲的地区。不断积累的生态退化与经济发展制约相互交织，对流域经济的可持续性发展十分不利，也增加了政府部门保护赤水河流域的难度。

赤水河流域生态环境现状调查与评价的结果表明赤水河流域存在潜在的生态环境风险。赤水河流域正受到城镇无序化发展、土地利用方式变化、产业结构初级化、农村贫困生态化和流域规划管理地域化等带来的威胁。一方面，提供优质水源的上游地区，其煤、矿、电、化工等高污染行业是导致出境水质恶化和旱季水流量不断下降的原因，但这些行业也是带动地区经济发展的产业支柱，如果不对其生态保护和限制发展提供生态补偿，那么将会威胁下游地区用水安全并使得优势白酒产业的发展受限；另一方面，赤水河流域上下游因产业定位及区位优势不同而承担了有差异的环境保护责任，这体现在：上游担负了较重的生态保护与建设责任，煤、矿、电、化工等多个资源优势项目因赤水河流域保护而停止建设，当地本就落后的经济发展受到了限制。贵州省对赤水河茅台镇以上的流域采取了严格的环境政策和水质要求，但对其以下河段又采取相对宽松的环境政策，没有从全流域的角度统筹上下游利益主体的环境经济利益，导致上下游矛盾冲突十分明显[5-8]。

赤水河流域经济效益和生态效益矛盾十分突出，流域水质问题已经升级为社会问题。目前的状况下，环境问题比经济问题显得更为迫切。在今后的经济发展与环境保护共赢之路上，赤水河流域既有国家和地方相关政策对于资源优势产业的倾斜，同时也面临水质下降、水量减少、基础设施条件不完善等问题的挑战。

1.2.3　流域产业结构与发展模式

从人均 GDP、产业结构和城镇化率 3 个方面来看，贵州省赤水河流域还处于工业化初级阶段，且上下游经济发展水平差异较大[2]。上游毕节地区农村人口及贫困人口规模大，2013 年城镇化率仅为 31.67%，远低于贵州省和全国的平均水平；产业结构单一，三产结构保持在 18.8：43.2：38 左右，农业发展效率低、服务业发展较为落后、煤炭工业为主要支柱产业，发展方式粗犷；再加上被划定为赤水河流域生态保护功能区后生态保护责任重大，经济发展总量受限，地方财政收入仅为 125.62 亿元，而财政支出高达346.95 亿元，财政收支矛盾突出。此外，全地区城镇居民人均可支配收入为 19 851.16元，略低于全省城镇人均收入水平（20 667.07 元），更低于全国城镇人均收入水平（26 955元）；农村人均纯收入为 5 645 元，虽然略高于全省收入水平（5 434.00 元），但远低于 8 896元的全国收入水平（表 1-2～表 1-4）。

表 1-2　上游毕节地区 2013 年赤水河流域各县基本经济数据统计

市、县	国土面积/km²	总人口/万人	GDP/亿元	城镇居民人均可支配收入/元	农村人均纯收入/元
全市	26 854	653.82	1 041.93	19 851.16	5 645
七星关市	3 412	113.47	219.38	20 905	5 803
大方县	3 505	77.90	120.37	18 859	5 684
金沙县	2 524	55.59	154.84	21 076	6 475

注：2013 年贵州省部分行政区划调整，表中统计数据为行政区划调整前数据。

表 1-3　中游遵义、仁怀、桐梓 2013 年赤水河流域各县基本经济数据统计

市、县	国土面积/km²	常住人口/万人	GDP/亿元	城镇居民人均可支配收入/元	农村人均纯收入/元
遵义市	30 762	614.25	1 584.67	20 504	5 645
仁怀市	1 788	57.33	384.46	21 676	5 803
桐梓县	3 202	52	90	19 966	5 684

表 1-4　下游赤水、习水 2013 年赤水河流域各县基本经济数据统计

市、县	国土面积/km²	常住人口/万人	GDP/亿元	城镇居民人均可支配收入/元	农村人均纯收入/元
赤水市	1 801.2	24.04	59.66	20 094	7 469
习水县	3 128	51.77	112.25	20 751	7 082

贵州赤水河流域中游仁怀、遵义、桐梓是以白酒产业为主导产业的地区，是流域内经济发展最好的地区，人均 GDP 为 23 833 元，为全国的 72.2%（2013 年可比价）；以生产茅台酒而闻名于世的仁怀市，是流域内经济发展最强的县市，人均 GDP 达 36 344 元，超过了全国平均水平；赤水河流域下游习水、赤水以发展制造业为主，人均 GDP 仅 10 279 元。从整体上来看，贵州省赤水河流域内经济发展极不均衡，与全国人均 GDP 相比，赤水河流域的经济发展水平还相差甚远。

1.3　自然资源条件

赤水河上、中游能源资源丰富，干流水能蕴藏量达 127 万 kW，可进行 6 个梯级开发；煤炭资源探明储量 300 多亿 t，远景储量预计约 800 亿 t，主要分布在大方县、金沙县、遵义县、桐梓县、赤水市、习水县和七星关区境内。

赤水河流域是目前世界上酿造著名白酒最多的流域，也是我国生物多样性最丰富、自然景观最美、革命历史最悠久的河流之一。作为长江上游干流唯一没有筑坝的一级支流，其干流和大部分支流仍然保持着与长江的自然连通，因而成为长江上游特有鱼类及多种水生生物的产卵场所。

1.3.1　生物资源

赤水河水体含有多种生物生存所需的微量元素，气候条件温和湿润且人为干扰少，使其成为多种动植物的栖息地和避难所。2005 年，经国务院批准成立的"长江上游珍稀、特有鱼类国家级自然保护区"中，赤水河干流和部分支流纳入此保护区。在长江雷波段珍稀鱼类保护区遭破坏后，赤水河便成为长江上游特有鱼类保护的重要替代生境[1, 9]，是长江上游多种特有生物的重要栖息地。流域分布的 112 种鱼类中，属长江上游特有种

类的就有达氏铭、四川华编、青石爬跳、白甲鱼、中华倒刺、岩原红等 31 种，占长江上游 103 种特有鱼类的 30.1%。

据统计，赤水河流域内共有浮游动物 87 种、水生底栖动物 50 种、鱼类 112 种、两栖爬行动物 20 种、鸟类 126 种、兽类 44 种[1, 10-12]，其中珍稀保护动植物 70 余种[12]。2005 年，赤水河河源至河口被正式批建为长江上游珍稀、特有鱼类国家级自然保护区[13]。

1.3.2　旅游资源

赤水河中下游，丹霞地貌广布，自然景观优美，具有较高的保护价值。贵州赤水市境内地貌奇特、山峰俊美、树木葱郁、沟壑纵横，是我国唯一以行政区命名的国家级重点风景名胜区。2010 年 8 月赤水丹霞被列入世界自然遗产名录[14]，赤水被冠以"丹霞之冠、千瀑之市、竹子之乡、桫椤王国、长征遗址"的美誉，更被誉为中国最美丽的地方和中国最佳绿色生态旅游景区。赤水河流域旅游资源丰富，现拥有 3 处国家级自然保护区、1 处世界自然遗产、1 处国家级风景名胜区和 2 处省级风景名胜区。

1.3.3　矿产资源

赤水河流域目前已知的矿产资源有煤、硫铁矿、铁矿、铜、锌、黏土矿类、砂矿类、石灰石、白云石、方解石、冰洲石、大理石、石膏、石棉和萤石等 20 余种[15]。流域内煤矿资源中烟煤少，以无烟煤为主，主产于二叠系上统龙潭组和梁山含煤组地层，煤质好[16]。流域内硫铁矿资源主产于煤层上、下盘的黏土岩或劣质煤层中。赤水河贵州境内的矿产资源主要分布在毕节市的林口、生机、燕子口一带；大方县的山坝—长石、茶园—大山、路布—雨沙一带；金沙县的保安—马路—契默、太平—环路一带；仁怀市的沙滩—五岔—合马、隆胜—茅台—交通等地。四川省境内古蔺县的陈坪、长坪等少数地点有硫铁矿资源分布。

（1）七星关区。七星关区矿产资源丰富，包括硫、铁、煤、锌、大理石、硅砂等 20 余种。据统计，煤炭地质储量达 42.55 亿 t，以无烟煤为主，有少量烟煤、煤层 4～5 层，机械性能好，热量 7 000～8 000 kcal①；硫铁矿储量达 8.41 亿 t，有铁磺、褐铁磺、菱铁磺、针铁磺等类型，品位较高，易采、易选；大理石资源比较丰富，作为建筑材料颇具开采价值。

（2）金沙县。金沙县境内矿藏达 28 种（含亚矿种），其中不同程度探明了储量的有 8 种。储量大的有煤、硅、磷、镁、铁等，煤炭查明资源储量为 17.89 亿 t，铁矿保有资源储量为 3 644.3 万 t，其中菱铁矿、褐铁矿、硫铁矿、硅铁矿保有储量分别为 3 698 万 t、400 万 t、1 878.2 万 t、1 124 万 t。

（3）大方县。大方县的主要矿产种类有无烟煤、硫铁矿、高岭土、铅锌矿、石灰石、大理石等。其中矿产资源储量潜在经济价值较高的是无烟煤、硫铁矿和大理石：无烟煤属优质煤，是全国 200 个重点产煤县之一，硫铁矿是贵州省大型矿区之一，大理石有"晶墨玉""残雪"等名贵品种。

参考文献

[1] 王忠锁，姜鲁光，黄明杰，等. 赤水河流域生物多样性保护现状和对策[J]. 长江流域资源与环境，2007，16（2）：175-180.

[2] 周玮. 赤水河流域贵州产业发展现状及对策分析[J]. 企业导报，2013（14）：120-123.

[3] 任晓冬，黄明杰. 赤水河流域产业状况与综合流域管理策略[J]. 长江流域资源与环境，2009，18（2）：97-103.

[4] Fan X G，Wei Q W，Chang J，et al. A review on conservation issues in the upper Yangtze River—a last chance for a big challenge: can Chinese paddlefish（Psephurus gladius），Dabry's sturgeon，（Acipenser dabryanus） and other fish species still be saved？ [J]. Journal of Applied Ichthyology，2007，22（s1）：32-39.

[5] 傅伯杰，周国逸，白永飞，等. 中国主要陆地生态系统服务功能与生态安全[J]. 地球科学进展，2009，24（6）：571-576.

[6] 谢高地，张钇锂，鲁春霞，等. 中国自然草地生态系统服务价值[J]. 自然资源学报，2001，16（1）：47-53.

[7] 徐琳瑜，杨志峰，帅磊，等. 基于生态服务功能价值的水库工程生态补偿研究[J]. 中国人口·资

① 1 kcal=4 184 J。

源与环境，2006，16（4）：125-128.

[8] 谢高地，鲁春霞，冷允法，等. 青藏高原生态资产的价值评估[J]. 自然资源学报，2003，18（3）：189-196.

[9] 黄薇，马赟杰. 赤水河流域生态补偿机制初探[J]. 长江科学院院报，2011，28（12）：27-31.

[10] 杨广斌，李亦秋，屠玉麟. 赤水桫椤自然保护区生态环境调查与分析[J]. 林业资源管理，2011（5）：94-100.

[11] 刘军，曹文宣，常剑波. 长江上游主要河流鱼类多样性与流域特征关系[J]. 吉首大学学报（自然科学版），2004，25（1）：42-47.

[12] 胡鸿兴，潘明清，卢卫民，等. 葛洲坝及长江上游江面水鸟考察报告[J]. 生态学杂志，2000，19（6）：12-15.

[13] 干爱华，于斌，刘军，等. 海河干流、大沽排污河沉积物中重金属污染及潜在生态风险评价[J]. 安全与环境学报，2006，6（5）：39-41.

[14] 程驰，周爱国，周建伟. 广西桂平白石山丹霞地貌景观特色与成因过程[J]. 地球科学（中国地质大学学报），2013，38（3）：641-648.

[15] 王海鹤，董泽琴，邹凤钗，等. 贵州省赤水河中段水质研究[J]. 长江流域资源与环境，2010，19（Z1）：85-89.

[16] 邹凤钗，董泽琴，王海鹤，等. 赤水河中段水环境质量现状[J]. 中国人口·资源与环境，2010，20（3）：368-371.

第**2**章
样品采集与测试分析

2.1 样品采集

为保证采集的样品具有代表性，本研究在考虑赤水河流域水系的环境单元划分，各单元的流域面积、径流量、长度，以及有关自然地理要素等的基础上，结合考虑赤水河流域河水所经过区域的经济、主要产业、人口、城市、交通、资源等因素的影响，合理分布采样点，在可能的条件范围内进行最佳的样品点设置，从而使采集的样品能综合反映研究区的水环境质量、水化学信息及区域污染状况[1]。

为宏观、全面地反映一个水文年内赤水河流域的水质、水化学变化特征，按照水文变化规律，采样分为枯水期及丰水期两个阶段。由于本书各章节研究内容的不同，样品点个数及编号有一定差别，因此，具体采样点详见各章节。

水样采集过程中遵循水流的运动规律以及环境水文特征，严格按照河水水样采集标准进行，确保采集水样的有效性。样品瓶采用事先用纯净水洗净的聚乙烯塑料瓶，采样时将样品瓶注入样品河水约半瓶，荡洗后将水倾倒至采样点下游，如此反复润洗 3 次后，取水面以下约 10 cm 处的河水样品，所有河水样品均充满样品瓶，不留气泡，并及时记录采样点信息[1]。

沉积物采集过程中，用塑料锹尽量在活水流线上，如河流的中间地点，若河流中间沉积物较少难以采集时，在水流缓滞处采集，尽量避开河岸坍塌物、人工搬运物等影响因素。采集大于 1 kg 的沉积物，密封于洁净塑料袋中，将其编号，运回实验室分析。

2.2 样品预处理

2.2.1 水样现场预处理

用于阴、阳离子测定的水样，现场用 0.45 μm 的 Millipore 滤膜进行过滤，过滤后的样品分装在经超纯水（Millipore，Milli-Q Academic）清洗并用过滤的样品多次润洗的高密度聚乙烯瓶中，其中用于阳离子测定的样品立即加入超纯盐酸酸化至 pH＜2。所有样品保存均不留气泡且密封于暗箱中 4℃下保存，并尽快送回实验室进行测量[1]。

2.2.2 沉积物总量的处理

将样品在通风情况下平铺于塑料布上，剔除动植物残骸、砾石等，于阴凉处自然晾干，用木棒轻轻碾压，充分混合后按照四分法取样品过 200 目筛，保存于洁净塑料袋中，待测。

除 As 和 Hg 外，其他元素的处理：用天平称量（0.050 0±0.000 5）g 倒入消解罐中，加入硝酸（优级纯）0.5 mL、氢氟酸（优级纯）1 mL，在 140℃的电热板上加热 24 h，将处理 24 h 后尚且浑浊的样品加 1 mL 氢氟酸继续加热，待样品全部为澄清样时，浓缩至 1 滴左右，移入干燥称量后的聚乙烯瓶中，用超纯水冲洗消解罐 3 次后，向聚乙烯瓶中加入 3～5 mL 硝酸（优级纯），定容到 100 mL。

As 的处理：取待测的样品 0.2 g 于 50 mL 具塞比色管中，加少许水润湿样品，加入 10 mL（1+1）王水，加塞子摇匀于沸水浴中消解 2 h，中间摇动几次，取下冷却，用水稀释至刻度，摇匀后放置。吸取 5 mL 消解液于 10 mL 的离心管中，加入 0.3 mL 优级纯盐酸、0.5 mL 5%硫脲溶液、0.5 mL 5%抗坏血酸溶液，用超纯水定容到 10 mL，摇匀放置，待测。

Hg 的处理：取待测的样品 0.2 g 于 50 mL 具塞比色管中，加少许水润湿样品，加入 10 mL（1+1）王水，加塞子摇匀于沸水浴中消解 2 h，中间摇动几次，取下冷却，用水稀释至刻度，摇匀后放置。吸取 5 mL 消解液于 10 mL 的离心管中，加入 2 mL 保存液（含有 0.5 g/L 重铬酸钾的 20%的硝酸溶液），加入稀释液（含有 0.2 g/L 重铬酸钾的 20%的硫酸溶液）稀释到 10 mL，摇匀放置，待测。

2.2.3　沉积物形态提取处理

形态提取过程遵守 Tessier（1979）[2]提出的五步连续提取方法。准确称取沉积物样品 1.00 g，倒入 50 mL 的离心管中，按以下 5 个步骤操作，提取相应的形态，每次所得溶液转移到聚乙烯瓶中，用称重法定容到 50 mL，同时做全程空白试验。定容后的样品和空白样置于 4℃保存，待测。

所需仪器：摇床、离心机、电热板。

所需试剂：0.1 mol/L HOAc（乙酸），0.5 mol/L $NH_4OH·HCl$、HNO_3、H_2O_2、1 mol/L NH_4OAc，6 mol/L HCl，14 mol/L HNO_3。

（1）可交换态。在称取样品后的离心管中加入 8 mL 1 mol/L 的 $MgCl_2$，室温下持续振荡 1 h，在 3 000 r/min 条件下，离心 30 min，倒入聚乙烯瓶中，后加入 8 mL 超纯水，再次在 3 000 r/min 条件下，离心 30 min，后倒入聚乙烯瓶中，用称重法定容到 50 mL。

（2）碳酸盐结合态。将步骤 1 处理后的样品置于室温下，加入 8 mL 1 mol/L 的 NaOAc，并用 HOAc 调节 pH=5，在室温下连续振荡 5 h，在 3 000 r/min 条件下，离心 30 min，倒入聚乙烯瓶中，之后加入 8 mL 超纯水，在 3 000 r/min 条件下，离心 30 min 后倒入聚乙烯瓶中，用称重法定容到 50 mL。

（3）铁锰氧化物结合态。向步骤 2 后的剩余物中加入 20 mL 用 25% HOAc 稀释的 0.04 mol/L $NH_2OH·HCl$，随后将样品置于水浴锅中，在（96±3）℃的条件下加热 6 h（间歇搅拌），在 3 000 r/min 条件下，离心 30 min，倒入聚乙烯瓶中，之后加入 8 mL 超纯水，在 3 000 r/min 条件下，离心 30 min 后倒入聚乙烯瓶中，用称重法定容到 50 mL。

（4）有机物结合态。向步骤 3 后的剩余物中加入 3 mL 0.02 mol/L·HNO_3 和 5 mL 30%的 H_2O_2，用 HNO_3 调节 pH=2，室温下，静置 1 h，在（85±2）℃水浴加热 2 h（不断搅动），追加 5 mL H_2O_2，继续浸提 3 h。取出离心管，冷却后加入 10 mL 含有

3.2 mol/L NH_4OAc 的 20%HNO_3 溶液，振荡 30 min 后离心 30 min，倒入聚乙烯瓶中，之后加入 8 mL 超纯水，在 3 000 r/min 条件下，离心 30 min 后倒入聚乙烯瓶中，用称重法定容到 50 mL。

（5）残渣态（V）。用总量减去前 4 个形态的含量后，即可得到残渣态含量。

在实验过程中用于存放和处理样品的容器都经过 10%的稀硝酸浸泡 24 h，后用超纯水洗净方可使用。

2.3 样品测试分析

采样现场使用 GPS 定位采样点的经纬度及海拔。用 WTW 便携式多参数测试仪现场测定河水的水温（T）、pH、溶解氧（DO）、电导率（EC）。HCO_3^- 浓度现场进行测定，用事先标定浓度为 0.01 mol/L 的 HCl 进行滴定，每个样品平行滴定两次，滴定误差控制在 5%以内。

实验室测试的水样指标包括化学需氧量（COD_{Cr}）、氨氮（NH_3-N）、总氮（TN）、总磷（TP）、二氧化硅（SiO_2）、阴离子（Cl^-、NO_3^-、SO_4^{2-}、F^-）、阳离子（Na^+、K^+、Mg^{2+}、Ca^{2+}），共计 7 项指标。

（1）所有水质指标均严格按照国家《水和废水监测分析方法》（第四版）标准方法进行分析。化学需氧量采用重铬酸盐法、氨氮采用纳氏试剂比色法、总磷采用钼酸铵分光光度法、总氮采用碱性过硫酸钾消解紫外分光光度法。

（2）阴离子（SO_4^{2-}、Cl^-、NO_3^-、F^-）及阳离子（K^+、Na^+、Ca^{2+}、Mg^{2+}）用 ICS-1100 型离子色谱仪（Dionex，USA）进行测定。

土样研究中共测定了两部分的样品，即总量和五步提取态。总量样品分析了 Cu、Zn、Cd、Mn、Ni、Cr、Pb、Fe、Hg、As 共 10 种元素，形态分析中测定了 Cu、Pb、Ni、Cd、Cr 共 5 种元素。为保证样品的准确度和精密度，实验过程用国家标准物质长江沉积物（GBW07309）作为质量控制。实验中用于处理和存放样品或试剂的容器都经过 10%的稀硝酸浸泡 24 h 后，用超纯水清洗 3 次并烘干后方可使用。实验中所用试剂均为优级纯，所有用水均为超纯水（18.5 MΩ）。

（3）除 Hg 和 As 外，其他 8 种元素均用德国耶拿公司连续光源火焰-石墨炉原子吸收光谱仪 ContrAA700 测定总量。

（4）Cu、Fe、Mn、Zn、Ni 5 种元素用火焰原子吸收光谱法测定。

（5）Cr、Pb、Cd 用石墨炉法测定。

（6）As 和 Hg 则通过吉天冷原子荧光光度计测定。

（7）用于形态分析的 5 种元素的第一步、第二步分析用 ICP-MS 测定，第三步、第四步用火焰原子吸收光谱仪测定。

2.4　数据质量控制

对于自然科学的研究，数据质量显得尤为重要。因此，我们需要对实验数据的准确性、有效性进行控制，确保实验数据的质量。质量控制就是为达到质量要求所采取的作业技术和活动，目的在于监视过程并排除导致不合格、不满意原因以取得准确可靠的数据和结果[3]。在采样工作、运输过程及预处理过程的质量得到保证的前提下，我们对实验室中样品的分析测试过程进行质量控制。样品数据的质量保证体系主要包括分析方法、标准样品和样品分析质量控制[4]。在确定分析方法并用国家标准物质配制标准溶液（土样采用国家标准物质长江沉积物（GBW07309），我们对样品分析环节进行了质量控制。本书所有实验主要采用的质量控制有：

（1）样品空白值测定：用纯水代替样品，在方法、试剂不变的同批实验中测定两个空白样的全程序空白值。以此判断实际实验检出限是否高于方法检出限，定性地判断低浓度样品测定结果的可靠性及准确性。

（2）平行样测定：实验中每隔 5 个样品，选取中间样品进行重复性实验，并计算该样品与平行样品测试值间的相对偏差，以此判断同批实验内测定结果的精密度。

（3）标准样测定：实验中每隔 5 个样插入 1 个标准样。通过对标准样的分析，用所测结果了解实验的准确度。

综合以上质量控制手段，在实验过程中及时对数据进行处理，当发现质量控制结果不满足预先确定的判据时，采取相应的措施来纠正出现的问题，并防止报告错误结果的事件发生，以确保实验数据的准确性和可靠性。

参考文献

[1]　中国环境监测总站. 环境监测质量管理工作手册[M]. 北京：中国环境科学出版社，2012.

[2]　Tessier A，Campbell P G C，Bisson M. Sequential extraction procedure for the speciation of particulate trace metals[J]. Analytical Chemistry，1979，51（7）：844-895.

[3]　李鸿生，吴彭令. 地下水水质分析的质量控制[J]. 上海国土资源，1992，3：41-47.

[4]　国家认证认可监督管理委员会编. 实验室资质认定工作指南[M]. 北京：中国科学出版社，2007.

附录　野外掠影

第 3 章
赤水河流域水化学特征及其控制因素研究

3.1 赤水河流域水化学特征

河水水体的化学特征是水环境性状与功能的表征，其中河水的水温、溶解氧（DO）、pH 和电导率（EC）、主要离子浓度及其组成等是水体的基础物理化学参数，能反映河水水体的基本水化学性质和特征，这些因素影响河流水体元素发生、形成、形态和转化。河水温度直接影响河水中物理化学反应过程和微生物活动过程；溶解氧（DO）对氧化速度有很大的影响，是衡量水体自净能力的一个指标；pH 是影响元素迁移和沉淀的重要水环境因素之一，它影响水体中化学元素的迁移和转化。河流的水文化学特征在表征地表水化学特征、性状和功能的同时，也影响了水体中元素的相对丰度及其赋存状态和迁移转化行为，对河水的化学特征进行研究，有利于把握研究对象的基本背景情况，从而为进一步分析水体中物质元素的性质、来源等提供基本条件。

本节通过对赤水河流域的干流及主要支流丰水期、枯水期的河水水化学特征、主要离子成分等进行分析，探讨研究区河水样品的水化学特征的时间、空间分布规律。

3.1.1 赤水河水样采集与分析

（1）河水样品的采集。本次研究采样涉及赤水河全流域，自云南省镇雄县至四川省合江县（图 3-1）。其中枯水期河水样品采集于 2012 年 12 月，共采集水样 38 个，其中干流水样 18 个，支流水样 18 个［鱼洞河（YD）2 个、罗甸（LD）1 个、花朗（HL）1

个、橦子村（TZC）1 个、盐津河（YJ）1 个、桐梓河（TZ）1 个、白沙河（BS）1 个、古蔺河（GL）1 个、儒维（RW）1 个、风溪河（FX）1 个、四洞河（ST）1 个、习水河（XS）6 个，部分支流样品根据当地地名标号]，长江样品 2 个。

赤水河流域丰水期水样采集于 2013 年 8 月，共采集水样 41 个，其中干流水样 20个，支流水样 19 个[鱼洞河 2 个、罗甸 1 个、花朗 1 个、橦子村 1 个、清池（QC）1个、九仓（JC）1 个、五马（WU）1 个、盐津河 1 个、合马（HM）1 个、桐梓河 1 个、白沙河 1 个、古蔺河 1 个、儒维 1 个、风溪河 1 个、习水河 4 个]，长江样品 2 个。

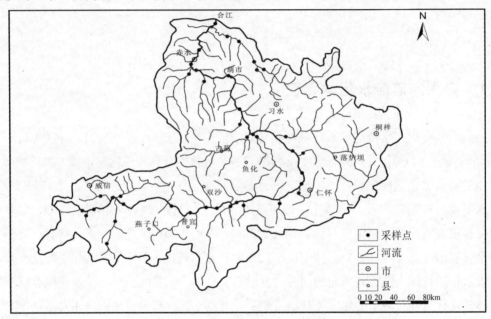

图 3-1　赤水河流域采样点分布

（2）河水样品的测试分析。采集的河水样品的 pH、温度、电导率、溶解氧等水质参数采用 WTW 便携式多参数测定仪现场测定，HCO_3^- 含量采用稀 HCl 滴定法现场测定。样品于采集当天用 0.45 μm 醋酸纤维滤膜过滤后分为两部分，一部分过滤水样中加入超纯 HCl 酸化至 pH<2 用于测定阳离子（K^+、Na^+、Ca^{2+}、Mg^{2+}），另一部分过滤水样直接保存用于测定阴离子（SO_4^{2-}、Cl^-、NO_3^-、F^-），以上样品均密封保存。样品带回实验室后，用 ICS-1100 型离子色谱仪（Dionex，USA）测定阳离子（K^+、Na^+、Ca^{2+}、Mg^{2+}）和阴离子（SO_4^{2-}、Cl^-、NO_3^-、F^-），测定过程中同时测定空白、标准、平行样。

3.1.2　赤水河流域基础化学特征

赤水河流域河水的基础化学特征表现为（表 3-1）：

（1）赤水河流域丰水期水体温度变化较大，自上游到中游再到下游，水体温度逐渐增高，与赤水河流域的区域气候差异表现一致；枯水期变化较小，这是因为冬季区域气候条件差异不大。

（2）流域水体 pH 平均值为 8.25，总体偏弱碱性。河水样品 pH 在丰水期和枯水期存在一定波动，其中干流河水的 pH 从上游到下游，总体呈下降趋势，支流河水 pH 差异较大，多数河水样品 pH 枯水期略大于丰水期（表 3-1）。

（3）DO 枯水期高于丰水期，水温是影响 DO 的主要因素。

（4）赤水流域丰水期和枯水期的 EC 变化不大，总体趋势表现为干流差异较小，支流差异较大。其中干流的 EC 在丰水期和枯水期的变化范围分别为：243～487 µS/cm、381～480 µS/cm；支流样品的 EC 在丰水期和枯水期的变化范围分别为：116～710 µS/cm、128～738 µS/cm。

（5）流域干流丰水期的 TDS 质量浓度为 180.52～372.92 mg/L，平均值为 292.01 mg/L；枯水期的 TDS 质量浓度为 301.83～397.12 mg/L，平均值 339.45 mg/L，均高于世界河水平均值（283 mg/L）[1]。研究区干流河水样品的 TDS 含量均表现出枯水期高于丰水期，这主要是因为丰水期的降雨有所增加，降雨带来的雨水水体中离子含量较低从而稀释了河水，导致丰水期时赤水河流域河水 TDS 低于枯水期。支流的 TDS 含量差异较大，丰水期变化范围为 180.92～531.35 mg/L，枯水期变化范围为 85.95～614.20 mg/L。

表 3-1　赤水河流域丰水期、枯水期河水温度、pH、DO、EC、TDS 一览表

项目	丰水期		枯水期	
	变化范围	平均值	变化范围	平均值
温度/℃	19.70～30.90	27.40	8.60～14.70	10.84
pH	7.68～8.63	8.25	7.75～8.87	8.38
DO/（mg/L）	2.64～6.01	5.40	6.85～9.42	8.20
EC/（µS/cm）	116～710	401	128～738	403
TDS/（mg/L）	180.52～531.35	297.22	85.95～614.20	317.88

3.1.3　赤水河流域河水主要离子分析

研究区河水样品丰水期的总阳离子浓度（$TZ^+=K^+ + Na^+ + 2Ca^{2+} + 2Mg^{2+}$）为 1.03～6.93 mmol/L，河流干流样品总阳离子浓度变化范围为 2.21～4.77 mmol/L，平均值为 3.76 mmol/L，高于世界河流的平均值（$TZ^+=1.25$ mmol/L）[2]和长江平均阳离子浓度（$TZ^+=2.8$ mmol/L）。总阴离子浓度（$TZ^-=Cl^- + NO_3^- + 2SO_4^{2-} + HCO_3^-$）变化范围为 1.16～7.33 mmol/L，干流河水样品总阴离子浓度变化范围为 2.49～5.25 mmol/L，平均值为 4.06 mmol/L。总阳离子浓度和总阴离子浓度的电荷平衡系数平均为−0.07，天然水体中无机正负电荷的平衡程度常被用来度量数据的可信度和水体污染程度，较小的电荷平衡系数可以从侧面反映赤水河流域河水受人为污染的程度较小[3]。

研究区河水样品枯水期总阳离子浓度为 1.20～8.61 mmol/L，河流干流样品总阳离子浓度变化范围为 3.99～5.62 mmol/L，平均值为 4.71 mmol/L。总阴离子浓度变化范围为 1.13～8.28 mmol/L，干流河水样品总阴离子浓度变化范围为 3.97～5.36 mmol/L，平均值 4.59 mmol/L。总阳离子浓度和总阴离子浓度的电荷平衡系数平均为 0.02，枯水期河水样品的无机正负电荷的平衡系数小于丰水期，表明赤水河流域在丰水期（夏季）的人为活动输入可能较枯水期（冬季）有所增加，这主要是因为夏季降雨增加，生产废水和生活污水特别是农田施用化肥等农业活动滞留在土壤中的化学元素和离子等随着地表径流进入赤水河流域，对研究区的河水水化学组成造成了影响。

对比分析研究区干流、支流河水的总阳离子浓度和总阴离子浓度，见图 3-2、图 3-3。可以发现赤水河流域枯水期的总阳离子、总阴离子浓度高于丰水期，这主要是因为丰水期降雨的增加对河水中的离子浓度起到了稀释作用。同时，丰水期和枯水期赤水河干流河水的总阴离子、总阳离子浓度总体上呈现出上游至中游变化不大，从中游开始向下游递减的趋势。支流河水的总阳离子、总阴离子浓度差异较大，其丰水期和枯水期的总阳离子浓度变化范围分别为 1.03～6.93 mmol/L 和 1.20～8.61 mmol/L；河水总阴离子浓度丰水期和枯水期的变化范围分别为 1.16～7.33 mmol/L 和 1.13～8.28 mmol/L。这可能是因为支流河水所流经的环境的地质背景、水文条件、人为活动等影响因素存在差异导致的。

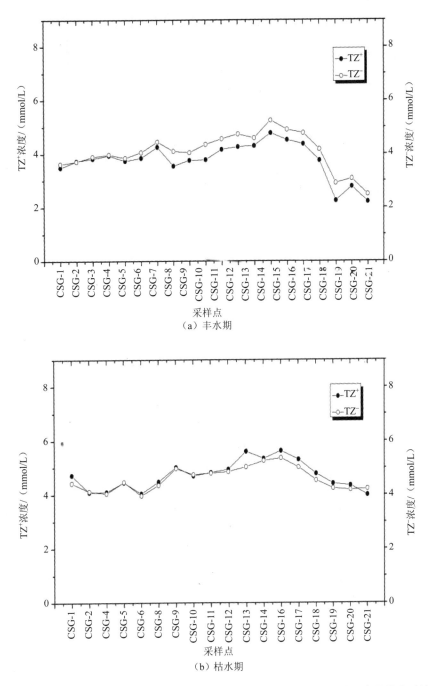

图 3-2　赤水河流域干流丰水期（a）和枯水期（b）的总阴离子、总阳离子浓度对比

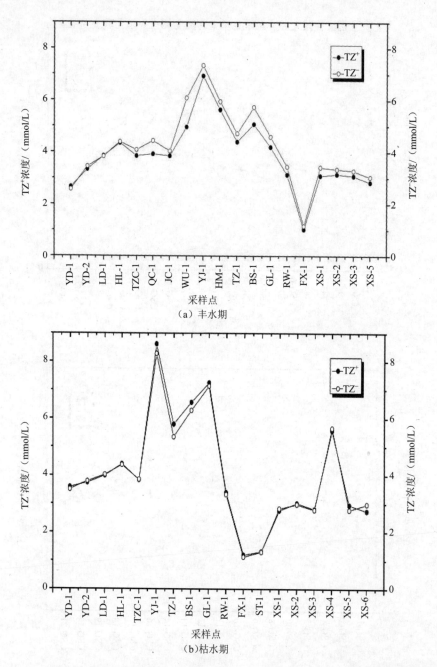

（a）丰水期

（b）枯水期

图 3-3 赤水河流域支流丰水期（a）和枯水期（b）的总阴离子、总阳离子浓度对比

研究区干流河水阳离子含量表现为 $Ca^{2+}>Mg^{2+}>Na^+>K^+$，Ca^{2+}、Mg^{2+} 为主要阳离子，枯水期占总阳离子的 85% 以上，其中 Ca^{2+} 占 65% 以上；丰水期 Ca^{2+}、Mg^{2+} 占总阳离子的 77%～94% 以上，其中 Ca^{2+} 占 58% 以上。干流河水阴离子含量多表现为 $HCO_3^->SO_4^{2-}>NO_3^->Cl^-$，阴离子以 HCO_3^- 和 SO_4^{2-} 为主，枯水期占阴离子总量的 76%～96%，其中 HCO_3^- 占 47%～77%；丰水期占阴离子总量的 86%～93%，其中 HCO_3^- 占 54%～75%。赤水河流域河水水化学组成以 Ca^{2+}、Mg^{2+}、HCO_3^- 和 SO_4^{2-} 为主，部分支流河水的水化学组成表现以 Ca^{2+}、Na^+、HCO_3^- 和 SO_4^{2-} 为主。

3.2 赤水河流域水化学时空分布特征

3.2.1 赤水河流域干流河水主要离子含量时空分布特征

干流河水的主要离子含量时空分布特征，可以直观地反映出流域主河道在不同区段（上游、中游、下游）、不同季节（丰水期、枯水期）的水体中八大阴、阳离子及 SiO_2 含量的变化情况，为进一步分析水体中主要离子的来源，了解化学风化、大气降水、人为活动等因素对研究区河水水化学的贡献率提供参考。

从图 3-4 中，通过对比分析赤水流域干流河水（丰水期、枯水期）的主要离子含量时空变化情况，可以发现除 Cl^- 和 NO_3^- 两种离子外，Na^+、K^+、Mg^{2+}、Ca^{2+}、HCO_3^- 和 SO_4^{2-} 的含量多表现出枯水期略高于丰水期，主要是因为丰水期降雨增加对河水中的离子含量的稀释作用。

Cl^- 主要来源于大气降水的输入、岩石的风化作用以及人类活动的输入，丰水期和枯水期研究区干流河水的 Cl^- 含量基本持平，这与丰水期大气降水增加的结论是一致的。

同时赤水河干流的 NO_3^- 含量在丰水期不仅没有降低反而有所增加，NO_3^- 主要来源于农业施肥以及工业活动和汽车尾气所产生的氮氧化合物等，导致 NO_3^- 含量增加的原因可能是夏季降雨增多，地表径流增加，由此使更多的农田施肥等人为活动的产物随着地表径流进入河水中。而 NO_3^- 含量最高的两个采样点（CSG-19、CSG-20），是流域流经的最大的城镇赤水市附近的两个采样点，由于该处受到城镇生活污水和工业废水排放等影响较明显，其排放量并不会随着降雨增加有明显的增加，反而由于降雨的增加能对其有一定的稀释作用，所以这两处水样的 NO_3^- 在丰水期较枯水期有所降低，表现出与其他采样点不同的变化规律。

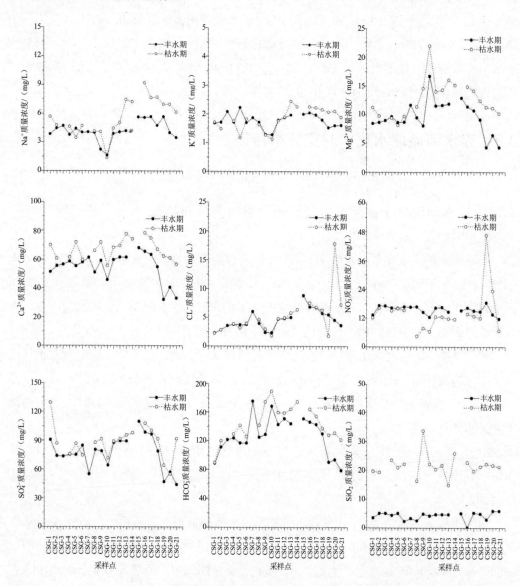

图 3-4　赤水河流域干流河水主要离子含量时空变化特征

同时，除了 SiO_2 和 NO_3^- 含量外，研究区中游至下游段，其余 7 种离子均表现出不同程度的降低趋势（图 3-4），其中 Ca^{2+}、Mg^{2+} 和 HCO_3^-、SO_4^{2-} 下降的趋势非常明显，这与研究该段的地质背景变化是相一致的。其中赤水河流域中游地层主要以灰岩类、白云岩类的碳酸盐岩为主，其次有泥岩、砂页岩、含煤岩组；下游主要为紫红色粉砂岩、泥岩的硅酸盐岩。但研究区中游至下游段，SiO_2 的含量并没有明显的变化，这可能是因为来自上游的水流量远高于下游支流的汇入量，因此并不会带来干流河水 SiO_2 的含量变化。

3.2.2　赤水河流域支流河水主要离子含量时空分布特征

研究区支流河水的主要离子含量时空分布特征见图 3-5，由于支流流域面积小，其所受到的自然条件和人为活动的影响相对单一，可以更客观地反映在不同地质背景、区域经济等条件下，不同影响因素与小流域河水中水化学离子含量的相应关系，进一步对研究区河水的相关结论进行论证说明。

研究区支流河水中水体八大离子的含量在丰水期和枯水期变化不大。仅有古蔺河支流（GL-1）枯水期的离子含量明显高于丰水期，习水河支流（XS-1～XS-6）的主要离子含量变化表现出与其他支流截然不同的变化趋势，其丰水期的离子含量高于枯水期的离子含量。

陈静生等[4]对长江的流量与 TDS 和主要离子含量的相应关系进行了研究，发现长江在水量大量增加（丰水期）时，溶解盐浓度降低并不明显，认为可能存在两种原因：一是灰岩在丰水期高温多雨的条件下加大了溶解作用；二是在丰水期随着侵蚀进入河流的大量悬浮颗粒物中的碎屑方解石加大了溶解作用。额外的溶解盐来源，抵消了巨大水量稀释作用的影响。习水河支流由于其区域地质背景与流域内其他支流的差异，也可能存在上述过程。

同时分别位于茅台镇上游和下游的两条支流，盐津河（YJ-1）与合马支流（HM-1）的 NO_3^- 含量是流域内其他支流 NO_3^- 含量的 1/10～1/2 倍。与同样 NO_3^- 含量较低，但离子总量也较低的支流风溪河（FX-1）不同，这两处的离子总量 TDS 是所有支流中离子含量最高的两条支流。将盐津河（YJ-1）与合马支流（HM-1）的离子含量与其他支流特别是与这两处附近的支流进行比较发现，这两条支流的 Cl^-、HCO_3^-、SiO_2 的含量远高于赤水河流域内的其他支流，其中，Cl^- 含量约为附近支流的 2 倍，高于所有支流平均值的 5 倍；HCO_3^-、SiO_2 含量为其他支流的 2～3 倍，SO_4^{2-} 的含量较附近支流低，但高于上游支流。Na^+、K^+ 含量远高于赤水河流域内的其他支流，其中 Na^+ 含量为其他支流的 2～5 倍，K^+ 离子含量为其他支流的 2～7 倍；Mg^{2+} 和 Ca^{2+} 也略高于流域内其他支流，其中 Mg^{2+} 含量约为其他支流的 2 倍，Ca^{2+} 含量只是略微高于其他支流。

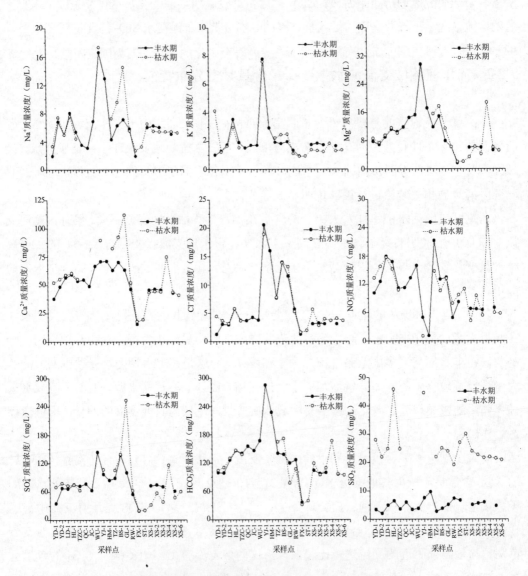

图 3-5　赤水河流域支流河水主要离子含量时空变化特征

支流河水主要离子含量变化，与河水流经区域的地质背景、区域降水、人为活动等条件相关。赤水河流域支流水化学特征的空间分布差异，表明流域内不同区段的岩石风化特征、人为活动的输入、大气降水等离子来源及其相对重要性存在差异。

3.3　赤水河流域水化学变化的控制因素

河水中主要离子的来源可能包括：流域内岩石风化的产物、人为因素贡献、大气降水、大气干沉降、生物圈贡献和物质再循环过程中的净迁移量等[5]。将河流中某元素 i 的平衡原理用数学方程表征如下：

$$C_i = C_{i.w} + C_{i.anth} + C_{i.dry} + C_{i.wet} + C_{i.bio} + C_{i.exch} \qquad （3.1）$$

式中：C_i —— 某一元素 i 的来源；

　　　$C_{i.w}$ —— 元素 i 的流域内岩石风化产物贡献量；

　　　$C_{i.anth}$ —— 元素 i 的人为因素贡献量；

　　　$C_{i.dry}$ —— 元素 i 的大气干沉降贡献量；

　　　$C_{i.wet}$ —— 元素 i 的大气降水贡献量；

　　　$C_{i.bio}$ —— 元素 i 的生物圈贡献量；

　　　$C_{i.exch}$ —— 物质再循环过程中的净迁移量。

有研究发现，生物圈对河流的贡献从时间角度上看是守恒的，而在稳态系统中物质再循环迁移与迁入量和迁出量基本相等[5]。因此，下面将对水体中离子的来源仅从大气降水、岩石风化和人为因素 3 个方面进行分析。

3.3.1　大气降水对赤水河河水水化学的影响

大气降水是地表径流的主要来源，对于多数河流而言通常其径流量的 60%～80% 是由大气降水补给的，冰雪融水和地下水补给居于次要地位。Cl⁻ 是雨水的主要成分，由于其来源相对单一，在地表水循环中相对保持稳定，一般不参与生物地球化学循环，因此，Cl 元素可以作为评估大气输入河流的参考元素[6]。本次研究选取赤水河流域区域（遵义地区）大气降水化学数据为参照，大气降水中 Cl⁻ 浓度为 0.013 mmol/L、Ca²⁺ 浓度为 0.044 mmol/L、Mg^{2+}浓度为 0.046 mmol/L、Na^+浓度为 0.049 mmol/L、K^+浓度为 0.014 mmol/L、SO_4^{2-}浓度为 0.098 mmol/L [7]。赤水河流域多年平均降水量取 1 000 mm，多年平均蒸发量取 450 mm，根据年均降水量、蒸发量及降水水化学数据，可以计算出大气降水输入的各离子的量，具体计算方法如下[8]：

$$X_r = [X]_{rain} \times F$$

$$F = P/（P-E）$$

式中：X_r —— 降水对河流贡献的元素 X 的量，mmol/L；

F —— 流域水分蒸发损失量；

$[X]_{rain}$ —— 大气降水中 X 的浓度；

P —— 流域年平均降水量，mm；

E —— 流域年平均蒸发量，mm。

经过计算，大气降水贡献对河水溶质贡献的 Cl^-、Ca^{2+}、Mg^{2+}、Na^+、K^+、SO_4^{2-}量分别为 0.024 mmol/L、0.08 mmol/L、0.084 mmol/L、0.089 mmol/L、0.025 mmol/L、0.178 mmol/L，其相对贡献率见表 3-2。

表 3-2 大气降水对赤水河流域河水中主要离子的相对贡献率

主要离子	Na^+	K^+	Ca^{2+}	Mg^{2+}	Cl^-	SO_4^{2-}
贡献率/%	35.6	50.0	5.5	18.7	16.0	21.4

3.3.2 岩石风化对赤水河河水水化学的影响

3.3.2.1 Gibbs 图

Gibbs1970 年提出了 Boomerang Envelope 模型[9]，将控制天然地表水水体化学组成的基本过程总结为流域岩石风化、蒸发/结晶以及大气降水 3 种控制模式，该图纵坐标为对数坐标，表示河水中溶解性物质的总量；横坐标为普通坐标，以算术值表示河水中阳离子的比值 $Na^+/（Na^++Ca^{2+}）$ 或阴离子的比值 $Cl^-/（Cl^-+HCO_3^-）$。

全球几乎所有地表水的离子组分都能落在 Gibbs 图中的虚框内。Gibbs 指出，落点于图中右下角，TDS 含量低、矿化度低，具有较高的 $Na^+/(Na^++Ca^{2+})$ 与 $Cl^-/(Cl^-+HCO_3^-)$ 比值的河流，河水主要受来自海洋的大气降水的补给，其离子组成和含量受大气中水对海洋气溶胶的稀释作用的控制。TDS 含量为 $70\times10^{-6}\sim300\times10^{-6}$ mg/L，$Na^+/(Na^++Ca^{2+})$ 与 $Cl^-/(Cl^-+HCO_3^-)$ 比值在 0.5 左右或小于 0.5 的河流，其离子主要来源于岩石的风化作用。TDS 含量很高，$Na^+/(Na^++Ca^{2+})$ 与 $Cl^-/(Cl^-+HCO_3^-)$ 比值接近于 1，即落点在图中右上角的河流主要分布于蒸发作用强烈的干旱区域。利用 Gibbs 图可以直观地定性比较研究区河水的化学组成、形成原因及相互关系[10]。

为了确定影响赤水河流域水化学组成的控制因素，将赤水河干流、支流和长江的样品绘制于 Gibbs 图上，如图 3-6 所示。研究区水样的 $Na^+/(Na^++Ca^{2+})$ 比值多集中在 $0.1\sim$ 0.3，丰水期与枯水期基本吻合，丰水期水样在 Gibbs 图上落点总体略低于枯水期，这主要是因为丰水期由于降水增加，河流流量增加的稀释作用使河流的 TDS 含量有所降低。研究区水样的 $Cl^-/(Cl^-+HCO_3^-)$ 比值多集中在 $0.1\sim0.2$，丰水期与枯水期基本吻合。

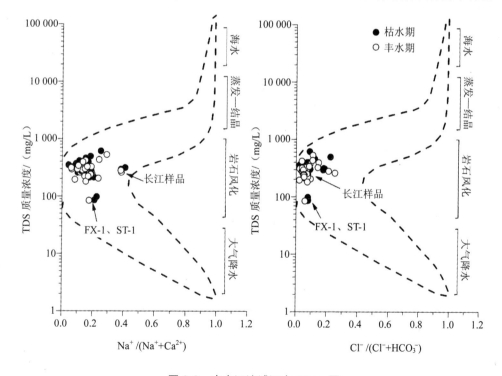

图 3-6　赤水河流域河水 Gibbs 图

赤水河流域的数据点大部分落在岩石风化控制区，说明赤水河流域水化学主要受岩石风化影响。其中，干流样品分布比较集中，而支流样品相对分散，下游右岸 2 条支流（FX-1、ST-1）TDS 含量明显更为偏低，表明下游支流受到不同岩石风化作用的影响，也可能表明两条支流除了主要受到岩石风化影响外还受到大气降雨组分的影响。总体上赤水河流域河水水化学主要受到岩石风化的作用，降雨组分对其影响较小。相对赤水河汇入长江河口处的长江样品，赤水河样品 $Na^+/(Na^++Ca^{2+})$ 比值相对偏低，表明 Na^+ 在阳离子中比例更低，这也表明赤水河流域岩石风化作用与长江流域存在差异。

3.3.2.2 河水中溶解物质端元分析

阳离子 Ca^{2+}—Mg^{2+}—（Na^++K^+）和阴离子 HCO_3^-—SiO_2—（SO_4^{2-}+Cl^-）组成的三角图在分析水体化学性质，揭示河水中溶质的来源方面得到了广泛的应用[11, 12]。阴离子、阳离子三角图可以表示河水溶质主要离子的相对丰度和分布特征，体现不同水体的化学组成特征，从而辨别其控制端元。一般而言，河水中 HCO_3^- 主要来自流域内的碳酸盐和硅酸盐风化，SO_4^{2-} 来自蒸发盐石膏或硫化物的风化。河水中的阳离子如 Ca^{2+}、Mg^{2+} 除主要来自碳酸盐风化外，同时钙长石和含镁硅酸盐矿物的风化也有一定的贡献。Na^+、K^+ 则主要来自蒸发盐和钠长石的风化，少量的来自钾长石的风化。通常，在阴离子 HCO_3^-—SiO_2—（SO_4^{2-}+Cl^-）三角图中，纯碳酸盐岩风化产物以 HCO_3^- 为主，几乎不含可溶性硅，因此其组分点应落在 HCO_3^- 一端；硅酸盐矿物产物使河水里同时存在 HCO_3^- 和可溶性硅；蒸发盐岩矿物风化产物，其组分点落在 SO_4^{2-}—Cl^- 线上，远离 HCO_3^- 一端。在阳离子 Ca^{2+}—Mg^{2+}—（Na^+ + K^+）三角图中，蒸发盐岩风化产物落在 Na^+ + K^+ 峰值一端；石灰岩风化产物应落在 Ca^{2+}—Mg^{2+} 线上，靠近 Ca^{2+} 端元；白云岩风化产物应落在 Ca^{2+}—Mg^{2+} 线中间，Ca^{2+}：Mg^{2+}=1：1；硅酸盐矿物风化产物应落在 Ca^{2+}—Mg^{2+} 线偏向 Na^++K^+ 一端[8, 13, 14]。

将研究区丰水期和枯水期的干、支流样品点及赤水河汇入长江河口处长江上下游的河水样品点绘制于阴离子、阳离子三角图上（图 3-7、图 3-8），并与国内大河长江、黄河、乌江、赣江[8, 13, 15, 16]进行比较。

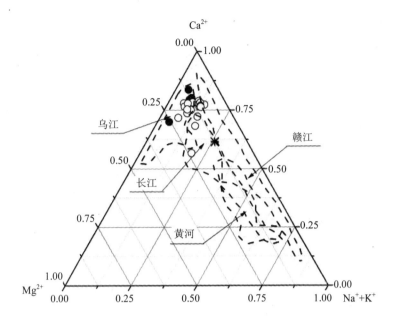

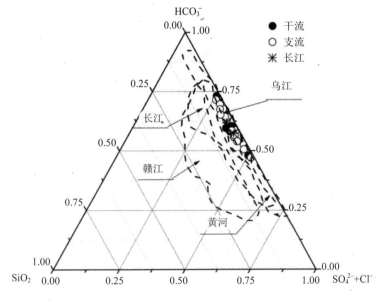

图 3-7　赤水河丰水期河水样品主要阳离子、阴离子三角图

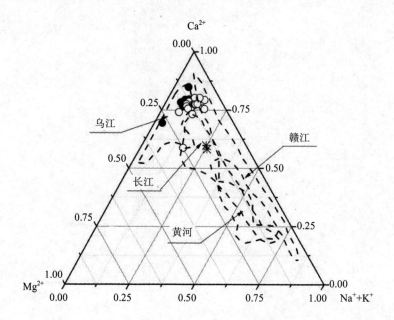

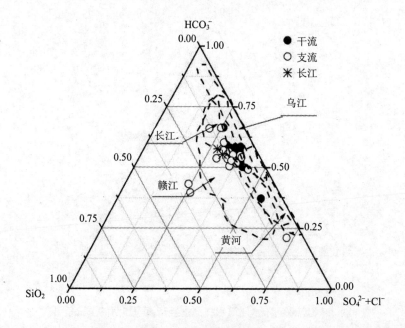

图 3-8 赤水河枯水期河水样品主要阳离子、阴离子三角图

在阳离子三角图中（图 3-7、图 3-8），丰水期和枯水期的研究区水体组分点都主要分布在 Ca^{2+}—Mg^{2+} 线上，靠近 Ca^{2+} 一端，反映了强烈的碳酸盐岩风化对流域风化的影响。阴离子三角图中（图 3-7、图 3-8），研究区样品点分布于 HCO_3^-—SO_4^{2-} 线上，反映了 HCO_3^- 和 SO_4^{2-} 都明显地参与了流域的风化。丰水期样品点落点相对集中，枯水期相对而言，支流样品点的分布更加分散，反映了在不同的小流域，由于地质背景、生态环境、岩性的不同，具有明显不同的离子组成特征。其中一条支流（GL-1）在阴离子三角图上明显偏向 SO_4^{2-}，而有两条支流（FX-1 和 ST-1）在阴离子三角图上 SiO_2 含量明显较高，这两条河流分别是风溪河和四洞河。对照流域的地质图，可以发现这与两条河流所处的地质背景表现一致，其均处在下游丹霞地貌，地层出露主要为侏罗—白垩系的红色粉砂岩、泥岩，即硅酸盐岩地区。表明下游的这两条支流，主要受到了硅酸盐岩风化的影响。

与全国其他河流样品的比较显示，赤水河干流和多数支流在主要化学组成上与富集 Na^++K^+ 和 Cl^- 离子的受硅酸盐风化控制的河流——赣江存在显著差异，和主要受富含碳酸盐矿物的沉积岩及蒸发结晶作用控制的黄河也有明显不同的化学组成，同时其在图上的落点与长江河水也表现出一定差异，而与乌江河水的主化学组成保持一致，表现出典型喀斯特地区的河流特征。而下游的两条处于硅酸盐岩地区的支流（风溪河和四洞河）则表现出受硅酸盐风化控制的河流特征，其落点处于赣江河水的左侧更偏向 SiO_2 的一端。

3.3.2.3　河水中主要离子来源

（1）不同岩石风化相对强度。河水（$Ca^{2+}+Mg^{2+}$）/（Na^++K^+）的当量比值可以作为判别流域不同岩石风化相对强度的指标[17]，世界河流平均比值为 2.2[18]。赤水河流域支流的（$Ca^{2+}+Mg^{2+}$）/（Na^++K^+）比值差异较大，变化范围为 6.50～23.03，这主要是因为每条河流所流经的区域的岩石风化特点、程度各不相同。干流的（$Ca^{2+}+Mg^{2+}$）/（Na^++K^+）当量比值则表现为上游至中游逐渐递增，中游至下游总体呈现递减的趋势，且下游的比值低于上游，见图 3-9。赤水河流域河水样品的（$Ca^{2+}+Mg^{2+}$）/（Na^++K^+）比值均高于世界河流水平，也高于河口处长江河水的水平（丰水期：3.85～3.91；枯水期：3.94～4.21）。

较高的（$Ca^{2+}+Mg^{2+}$）/（Na^++K^+）比值表明流域主要受碳酸盐岩风化控制，该比值的变化趋势与流域内上游、中游及下游的地质背景之间的差异表现一致，中游的碳酸盐岩风化作用更强。从上游到下游总体呈递减趋势，说明从上游至下游，流域内碳酸盐岩风化的主导作用在逐渐减弱，而硅酸盐风化作用增强，这与该流域内地质背景相吻合。

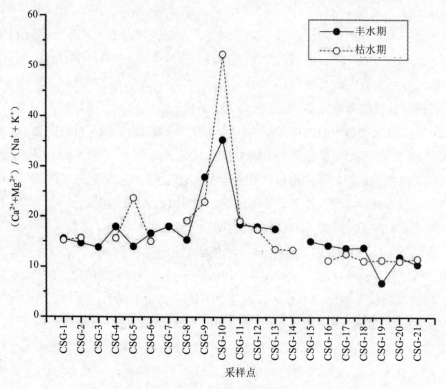

图 3-9　赤水河流域干流（$Ca^{2+}+Mg^{2+}$）/（Na^++K^+）趋势图

（2）不同岩性岩石风化的影响。赤水河流域上中游碳酸盐岩分布广泛，下游主要为红色、紫色砂岩，页岩等硅酸盐岩。不同岩石的化学侵蚀方程可用下列反应式表示：

碳酸盐岩风化（$0 \leqslant x \leqslant 1$）：

$$Ca_xMg - xCO_3 + H_2CO_3 \longrightarrow xCa^{2+} + （1-x） Mg^{2+} + 2HCO_3^- \tag{3.2}$$

$$2Ca_xMg - xCO_3 + H_2SO_4 \longrightarrow 2xCa^{2+} + 2 （1-x） Mg^{2+} + 2HCO_3^- + SO_4^{2-} \tag{3.3}$$

硅酸盐岩风化（$0 \leqslant x \leqslant 1$）：

$$Ca_xMg–xAl_2Si_2O_8+2H_2CO_3+H_2O \longrightarrow xCa^{2+}+（1-x） Mg^{2+}+2HCO_3^-+2SiO_2+2Al(OH)_3 \tag{3.4}$$

$$Na_xK–xAlSi_3O_8+H_2CO_3+H_2O \longrightarrow xNa^++（1-x） K^++HCO_3^-+3SiO_2+Al(OH) \tag{3.5}$$

$$Ca_xMg–xAl_2Si_2O_8+H_2SO_4 \longrightarrow xCa^{2+}+（1-x） Mg^{2+}+SO_4^{2-}+2SiO_2+2AlOOH \tag{3.6}$$

$$2Na_xK–xAlSi_3O_8+H_2SO_4 \longrightarrow 2xNa^++2 （1-x） K^++SO_4^{2-}+6SiO_2+2AlOOHO \tag{3.7}$$

蒸发岩或盐岩溶解：

$$CaSO_4 = Ca^{2+} + SO_4^{2-} \tag{3.8}$$

$$NaCl = Na^+ + Cl^- \tag{3.9}$$

通过研究区水样的 Mg^{2+}/Na^+—Ca^{2+}/Na^+ 及 HCO_3^-/Na^+—Ca^{2+}/Na^+ 的关系和三大岩类的 Mg^{2+}/Na^+—Ca^{2+}/Na^+、HCO_3^-/Na^+—Ca^{2+}/Na^+ 关系比较可以看出（图 3-10、图 3-11），赤水河干流的数据点靠近碳酸盐岩控制区，表明赤水河干流水体离子主要来源于碳酸盐岩的风化，也说明赤水河是一条主要受到碳酸盐岩风化控制的河流。支流河水的岩石风化控制类型比较复杂，上游、中游的数据点多落在靠近碳酸盐岩控制区，而下游硅酸盐地区的支流河水数据点则较靠近硅酸盐岩控制区，同时河口长江河水的数据点落点靠近硅酸盐岩控制区，表明河口处长江受硅铝质岩影响程度大于研究区河水样品。

（3）硫酸参与的碳酸盐岩风化的影响。对研究区河水受岩石风化的影响进一步分析，当蒸发盐岩的溶解是河水中 Na^++K^+ 的主要来源时，水中（Na^++K^+）/Cl^- 应为 1∶1。研究区河水样品的（Na^++K^+）/Cl^- 比值多处于 1∶1 等值线下方（图 3-12），表明 Na^++K^+ 存在其他来源，如钠长石和钠的黏土矿物风化等。

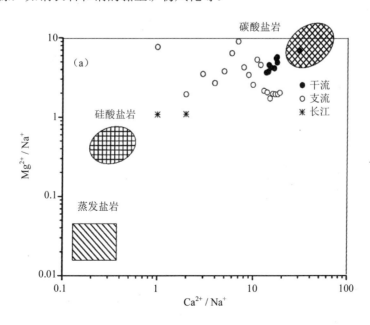

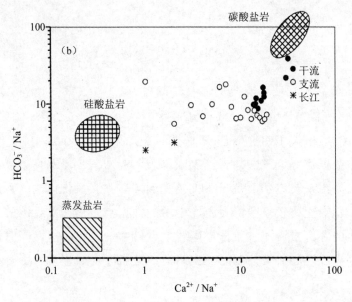

图 3-10　赤水河流域丰水期 Mg^{2+}/Na^+—Ca^{2+}/Na^+ 及 HCO_3^-/Na^+—Ca^{2+}/Na^+ 关系图

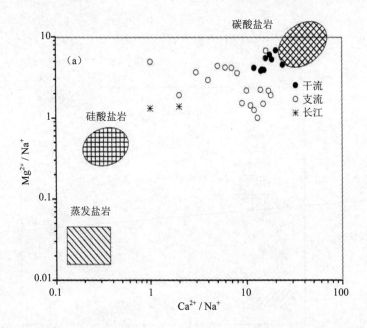

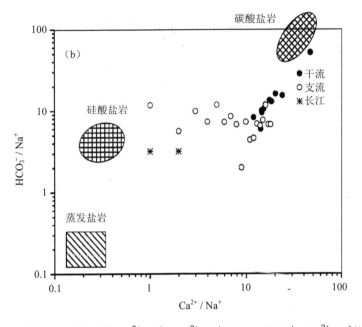

图 3-11　赤水河流域枯水期 Mg^{2+}/Na^+—Ca^{2+}/Na^+ 及 HCO_3^-/Na^+—Ca^{2+}/Na^+ 关系图

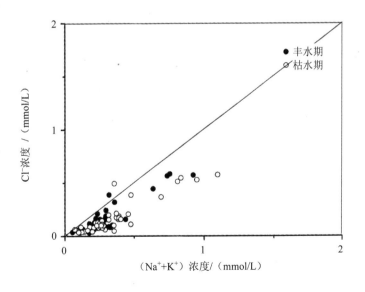

图 3-12　赤水河流域河水（Na^++K^+）/Cl^- 图

39

（Ca²⁺+Mg²⁺）/HCO₃⁻当量浓度比值常被用来判断流域化学风化的类型[19]，主要受方解石、白云石等碳酸盐风化作用影响时，Ca²⁺+Mg²⁺和HCO₃⁻的当量浓度应大体一致[20]。赤水河流域（Ca²⁺+Mg²⁺）/HCO₃⁻比值在丰水期和枯水期均大于1，说明HCO₃⁻并不足以平衡Ca²⁺、Mg²⁺，存在Ca²⁺、Mg²⁺的其他来源。近些年对西南喀斯特流域地表水化学计量学、SO₄²⁻的δ³⁴S和溶解无机碳（DIC）的δ¹³C分析发现，硫循环中形成的硫酸广泛参与了流域碳酸盐矿物的溶解和流域侵蚀[21, 22]。

在赤水河流域，从水化学的初步分析发现也存在相同的风化过程。研究区河水样品（Ca²⁺+Mg²⁺）/HCO₃⁻当量浓度比在丰水期和枯水期均处于1：1等值线上方，丰水期：1.29～2.25；枯水期：1.25～5.16。而（Ca²⁺+Mg²⁺）/（HCO₃⁻+ SO₄²⁻）当量浓度比值近似为1，其中丰水期为0.80～1.80，干流河水为0.80～1.04；枯水期该比值为0.89～1.21，干流河水为0.94～1.21。并且流域内没有明确的石膏层出露。从图3-13可以看出，研究区水样分布于HCO₃⁻和SO₄²⁻风化碳酸盐岩两个端元组成之间，远离石膏溶解线，表明硫酸参与的碳酸盐岩风化可能是Ca²⁺和Mg²⁺的重要来源[23]。

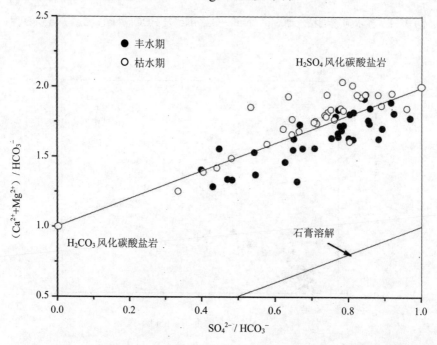

图 3-13　赤水河流域（Ca²⁺+Mg²⁺）/HCO₃⁻与 SO₄²⁻/HCO₃⁻当量比值的关系

3.3.3 人为活动对赤水河河水水化学的影响

在人类的发展过程中产生了一系列的环境问题，人为活动对环境的影响不容忽视并且越来越受到人们的关注。人为活动对河水水化学的影响不仅复杂而且具有很大的不确定性，难以量化。人为活动对河水水化学产生的影响可以通过两种途径：废物直接排放及酸沉降等大气输入导致的岩石风化加剧。

人们通常关注营养元素、痕量元素和有机污染物等引起的水质污染及其对人类的危害，相比之下常量元素在水体中的含量很高，且河水自身具有自净能力，河流的主化学组分受人类活动的影响通常有限。而人为活动（主要是燃煤等）导致大气中 SO_2 增加，SO_2 经过氧化形成的酸雨（$2SO_2 + O_2 + 2H_2O \longrightarrow 2H_2SO_4$）及大气中 CO_2 浓度增加提高了化学风化反应介质（H_2SO_4 和 H_2CO_3）的浓度[24]。一方面人为活动的加入促进了岩层和土壤的风化剥蚀，加速了化学风化反应的进程；另一方面降雨除了加强对岩溶的侵蚀作用外，还可能将地表土壤、水体等酸化[25]。而人为活动对河水的污水直接排放具有较大的不确定性，人为酸加入对风化过程及河水化学的影响复杂难测，给定量研究人类活动对河水水化学的影响带来了很大困难。

河流水体中，人为活动的主要特征离子是 SO_4^{2-}、NO_3^-、Cl^-，通常可用于指示人类活动及工业污染对水化学组成的影响。其中，SO_4^{2-} 主要来源于大气酸沉降、矿山酸性废水、石膏的溶解、硫化物的氧化、燃煤等；NO_3^- 主要来源于农业施肥以及工业活动和汽车尾气所产生的氮氧化合物等；Cl^- 主要来源于大气降水的输入、岩石的风化作用以及人类活动的输入[26]。由图 3-14 可以看出，研究区干流河水的 NO_3^- 在 CSG-19 处达到最高值，这与该处是流域内流经的最大的城镇（赤水市）相吻合，反映城镇生活污水和工业废水排放对赤水河河水化学特征存在明显的影响。

Gaillardet 等[27]统计了世界上的 61 条大河，利用 TDS 和 Cl^-/Na^+ 浓度比作为判断人为活动对河流影响的主要参数。其研究结果显示，受人为活动污染影响严重的河流一般具有两个特点：河水的 TDS > 500 mg/L，且 Cl^-/Na^+ 浓度比高于海盐比 1.17。将赤水河流域河水样品点绘制于 Na^+/Cl^- 与 TDS 关系图（图 3-15）中，可以看出赤水河流域河水受人为活动的影响较小，其中干流河水 TDS 为：180.52～372.92 mg/L（丰水期）、295.26～397.12 mg/L（枯水期）；Na^+/Cl^- 比值为：0.38～0.99（丰水期）、0.25～0.83（枯水期）。

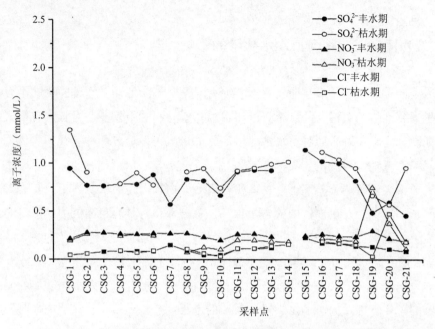

图 3-14　赤水河流域干流河水 SO_4^{2-}、NO_3^-、Cl^- 浓度的空间分布

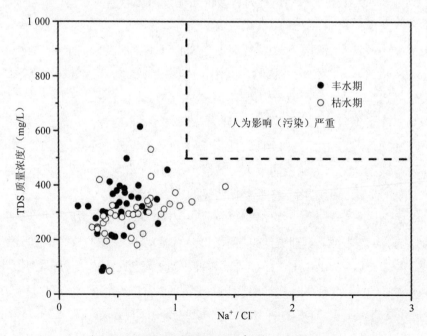

图 3-15　赤水河流域河水 Na^+/Cl^- 与 TDS 关系图

人为活动的产物特征是富含 K、Ca、S、Cl、N，其中 K、Ca、S、Cl 同时也是岩石/土壤风化的产物，由此河水中的含 N 组分的变化常用来指示人为活动对水体化学组分的影响[28]。河流中的 S 主要来源与工业活动、火山喷发、大气沉降等，而且 H_2SO_4 将直接影响其他岩石矿物（如碳酸盐岩和硅酸盐岩等）的风化。有学者通过研究指出，在贵州喀斯特地区河水中的 SO_4^{2-} 富集主要来自工农业活动，和燃煤量密切相关[29]。结合研究区的情况，SO_4^{2-} 含量和变化在一定程度上可以反映赤水河流域受到人为活动影响的状况。

将研究区河水样品 Na^+ 校正的 NO_3^- 和 SO_4^{2-} 当量浓度比值关系作图（图 3-16），可以看出研究区河水中 SO_4^{2-} 富集，且干流河水的落点总体上高于支流河水，表明赤水河流域干流河水中对 SO_4^{2-} 富集高于支流。从图 3-16 中可以看出，农业活动对研究区河水样品的影响不大，样品落点偏向工业活动和大气输入。需要指出的是，赤水河流域流经的区域工业活动并不多，结合图 3-17，可以看出赤水河流域的河水样品的落点低于 Gaillardet 等[27]统计的世界上 61 条大河，表明赤水河流域受到的人为活动影响低于世界大河。

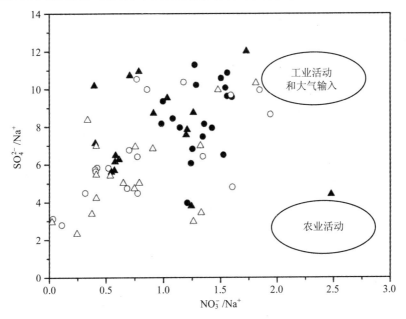

图 3-16　赤水河流域 NO_3^-/Na^+ 与 SO_4^{2-}/Na^+ 当量比值关系图

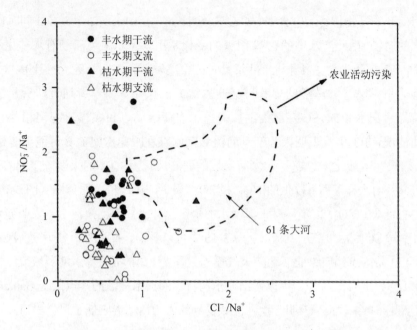

图 3-17　赤水河流域 Cl^-/Na^+ 与 NO_3^-/Na^+ 当量比值关系图

同时，与其他河流长江[4, 30]、乌江[29]、赣江[8]、桂江[31]、龙川江[5]进行比较发现，赤水河流域的 SO_4^{2-} 含量高于长江，远高于赣江、桂江、龙川江，与贵州喀斯特地区的河流乌江较接近，部分样品点的 SO_4^{2-} 含量甚至高于乌江。

刘丛强等[32]通过对西南喀斯特流域的研究，指出河水中 SO_4^{2-} 可能来自矿床硫化物的氧化、煤系地层硫化物的氧化、大气酸沉降以及石膏的溶解，流域煤系地层硫化物的氧化、矿床硫化物的氧化、大气酸沉降形成的硫酸广泛参与了流域的化学侵蚀，流域人类活动可以显著加速流域化学侵蚀，干扰流域物质的生物地球化学循环。韩贵琳等[29]研究发现乌江流域受硫酸作用特别明显，其中硫酸主要来源于燃煤或流域盆地硫化物矿物氧化而形成的大气输入。对于赤水河流域，河水样品大量的 SO_4^{2-} 都来自酸沉降显然是不合理的，但其中大气输入和流域矿床硫化物矿物氧化形成的硫酸等各自对河水中的 SO_4^{2-} 贡献率，河水样品中较高的 SO_4^{2-} 含量是否暗示了人为活动对研究区的强烈影响还需进一步分析。

同时，与赤水河 1987—1989 年枯水期数据（贵州省环境保护科学研究所，1990）的比较可以看出（表 3-3），研究区河水主要离子浓度相较于 1987—1989 年均有明显的增加，其中 Mg^{2+} 为当年的 3 倍，K^+ 为 2 倍，Ca^{2+} 为 2 倍，HCO_3^- 为 1.2 倍，反映近年来赤水河流域化学风化作用明显加强。人为活动的主要特征离子，除了 NO_3^- 由于数据缺失无法比较外，Cl^-、SO_4^{2-} 均增幅较大，说明人为活动对流域水化学影响也明显增加。本次研究枯水期赤水河 SO_4^{2-} 质量浓度变幅为 19.54～253.23 mg/L，均值为 83.27 mg/L，干流河水均值为 88.18 mg/L，远高于 1987—1989 年赤水河流域的 SO_4^{2-} 均值 31.5 mg/L。可以看出，1989 年以来，流域的岩石风化速率显著增加，其中 HCO_3^- 增幅不太明显，而 SO_4^{2-} 增加了约 3 倍，表明人为活动对流域河水存在一定影响。其可能主要是通过燃煤等活动造成环境酸化，加速了赤水河流域的岩石风化。SO_4^{2-} 的来源除了岩石风化外，还有大气酸沉降、矿山酸性废水、城镇工业废水等人为活动[26, 29, 33]，赤水河流域 SO_4^{2-} 的增加与流域内近些年来经济发展、燃煤等活动增加是相吻合的。

表 3-3　赤水河流域水化学组成与 1987—1989 年枯水期采样数据对比分析

年份	pH	离子浓度/（mg/L）							
		Na^+	K^+	Mg^{2+}	Ca^{2+}	Cl^-	NO_3^-	SO_4^{2-}	HCO_3^-
1987—1989 年枯水期（全流域）（1987 年 11 月至 1989 年 3 月）	8.2	2.3	0.8	4.2	36	2.4	—	31.5	113.1
本研究（2012 年 12 月）	8.38	6.18	1.96	11.50	62.35	5.59	12.62	83.27	134.41

3.4　赤水河流域化学风化速率估算

3.4.1　化学通量

河水溶质是多个来源的混合结果，因此，河水中任一溶质 X 的来源可以表达为：

$$[X]_{河水}=[X]_{大气输入}+[X]_{人为活动}+[X]_{碳酸盐岩}+[X]_{硅酸盐岩}+[X]_{硫化物} \tag{3.10}$$

要计算各元素具体的值，需要建立一些假设条件。首先，假设 Cl^- 只来自于大气输入和人为活动输入，根据 3.3.1 节的分析，来自大气输入的 Cl^- 为 0.024 mmol/L，超过 $[Cl^-]_{大气输入}$ 的部分全部来自人为活动，并且与 Na^+ 平衡。其次，SO_4^{2-} 可能来源于大气降水与硫化物矿物氧化，超过 $[SO_4^{2-}]_{大气降水}$ 的部分全部来自硫化物矿物的氧化。最后，人为活动输入的阳离子（Ca^{2+}、Mg^{2+}、Na^+、K^+）对河水溶质的贡献很小，因此可以忽略不计。基于以上假设，我们可以简化方程：

$$[Cl^-]_{大气输入}=0.024 \text{ mmol/L} \tag{3.11}$$

$$[Cl^-]_{河水}=[Cl^-]_{大气输入}+[Cl^-]_{人为活动} \tag{3.12}$$

$$[Na^+]_{河水}=[Na^+]_{大气输入}+[Cl^-]_{人为活动}+[Na^+]_{硅酸盐岩} \tag{3.13}$$

$$[SO_4^{2-}]_{河水}=[SO_4^{2-}]_{大气输入}+[SO_4^{2-}]_{硫化物} \tag{3.14}$$

$$[K^+]_{河水}=[K^+]_{硅酸盐岩}+[K^+]_{大气输入} \tag{3.15}$$

$$[Ca^{2+}]_{河水}=[Ca^{2+}]_{碳酸盐岩}+[Ca^{2+}]_{硅酸盐岩}+[Ca^{2+}]_{大气输入} \tag{3.16}$$

$$[Mg^{2+}]_{河水}=[Mg^{2+}]_{碳酸盐岩}+[Mg^{2+}]_{硅酸盐岩}+[Mg^{2+}]_{大气输入} \tag{3.17}$$

前人研究显示[6, 34, 35]，河水中碳酸盐岩和硅酸盐岩风化产生的 Ca^{2+} 和 Mg^{2+} 不容易区分。K^+ 一般来源于大气输入和硅酸盐岩风化，由于赤水河流域流经的地区为碳酸盐岩地层，所以估计硅酸盐岩风化的 Mg^{2+}/K^+ 值是很困难的。本研究根据 Galy 等[35]、Han 等[34]提出的硅酸盐岩风化的 $Mg^{2+}/K^+=0.5$、$Ca^{2+}/Na^+=0.2$ 来进行估算，于是式（3.16）和式（3.17）可以进一步化简为：

$$[Ca^{2+}]_{河水}=[Ca^{2+}]_{碳酸盐岩}+0.2\times[Na^+]_{硅酸盐岩}+[Ca^{2+}]_{大气输入} \tag{3.18}$$

$$[Mg^{2+}]_{河水}=[Mg^{2+}]_{碳酸盐岩}+0.5\times[K^+]_{硅酸盐岩}+[Mg^{2+}]_{大气输入} \tag{3.19}$$

其中硅酸盐岩风化量占总岩石风化量的比值可以用硅酸盐岩风化溶解的阳离子占到岩石风化溶解的总阳离子量的比值表示，具体方程为：

$$X_{硅酸盐岩}=（1.4\times[Na^+]_{硅酸盐岩}+2\times[K^+]_{硅酸盐岩}）/（[Na^+]_{河水}+[K^+]_{河水}+2\times[Ca^{2+}]_{河水}+2\times[Mg^{2+}]_{河水}） \tag{3.20}$$

经过计算，赤水河流域两期河水样品的 $X_{硅酸盐岩}$ 平均值为 0.02，$X_{碳酸盐岩}$ 平均值为 0.98。

3.4.2　流域侵蚀速率和 CO_2 消耗速率估算

根据 $X_{硅酸盐岩}$ 和 $X_{碳酸盐岩}$ 值以及流域水文资料，可以计算赤水河流域的硅酸盐岩和碳酸盐岩的侵蚀速率。硅酸盐岩的化学风化速率表示为：

$$TDS_{硅酸盐岩}=[Na^+]_{硅酸盐岩}+[K^+]_{硅酸盐岩}+[Ca^{2+}]_{硅酸盐岩}+[Mg^{2+}]_{硅酸盐岩} \tag{3.21}$$

其中，Na^+、K^+、Ca^{2+}、Mg^{2+} 来自硅酸盐岩风化溶解。

碳酸盐岩矿物的风化是极其普遍而快速的，溶解于水中的 CO_2 产生的 H_2CO_3、大气

输入的 SO_2 和硫化物矿物氧化形成的 H_2SO_4 都会参与碳酸盐岩矿物的风化溶解，本研究不考虑硫酸参与的硅酸盐岩风化，这是因为研究区域内以碳酸盐岩为主，而且与硅酸盐岩相比，硫酸更容易参与碳酸盐岩的风化。碳酸和硫酸同时参与碳酸盐岩的岩溶作用过程可简单表示为[13]：

$$3Ca_xMg_{(1-x)}CO_3+H_2CO_3+H_2SO_4=3xCa^{2+}+3（1-x）Mg^{2+}+4HCO_3^-+SO_4^{2-} \quad （3.22）$$

由式（3.22）可知，当碳酸和硫酸共同参与碳酸盐岩的风化时，溶解 3 mol 的碳酸盐岩分别需要 1 mol 碳酸和 1 mol 硫酸，并且生成的 SO_4^{2-} 和 HCO_3^- 的当量比为 0.5。赤水河两期河水样品的 SO_4^{2-} 和 HCO_3^- 的平均当量比为 0.8，这也说明硫酸在流域岩石风化过程中起到重要的作用。李思亮等[36]和刘丛强等[32]运用碳同位素和硫同位素证明了硫酸广泛参与了中国西南地区流域的化学风化过程。

赤水河流域碳酸盐岩的化学风化过程不仅有碳酸参与，而且还有硫酸参与，假设 Ca^{2+}、Mg^{2+}、HCO_3^- 都没有受到人为活动的影响，根据式（3.23），碳酸和硫酸共同参与的碳酸盐岩风化速率可以表示为：

$$TDS_{碳酸盐岩}=[Ca^{2+}]_{碳酸盐岩}+[Mg^{2+}]_{碳酸盐岩}+3/4[HCO_3^-]_{碳酸盐岩} \quad （3.23）$$

硅酸盐岩风化产生的溶质中，所有的 HCO_3^- 均来自大气溶解的 CO_2，只有碳酸参与的碳酸盐岩风化产生的溶质中，有 1/2 HCO_3^- 的来自大气溶解的 CO_2，而碳酸和硫酸共同参与的碳酸盐岩风化产生的溶质中，有 1/4 HCO_3^- 的来自大气溶解的 CO_2。因此，硅酸盐岩和碳酸盐岩风化消耗的 CO_2 量可以分别表示为：

$$CO_2{}_{硅酸盐岩}=[HCO_3^-]_{硅酸盐岩}$$
$$=[Na^+]_{硅酸盐岩}+[K^+]_{硅酸盐岩}+2[Ca^{2+}]_{硅酸盐岩}+2[Mg^{2+}]_{硅酸盐岩} \quad （3.24）$$
$$CO_2{}_{碳酸盐岩}=1/4[HCO_3^-]_{碳酸盐岩}=1/4（2[Ca^{2+}]_{碳酸盐岩}+2[Mg^{2+}]_{碳酸盐岩}）$$
$$=1/2[Ca^{2+}]_{碳酸盐岩}+1/2[Mg^{2+}]_{碳酸盐岩} \quad （3.25）$$

河流最下游出口样品（CSG-21）的化学性质可以反映整个流域的风化特征，从而可以估算整个流域的风化速率和大气 CO_2 消耗速率。计算结果列于表 3-4 中。赤水河流域硅酸盐岩风化消耗的 CO_2 量为 $23.6×10^3$ mol/（km²·a），低于贵州境内的乌江流域和北盘江流域[29, 37]。碳酸盐岩风化消耗的 CO_2 量（碳酸和硫酸同时作用）为 $525.8×10^3$ mol/（km²·a），基本与乌江流域持平[29]，低于北盘江的 $966×10^3$ mol/（km²·a）和西江的 $806.8×10^3$ mol/（km²·a）[37]，高于长江、黄河、松花江等非碳酸盐岩地区的河流。赤水河流域的硅酸盐岩和碳酸盐岩的风化速率分别为 0.6 t/（km²·a）、98.2 t/（km²·a），这一结果也与流经碳酸盐岩地区的河流表现的特征相近。

表 3-4　赤水河流域及其他流域的化学风化和 CO_2 消耗速率

| 流域名称 | 年平均流量/ 10⁸ m³/a | 流域面积/ 10³ km² | 硅酸盐岩风化 | | 碳酸盐岩风化 | | 岩石风化 |
			风化速率/ [t/（km²·a）]	CO_2 消耗量/ [10³ mol/ (km²·a)]	风化速率/ [t/（km²·a）]	CO_2 消耗量/ [10³ mol/ (km²·a)]	CO_2 消耗量/ [10³ mol/ (km²·a)]
赤水河	79.5	18.9	0.6	23.6	98.2	525.8	549.4
三岔河[38]	49.5	7.3	11.0	325.5	109.2	597.4	922.9
乌江[29]	376	66.8	6.0	98	97	581	679
长江大通[39]	8 650	1 705	2.4	112	14	379	491
北盘江[37]	143	26.6	5.5	128.9	94.3	966.6	1 095.5
西江[37]	2 300	352	7.5	154.3	78.5	806.8	966.1
黄河上游[40]	232	146	3	90	26.1	270	360
松花江[6]	733	557	2.2	66.6	5.2	53.4	120
亚马孙河[27]	65 900	6 112	13	52.4	11.1	105.4	157.8
密西西比河[27]	5 800	2 980	3.8	66.8	16.1	146.3	213.1
湄公河[41]	4 700	795	10.2	191	27.5	286	477

3.5　小结

（1）赤水河流域水体总体偏弱碱性，河水 TDS 质量浓度均高于世界河水平均值 283 mg/L。研究区干流河水 Ca^{2+}、Mg^{2+} 为主要阳离子，其中 Ca^{2+} 占 58% 以上；阴离子以 HCO_3^- 和 SO_4^{2-} 为主，其中 HCO_3^- 占 47%～77%。

（2）赤水河流域支流表现出不同的时空分布特征，表明流域内不同区段的岩石风化特征、人为活动的输入、大气降水等离子来源及其相对重要性存在差异。

（3）通过 Gibbs 图分析，总体上赤水河流域河水水化学主要受到岩石风化的作用，降雨组分对其影响较小，大气降水对流域河水溶解物质的贡献率为 0.48。通过阴阳离子三角图分析，赤水河流域在主化学组成上表现出典型喀斯特地区的河流特征。

（4）通过（$Ca^{2+}+Mg^{2+}$）/（Na^++K^+）、（Na^++K^+）/Cl^-、Mg^{2+}/Na^+—Ca^{2+}/Na^+ 及 HCO_3^-/Na^+—Ca^{2+}/Na^+ 的关系和三大岩类的 Mg^{2+}/Na^+—Ca^{2+}/Na^+、HCO_3^-/Na^+—Ca^{2+}/Na^+

关系比较分析，结果均表示赤水河流域主要受碳酸盐岩风化控制。同时通过（$Ca^{2+}+Mg^{2+}$）/ HCO_3^-、而（$Ca^{2+}+Mg^{2+}$）/（$HCO_3^-+SO_4^{2-}$）以及（$Ca^{2+}+Mg^{2+}$）/ HCO_3^- 与 SO_4^{2-}/ HCO_3^-，分析发现硫酸参与的碳酸盐岩风化可能是 Ca^{2+} 和 Mg^{2+} 的重要来源。

（5）通过离子含量的空间变化分析、TDS 和 Cl^-/Na^+、Na^+ 校正的 NO_3^-/SO_4^{2-} 以及时间对比分析，赤水河流域水化学明显受到人为活动的影响，区域酸沉降、矿山开发、城镇发展对赤水河流域的影响不可忽视。

（6）通过计算得出，赤水河流域硅酸盐岩风化消耗的 CO_2 量为 $23.6×10^3$ mol/($km^2·a$)，碳酸盐岩风化消耗的 CO_2 量（碳酸和硫酸同时作用）为 $525.8×10^3$ mol/($km^2·a$)，赤水河流域的硅酸盐岩和碳酸盐岩的风化速率分别为 0.6 t/（$km^2·a$)、98.2 t/（$km^2·a$)，这一结果也与流经碳酸盐岩地区的河流表现的特征相近。

参考文献

[1] 叶宏萌，袁旭音，葛敏霞，等. 太湖北部流域水化学特征及其控制因素[J]. 生态环境学报，2010，19（1）：23-27.

[2] Meybeck M. Pathways of major elements from land to ocean through rivers[M]. Paris（France）：Ecole Normale Superieure，1981.

[3] 解晨骥，高全洲，陶贞，等. 东江流域化学风化对大气 CO_2 的吸收[J]. 环境科学学报，2013，33（8）：2123-2133.

[4] 陈静生，王飞越，夏星辉. 长江水质地球化学[J]. 地学前缘，2006，13（1）：74-85.

[5] 何敏. 小流域风化剥蚀作用及碳侵蚀通量的初步研究[D]. 昆明：昆明理工大学，2009.

[6] Liu B J，Liu C Q，Zhang G，et al. Chemical weathering under mid-to cool temperate and monsoon-controlled climate：A study on water geochemistry of the Songhuajiang River system，northeast China[J]. Applied Geochemistry，2013（31）：265-278.

[7] 高一，卫滇萍. 贵州省 2002 年酸雨污染情况分析[J]. 地球与环境，2005，33（1）：59-62.

[8] 李甜甜，季宏兵，江用彬，等. 赣江上游河流水化学的影响因素及 DIC 来源[J]. 地理学报. 2007，62（7）：764-775.

[9] Gibbs R J. Mechanisms controlling world water chemistry[J]. Science，1971，170（3962）：1088-1090.

[10] 周俊，吴艳宏. 贡嘎山海螺沟水化学主离子特征及其控制因素[J]. 山地学报，2012,30（3）：378-384.

[11] Hagedorn B，Cartwright I. Climatic and lithologic controls on the temporal and spatial variability of CO_2 consumption via chemical weathering：An example from the Australian Victorian Alps[J]. Chemical Geology，2009，260（3-4）：234-253.

[12] Gao Q Z，Tao Z. Chemical weathering and chemical runoffs in the seashore granite hills in South China[J]. Science China Earth Science，2010，53（8）：1195-1204.

[13] 韩贵琳，刘丛强. 贵州乌江水系的水文地球化学研究[J]. 中国岩溶，2000，19（1）：37-45.

[14] 侯昭华，徐海，安芷生. 青海湖流域水化学主离子特征及控制因素初探[J]. 地球与环境，2009，37（1）：11-19.

[15] 李晶莹. 中国主要流域盆地的风化剥蚀作用与大气 CO_2 的消耗及其影响因子研究[C]. 青岛：中国海洋大学，2003.

[16] 陈静生，王飞越，何大伟. 黄河水质地球化学[J]. 地学前缘，2006（1）：58-73.

[17] 孙瑞，张雪芹，吴艳红. 藏南羊卓雍错流域水化学主离子特征及其控制因素[J]. 湖泊科学，2012，24（4）：600-608.

[18] Ahmad T，Khanna P P，Chakrapani G J，et al. Geochemical characteristics of water and sediment of the Indus river，Trans-Himalaya，India：constraints on weathering and erosion[J]. Journal of Asian Earth Sciences，1998，16（2-3）：333-346.

[19] 王君波，朱立平，鞠建廷，等. 西藏纳木错东部湖水及入湖河流水化学特征初步研究[J]. 地理科学，2009，29（2）：288-293.

[20] 陈静生. 水环境化学[M]. 北京：高等教育出版社，1987.

[21] Li S L，Calmels D，Han G L，et al. Sulfuric acid as an agent of carbonate weathering constrained by $\delta^{13}CDIC$：Examples from Southwest China[J]. Earth and Planetary Science Letters，2008，270（3-4）：189-199.

[22] Li S L，Liu C Q，J L，et al. Geochemistry of dissolved inorganic carbon and carbonate weathering in a small typical karstic catchment of Southwest China：Isotopic and chemical constraints[J]. Chemical Geology，2010，277（3）：301-309.

[23] 李军，刘丛强，李龙波，等. 硫酸侵蚀碳酸盐岩对长江河水 DIC 循环的影响[J]. 地球化学，2010，39（4）：305-313.

[24] 孙媛媛. 亚热带小流域水文地球化学特征及风化过程中 CO_2 的消耗[D]. 北京：首都师范大学，2006.

[25] 郎赟超. 喀斯特地下水文系统物质循环的地球化学特征[D]. 贵阳：中国科学院研究生院（地球化学研究所），2005.

[26] 王兵，李心清，袁洪林，等. 黄河下游地区河水主要离子和锶同位素的地球化学特征[J]. 环境化学，2009，28（6）：876-882.

[27] Gaillardet J，Dupré B，Louvat P，et al. Global silicate weathering and CO_2 consumption rates deduced from the chemistry of large rivers[J]. Chemical Geology，1999，159（1）：3-30.

[28] Sarin M M，Krishnaswami S，Dilli K，et al. Major ion chemistry of the Ganga-Brahmaputra river system：Weathering processes and fluxes to the Bay of Bengal[J]. Geochimica et Cosmochimica Acta，1989，53（5）：997-1009.

[29] 韩贵琳，刘丛强. 贵州喀斯特地区河流的研究——碳酸盐岩溶解控制的水文地球化学特征[J]. 地球科学进展，2005，20（4）：394-406.

[30] 王亚平，王岚，许春雪，等. 长江水系水文地球化学特征及主要离子的化学成因[J]. 地质通报，2010，29（2）：446-456.

[31] 张红波. 桂江流域水化学与岩溶碳汇动态变化特征[D]. 重庆：西南大学，2013.

[32] 刘丛强，蒋颖魁，陶发祥，等. 西南喀斯特流域碳酸盐岩的硫酸侵蚀与碳循环[J]. 地球化学，2008，37（4）：404-414.

[33] 陈静生，夏星辉，蔡绪贻. 川贵地区长江干支流河水主要离子含量变化趋势及分析[J]. 中国环境科学，1998，18（2）：36-40.

[34] Han G L，Liu C Q. Water geochemistry controlled by carbonate dissolution：a study of the river waters draining karst-dominated terrain，Guizhou Province，China[J]. Chemical Geology，2004，204（1-2）：1-21.

[35] Galy A，France-Lanord C. Weathering processes in the Ganges-Brahmaputra basin and the riverine alkalinity budget[J]. Chemical Geology，1999，159（1-4）：31-60.

[36] 李思亮，韩贵琳，张鸿翔，等. 硫酸参与喀斯特流域（北盘江）风化过程的碳同位素证据[J]. 地球与环境，2006，34（2）：57-60.

[37] Xu Z F，Liu C Q. Water geochemistry of the Xijiang basin rivers，South China：Chemical weathering and CO_2 consumption[J]. Applied Geochemistry，2010，25（10）：1603-1614.

[38] An Y L，Hou Y L，Wu Q X，et al. Chemical weathering and CO_2 consumption of a high-erosion-rate karstic river：a case study of the Sanchahe River，southwest China[J]. Chinese Journal of

Geochemistry，2015，34（4）：601-609.

[39] Chetelat B，Liu C Q，Zhao Z Q，et al. Geochemistry of the dissolved load of the Changjiang Basin rivers：Anthropogenic impacts and chemical weathering[J]. Geochimica et Cosmochimica Acta，2008（17）：4254-4277.

[40] Wu L，Huh Y，Qin J，et al. Chemical weathering in the Upper Huang He（Yellow River）draining the eastern Qinghai-Tibet Plateau[J]. Geochimica et Cosmochimica Acta，2005，69（22）：5279-5294.

[41] Li S，Lu X X，Bush R T. Chemical weathering and CO_2 consumption in the Lower Mekong River[J]. Science of the Total Environment，2014，472：162-177.

第 *4* 章
赤水河水质时空分布特征分析

4.1 赤水河流域水质评价方法的建立

赤水河水质良好，总体达到Ⅱ类水标准，因此在进行水质时空分布特征分析时，不仅要得到各个采样点的水质类别，还需在同一水质类别下比较水质优劣。通过比选，对赤水河进行综合水质评价，综合水质标识指数法的优势明显。综合水质标识指数可以完整表达河流总体的综合水质信息，涵盖了水质类别、在该水质类别内的位置、超标指标个数以及与功能区的对比结果，可以对赤水河水质进行定性、定量的评价。然而传统的综合水质标识指数法仍然存在一定缺陷。在水质评价中，各评价指标的重要程度不同，应被赋予不同的权重。由于赤水河不同流域水质分布特征、季节性水质影响因素不同，导致赤水河不同流域在不同季节各个单项指标的重要程度（权重）往往是不一致的。传统的综合水质标识指数法将水质指标赋予相同权重，容易掩盖超标污染物的影响，且未能考虑对于人体健康的危害程度、污染物对环境危害程度、污染物超标程度、污染物时空变化程度、污染物的持续时间及影响范围等因素。因此，若能将各个单项污染指标科学的赋权，并将权重应用于综合水质标识指数法，将使评价结果更合理。

针对上述缺陷，在应用综合水质标识指数法对赤水河进行综合水质评价时，必须对各个单项水质指标赋予不同的权重。各指标的权重分配是否合理直接决定评价结果的优劣，科学合理的赋权成为决定评价结果是否合理的重要因素。赋权方法有主观赋权法、客观赋权法及综合赋权法。

主观赋权法的指标权重是利用专家的知识和经验判断水质指标的重要程度得到的，

成熟的方法有层次分析法、Delphi 法等[1]。但主观赋权法常常具有一定的主观任意性。

客观赋权法指的是根据实测数据进行赋权的赋权方法。主要有变异系数法、超标加权法、熵权法等。变异系数法根据指标的相对波动幅度确定指标的权重；超标加权法根据单项污染指标超标程度进行赋权，超标严重的赋予较高权重；熵权法根据各个指标包含有效信息量的多少程度确定指标赋权的大小[2]。

本章综合层次分析法、熵权法、超标加权法，提出了基于组合权重的综合水质标识指数法的水质评价方法。首先分别运用层次分析法、熵权法和超标加权法计算水质指标的主、客观权重，其次进行权重合成，并将得到的组合权重作为水质指标的最终权重，使得权重计算过程更为合理，其综合考虑了污染物对人体健康的危害程度、水质指标包含信息量的多寡、污染物超标程度等因素；既有主观赋权，又有客观赋权，因此计算过程更具合理性。最后将计算的权重应用于综合水质标识指数法中，得到基于组合权重的水质标识指数，进而对水质进行定性、定量评价。

4.1.1 组合权重

（1）层次分析法。层次分析法（AHP）是一种主观的决策方法，其将复杂问题分解成各个组成因素，建立目标层、准则层、方案层等系统中各因素间的层次结构，然后通过两两比较，运用比例标度法确定各层次中各因素的相对重要性。利用判断矩阵，计算各因素关于该准则的相对权重。计算方法有"和法""特征根方法""最小二乘法"。

在水质评价中应用层次分析法时，首先将各个水质指标划分为不同类别，如物理指标、化学指标、重金属指标等。其次将各个单项指标划归在不同类别之内，并在方案层和准则层进行指标间重要性的两两比较，建立判断矩阵，同时进行一致性检验，合格后计算各单项水质指标的权重。

（2）熵权法。熵值表示系统所能传递信息量的大小，熵权法是一种客观赋权方法。在水质评价中，不同地区水质指标的监测值构成序列，该序列的熵值反映了水质指标包含的水质信息，指标熵权的大小则反映了各指标在竞争意义上的激烈程度。对于能够提供更多水质信息量的指标，则赋予较大的权重。各个指标的熵权随着监测数据变化而变化，能够反映数据的结构特征。熵权的计算方法如下：

假设 j 个评价指标，每个评价指标含 m 个数据，则原始数据采用极差变换法进行规范化处理得到规范化矩阵，则第 j 个指标的熵定义为：

$$H_j = -k \sum_{i=1}^{m} f_{ij} \ln f_{ij} \tag{4.1}$$

其中 $f_{ij} = b_{ij} / \sum_{i=1}^{m} b_{ij}$，$k = 1/\ln m$ 并且假定 $f_{ij} = 0$ 时，$f_{ij} \ln f_{ij} = 0$，则第 j 个指标的熵权 w_j 定义为：

$$w_j = \frac{1 - H_j}{n - \sum_{j=1}^{n} H_j} \tag{4.2}$$

（3）超标加权法。超标加权法是根据水质指标的超标程度计算权重。若水质指标超标严重，则给该指标分配较大的权重。单因子的权重为各单因子水质标识指数 X_1，X_2，$\cdots$，X_n 的平均值与所有因子单因子水质标识指数 X_1，X_2，$\cdots$，X_n 之和的比值。

（4）组合权重。将层次分析法、熵权法、超标加权法所得的主、客观权重求算数平均值，得到的就是赤水河流域各个单项指标的组合权重。

组合权重综合考虑了污染物对人体健康的危害程度、水质指标包含信息量的多少、污染物超标程度等因素，计算过程更具合理性。该权重融合了多种赋权方法的优点，充分利用了各种赋权方法提供的有效信息。将组合权重应用于综合水质标识指数法中，得到基于组合权重的水质标识指数，使结果更加科学。

4.1.2　基于组合权重的综合水质标识指数法

要确定综合类别指数，首先要计算各个指标的单因子水质标识指数。单因子水质标识指数的表达式为：

$$P_i = X_1.X_2.X_3 \tag{4.3}$$

式中：X_1 —— 第 1 项评价指标的水质类别；

　　　X_2 —— 监测数据在 X_1 类水质变化区间中所处的位置，根据公式按四舍五入的原则计算确定，计算时对照《地表水环境质量标准（GB 3838—2002）》[3]有关项目标准限值，见表 4-1；

　　　X_3 —— 综合水质类别与水体功能区类别的比较结果。

关于各个单因子水质标识指数的计算方法参考《我国河流单因子水质标识指数评价方法研究》[4]。

表 4-1　相关地表水环境质量标准基本项目标准限值

序号	项目	分类				
		I	II	III	IV	V
1	pH	6.00～9.00				
2	溶解氧≥	7.50	6.00	5.00	3.00	2.00
3	化学需氧量≤	15.00	15.00	20.00	30.00	40.00
4	氨氮≤	0.15	0.50	1.00	1.50	2.00
5	总磷≤	0.02	0.10	0.20	0.30	0.40
6	总氮≤	0.20	0.50	1.00	1.50	2.00

本章节将组合权重应用到上述方法中。若 w_1^*、w_2^*，$\cdots$，w_m^* 分别为 m 个指标的组合权重，则改进的综合水质标识指数 $X_1.X_2$ 算法为：

$$X_1.X_2 = w_1^* P_1' + w_2^* P_2' + \cdots + w_m^* P_m' \tag{4.4}$$

X_3 和 X_4 的算法不变。

综合水质标识指数单因子水质标识指数表达式为：

$$I_{wq}=X_1.X_2.X_3.X_4 \tag{4.5}$$

式中：X_1——综合水质类别；

X_2——综合水质类别在 X_1 类水质变化区间中所处的位置；

X_3——参与综合水质评价指标中，劣于功能区目标的单项指数的个数；

X_4——综合水质类别与水体功能区类别的比较结果。

（1）水质类别评价。依据国家地表水环境质量标准的分类，对水质进行级别界定称为水质级别评价。综合水质分为 I 类、II 类、III 类、IV 类、V 类、劣 V 类 6 个级别。水质类别的判别标准见表 4-2。计算各个采样点水质 $X_1.X_2$ 的算术平均值即可得到整条河流的水质类别。

表 4-2 综合水质级别判定标准

判断标准	综合水质类别
$1.0 \leq X_1.X_2 \leq 2.0$	I 类
$2.0 < X_1.X_2 \leq 3.0$	II 类
$3.0 < X_1.X_2 \leq 4.0$	III 类
$4.0 < X_1.X_2 \leq 5.0$	IV 类
$5.0 < X_1.X_2 \leq 6.0$	V 类
$6.0 < X_1.X_2 \leq 7.0$	劣 V 类，但不黑臭
$X_1.X_2 > 7.0$	劣 V 类，黑臭

（2）综合水质定性评价。基于综合水质类别与水环境功能区类别 f 的比较，确定了综合水质定性评价的判断标准，见表 4-3。表中 X_1 或 X_1-f 为综合水质类别。

表 4-3 水质定性评价标准

判断标准		定性评价结论	判断标准		定性评价结论
X_2 不为 0	$f-X_1 \geq 1$	优	X_2 为 0	$X_1-f \leq 1$	优
	$X_1=f$	良好		$X_1-f=1$	良好
	$X_1-f=1$	轻度污染		$X_1-f=2$	轻度污染
	$X_1-f=2$	中度污染		$X_1-f=3$	中度污染
	$X_1-f \geq 3$	重度污染		$X_1-f \geq 4$	重度污染

首先计算断面的综合水质标识指数，观察 X_3 的数值分布情况。$X_3=0$，则该采样点没有单项指标超标；如果 $X_3>0$，则 X_3 就是该采样点超标指数的个数。如果综合水质标识指数中 $X_4=0$，则采样点综合水质达到水环境功能区目标；如果综合水质标识指数中 $X_4>0$，则采样点综合水质未达到水环境功能区目标。对照水体功能区类别，对水体清洁或污染程度进行评价称为水质定性评价，评价方法见表 4-3，根据结果分为 5 级：优、良好、轻度污染、中度污染、重度污染。

4.2 数据来源和结果

4.2.1 采样布点

采样点基本覆盖赤水河全流域各个支流与干流。采样点布设主要根据：①交通状况、水体的水文、气候、地质和地貌资料；②水体沿岸城市分布、工业布局、污染源及其排污情况、城市给排水情况等；③水体沿岸的资源现状和水资源的用途，饮用水源分布和重点水源保护区，水体流域土地功能及近期使用计划等；④历年的水质资料等。

采样点总计 27 个，其中干流 22 个，盐津河（YJ）1 个，桐梓河（TZ）1 个，古蔺河（GL）1 个，习水河（XS）4 个。采样时间为 2012 年 12 月（枯水期）和 2013 年 8 月（丰水期），采样期间无降雨。水样的采集、保存和运输按照《地表水和污水监测技术规范》执行。采样点分布见图 4-1。

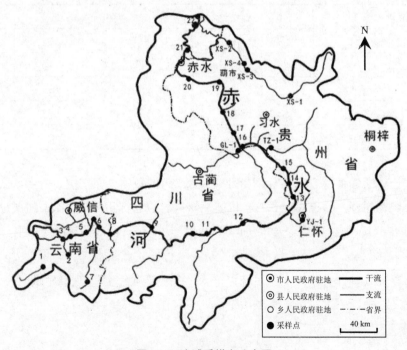

图 4-1 流域采样点分布图

样品分析的水质指标主要有：pH、溶解氧（DO）、化学需氧量（COD_{Cr}）、氨氮（NH_3-N）、总氮（TN）、总磷（TP）。其中 pH、溶解氧（DO）进行现场测定，其余指标在实验室测定，各指标分析方法见表 4-4。所有水质指标均严格按照国家《水和废水监测分析方法》（第四版）标准方法进行分析[5]。

表 4-4 样品分析方法一览表

序号	项目	分析方法	最低检出限/（mg/L）	方法来源
1	pH	玻璃电极法		GB 6920—86
2	溶解氧	电化学探头法		GB 11913—89
3	化学需氧量	重铬酸盐法	10	GB 11914—89
4	氨氮	纳氏试剂比色法	0.05	GB 7479—87
5	总磷	钼酸铵分光光度法	0.01	GB 11893—89
6	总氮	碱性过硫酸钾消解紫外分光光度法	0.05	GB 11894—89

4.2.2 各指标分析结果

各个指标的分析结果见表 4-5。

表 4-5 赤水河枯水期水质分析结果

采样点		水期	TP/（mg/L）	COD_{Cr}/（mg/L）	TN/（mg/L）	NH_3-N/（mg/L）	pH	DO/（mg/L）
干流		枯水期	0.003~0.060	1.5~12.6	0.047~0.326	0~0.186	7.9~8.9	6.9~9.4
		丰水期	0.001~0.017	1.3~27.7	0.081~0.529	0.005~0.393	7.7~8.6	5.0~6.0
支流	盐津河	枯水期	0.603	11.2	0.829	0.433	7.8	7.8
		丰水期	0.266	27.7	0.722	0.609	7.7	2.7
	桐梓河	枯水期	0.007	7.5	0.233	0.025	8.7	8.5
		丰水期	0.013	14.5	0.574	0.24	8	5.8
	古蔺河	枯水期	0.009	3.7	0.187	0.129	8	8
		丰水期	0.003	1.3	0.515	0.09	8	5.5
	习水河	枯水期	0.009~0.028	3.7~7.5	0~0.208	0~0.146	8.2~8.3	8.6~9.1
		丰水期	0.001~0.003	1.3~27.7	0.227~0.515	0.07~0.39	8.0~8.3	4.8~5.5

由表 4-5 可知，各个指标变化范围较大。对照地表水环境质量标准（GB 3838—2002）基本指标标准限值，干流单项指标中，枯水期和丰水期 TP 全部达标，平均质量浓度分别为 0.015 mg/L 和 0.005 mg/L，变异系数分别为 95%和 68%；COD_{Cr} 在枯水期和丰水期平均质量浓度分别为 5.3 mg/L 和 10.9 mg/L，其中枯水期全部达标，丰水期达标率为 91%，变异系数分别为 73%和 76%；TN 枯水期和丰水期达标率分别为 94%和 91%，平均质量浓度分别为 0.22 mg/L 和 0.41 mg/L，变异系数分别为 40%和 27%；NH_3-N 丰水期和枯水期全部达标，平均质量浓度分别为 0.05 mg/L 和 0.09 mg/L，变异系数分别为 104%和103%；在枯水期和丰水期，pH 平均值分别为 8.5 和 8.3，呈弱碱性，变异系数分别为2.7%和 3.2%；DO 枯水期达标率为 94%，丰水期明显恶化，基本是Ⅲ类水标准，平均值分别为 8.5 mg/L 和 5.5 mg/L，变异系数分别为 73%和 61%。干流各个单项指标含量平均值大多在《地表水环境质量标准》Ⅰ类水标准限值允许的范围内，TN 质量浓度在《地表水环境质量标准》Ⅱ类水标准限值内。干流各个指标除丰水期 DO，其余各个指标平均值均在《地表水环境质量标准》Ⅱ类水标准以内，单项指标随时空变化波动很大。

从各个支流来看，盐津河污染较为严重，各个指标远超过干流和其他支流，其中总磷污染较为严重，枯水期超过了Ⅴ类水标准限值；桐梓河各个单项指标质量浓度大多在Ⅰ类水标准限值允许的范围内，TN 质量浓度在Ⅱ类水标准限值内，NH_3-N 和 DO 在枯水期分别为Ⅱ类和Ⅲ类；古蔺河除丰水期 TN 和 DO 分别为Ⅱ类和Ⅲ类，其他各个指标均在Ⅰ类水标准限值允许的范围内；习水河枯水期和丰水期 TP 全部达标，平均值分别为 0.015 mg/L 和 0.003 mg/L，变异系数分别为 58%和 40%；COD_{Cr} 在丰水期出现了一个超标现象，枯水期和丰水期平均值分别为 6.0 mg/L 和 13.5 mg/L，变异系数分别为 31%和 74%；TN 也在丰水期出现一个超标现象，枯水期和丰水期平均质量浓度分别为0.14 mg/L 和 0.40 mg/L，变异系数分别为 69%和 32%；NH_3-N 无超标现象，枯水期和丰水期分别为 0.037 mg/L 和 0.186 mg/L，变异系数分别为 192%和 79%；pH 总体呈弱碱性，浮动不大；DO 枯水期全部达标，但是在丰水期明显恶化，平均值由 8.8 mg/L 降低到5.3 mg/L，变异系数分别为 3%和 6%。习水河各个单项指标，特别是 NH_3-N 和 DO 随时空波动很大。

箱线图是水质评价的实用工具，可直观衡量各水质参数的分布情况和特殊极端值的分布情况，并涵盖了中位数、分布范围、数据分布形状等信息[6]。由于赤水河单项水质指标时空变化范围较大，中位数能更好地衡量水质平均情况[7]。通过箱线图内部比较，可以直观地得出干流与各个支流单项指标空间分布以及它们之间的差异；通过箱线图之间的比较，可以得到干流和支流的单项指标季节性分布差异。

　　由于 NH₃-N 没有超标现象，就不再进一步分析。为了进一步直观表达单因子时空分布，运用 STATISTICA 9 软件制作了箱线图 4-2 和箱线图 4-3，它们分别表达了赤水河枯水期和丰水期干流与各个支流 TP（a）、COD$_{Cr}$（b）、TN（c）、DO（d）的时空分布情况。其中上下两条线是最高值和最低值，箱中的横线表示数据的中位数值。

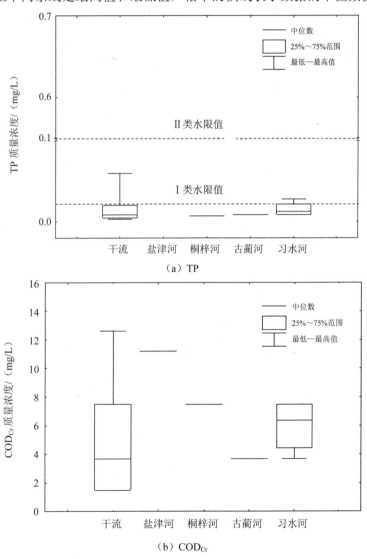

（a）TP

（b）COD$_{Cr}$

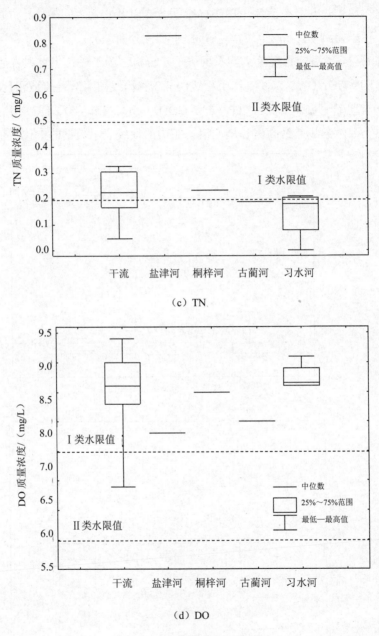

（c）TN

（d）DO

图 4-2　枯水期单因子分布

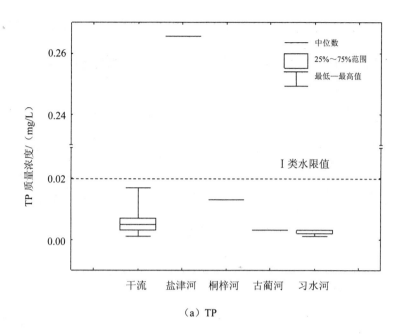

（a）TP

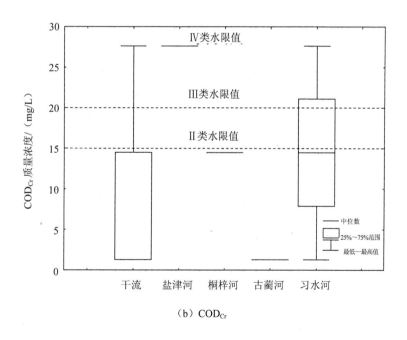

（b）COD_Cr

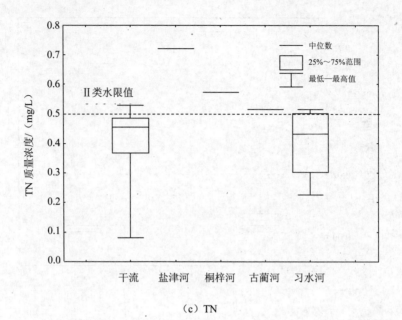

（c）TN

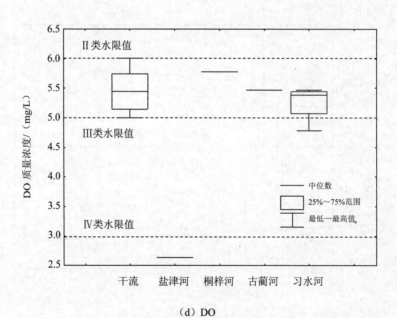

（d）DO

图 4-3　丰水期单因子分布

由箱线图可知，赤水河水质时空分布变化很大。其中图 4-2 表明，枯水期干流 TP 和 COD_{Cr} 均未超标；干流和桐梓河的 TN 浓度中位数已经超过了 I 类水标准限值，特别是干流，有相当多地区超过了 I 类水标准限值；虽然没有超过 II 类功能区限值，但是作为相对较为严重的潜在污染因子，仍应当提高警惕；盐津河 TN 浓度为 0.829 mg/L，虽然没有超过功能区标准（IV 类），但是仍然远超过其他区域；各个支流的各个采样点 DO 浓度均高于 I 类水标准值，没有超标现象发生。干流 DO 浓度中位数虽然远超 I 类水浓度限值，但是却有低于 I 类水限值的现象发生。

而图 4-3 表明，丰水期 TP 质量浓度有所降低，但是盐津河仍然保持较高质量浓度，达到了 0.266 mg/L，为 IV 类；COD_{Cr} 含量明显提高，虽然中位数均在 II 类水限值内，但是干流、盐津河和习水河有数个超过 III 类水标准限值的现象；TN 含量也明显提高，干流和习水河较好，中位数在 II 类水限值以内，但是干流和各个支流均出现超出 II 类水标准限值的现象；干流、桐梓河、古蔺河和习水河的 DO 大多数处于 III 类，习水河出现 IV 类，盐津河甚至出现 V 类。

盐津河流经仁怀市，城镇污水和工业污水排放量大，而水体的径流量小，自净能力差，导致盐津河水域污染十分突出。盐津河作为赤水河的主要污染河段，当地政府已采取了一些治理措施，但盐津河污染源的防治仍将是赤水河今后管理的重点。

从季节性分布来看，除了 TP 外，赤水河在丰水期各个指标均有不同程度的恶化。特别是 DO，季节性变化最为明显。TN、TP 和 DO 是富营养化的重要指标，从其浓度分布不难看出，干流的局部地区也受到了一定程度的富营养化的影响，而盐津河应属于严重富营养化水体。

4.3 综合水质时空分布

要得到赤水河水质的时空分布，首先要得到综合水质标识指数；要得到综合水质标识指数，必须得到相应的单因子水质标识指数和各个单因子的权重。

4.3.1 组合权重的计算

据前文所述的评价方法和监测数据，对赤水河各单项评价指标进行赋权：

（1）按照水质评价方法，采用层次分析法（AHP）计算各水质指标的主观权重。根据监测数据及实际水质的特点，以水质为目标层，将赤水河水质指标分为营养元素指标和氧气表征指标两大类准则层，再以具体的指标评价因子为方案层建立评价体系，如图4-4所示。

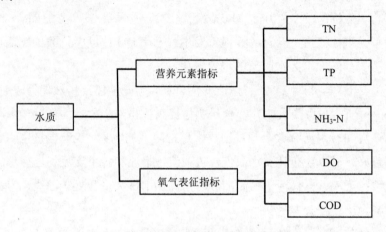

图 4-4　层次分析指标体系

将以上评价系统引入 Yaahp 软件，通过专家对各因素相对于上一层中某一准则的重要程度进行两两比较判断，构造判断矩阵，计算结果如表4-6所示，分析结果通过一致性检验（0.008 8）。

表 4-6　层次分析法获得的权重

指标	TN	TP	COD	NH$_3$-N	DO
权重	0.228	0.313 7	0.158 7	0.172 6	0.127

（2）采用熵权法计算水质指标的熵权。计算结果如表4-7所示。

（3）采用超标加权法计算各水质指标的超标权重，计算结果如表4-8所示。

（4）计算组合权重。由于熵权法、超标加权法是基于实测水质数据计算权重的，因此在枯水期和丰水期得到的水质单项指标权重是不同的。根据表 4-6、表 4-7 和表 4-8 的各权重值，分别求出枯水期和丰水期各个单因子权重的算术平均值，即为各个单因子的组合权重。表4-9是枯水期的单因子权重，表4-10是丰水期的单因子权重。

表 4-7 熵权法获得的权重

指标		TN	TP	COD	NH$_3$-N	DO
枯水期	熵值	0.948 8	0.557 2	0.941 6	0.787 1	0.999 3
	差异系数	0.051 2	0.442 8	0.058 4	0.212 9	0.000 7
	权重	0.066 8	0.578 1	0.076 2	0.278 0	0.000 9
丰水期	熵值	0.985 9	0.510 3	0.903 3	0.862 9	0.997 8
	差异系数	0.014 1	0.489 7	0.096 7	0.137 1	0.002 2
	权重	0.019 0	0.662 0	0.130 7	0.185 3	0.003 0

表 4-8 枯水期单因子权重

指标	TN	TP	COD	NH$_3$-N	DO
枯水期权重	0.249 8	0.217 0	0.165 8	0.165 0	0.202 4
丰水期权重	0.241 1	0.116 8	0.179 6	0.147 9	0.314 6

表 4-9 枯水期单因子权重

赋权方法	TN	TP	COD	NH$_3$-N	DO
层次分析法	0.228	0.313 7	0.158 7	0.172 6	0.127
熵权法	0.066 8	0.578 1	0.076 2	0.278	0.000 9
超标加权法	0.249 8	0.217	0.165 8	0.165	0.202 4
组合权重	0.181 5	0.369 6	0.133 6	0.205 2	0.110 1

表 4-10 丰水期单因子权重

赋权方法	TN	TP	COD	NH$_3$-N	DO
层次分析法	0.228	0.313 7	0.158 7	0.172 6	0.127
熵权法	0.019	0.662	0.130 7	0.185 3	0.003
超标加权法	0.241 1	0.116 8	0.179 6	0.147 9	0.314 6
组合权重	0.162 7	0.364 2	0.156 3	0.168 6	0.148 2

4.3.2 可行性综合分析

为了验证方法的科学性及适用性,将该组合权重与三种权重方法确定的权重及平均权重分别运用于综合水质标识指数法进行对比,计算不同权重下综合水质标识指数 $X_1.X_2$ 的值。以丰水期干流为例,$X_1.X_2$ 计算结果见表 4-11 及图 4-5。

表 4-11　赤水河丰水期不同权重 $X_1.X_2$ 计算结果

采样点	层次分析法权重	熵权法权重	超标加权法权重	平均权重	组合权重
1(源)	1.8	1.2	2.2	1.9	1.7
2	1.8	1.3	2.2	1.9	1.8
3	2.0	1.8	2.2	2.0	2.0
4	1.9	1.4	2.3	2.0	1.9
5	1.8	1.2	2.2	1.9	1.8
6	2.2	1.5	2.6	2.3	2.1
7	2.1	1.5	2.5	2.2	2.0
8	2.0	1.3	2.4	2.1	1.9
9	2.0	1.3	2.5	2.2	1.9
10	2.0	1.3	2.6	2.2	2.0
11	2.0	1.4	2.3	2.1	1.9
12	2.1	1.5	2.4	2.2	2.0
13	2.2	1.6	2.6	2.3	2.1
14	2.1	1.4	2.6	2.3	2.0
15	2.7	2.0	3.3	3.1	2.7
16	1.9	1.3	2.4	2.1	1.9
17	2.3	1.7	2.8	2.5	2.3
18	2.7	2.0	3.3	3.0	2.7
19	1.6	1.2	1.9	1.7	1.6
20	1.9	1.4	2.3	2.0	1.9
21	1.9	1.3	2.4	2.0	1.8
22	2.1	1.6	2.5	2.3	2.1

表 4-11 表明，运用不同权重计算的 $X_1.X_2$ 差别很大，确定权重的科学与否直接决定评价结果是否科学合理。

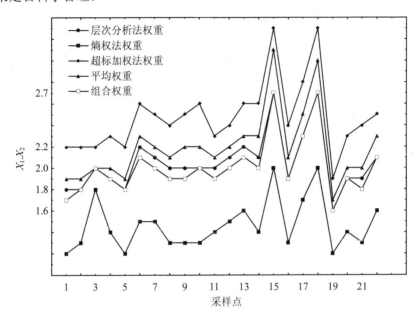

图 4-5　赤水河丰水期不同权重 $X_1.X_2$ 分布

由图 4-5 可知，运用组合权重计算的 $X_1.X_2$ 位于中间位置，大部分被其他权重所计算的 $X_1.X_2$ 覆盖或接近，说明组合权重与其他权重相比，涵盖了其他权重所表达的信息，且评价结果既不会太保守又不会太严格。层次分析法所得的权重来自专家的主观判断，充分利用了专家的经验和知识；熵权法仅以客观数据为基础，导致 TN 与 DO 赋权过低，而 TP 赋权过高，使得评价结果十分保守；超标加权法主要考虑超标程度，又造成了超标较为严重的 TN 和 DO 赋权很高，导致评价结果过于严格。从图 4-5 可以看出，与组合权重评价结果最为接近的是层次分析法，可见组合权重充分发挥了专家知识对于水质评价的科学指导作用，使得方法相比其他客观方法更加"智能"，同时综合考虑了客观水质分布情况。不同流域、同一流域不同时期水质评价应根据实际情况确定不同权重，这是相比其他客观方法专家赋权法的一个优势。

由于组合权重融合了主观赋权法——层次分析法和两种客观赋权法——熵权法、超标加权法三种赋权方法的优点，既避免了主观赋权法的主观性，又发挥了专家的经验和知识;既避免了客观赋权法的片面性,又综合了两种客观赋权法对于权重的客观判断;既充分利用了各种赋权方法提供的有效信息,综合考虑了污染物对于人体健康的危害程度、水质指标包含信息量的多寡、污染物超标程度,权重计算结果全面、合理,又避免了单一方法的片面性,并且根据丰水期、枯水期水质不同情况分别赋以不同权重。因此,组合权重相对于传统的综合水质标识指数法将水质指标赋予相同权重更为合理、科学。

4.3.3 综合水质标识指数法评价结果

将上述组合权重运用到综合水质标识指数法中,根据各个单项指标的单因子标识指数,计算出综合水质标识指数,再对比表 4-2 和表 4-3 得出综合水质类别和定性判断结果。枯水期和丰水期的分析结果见表 4-12 和表 4-13。由于 pH 量纲一,而且没有超标现象,这里不再讨论。

表 4-12　赤水河枯水期综合标识指数法评价结果

采样点		功能区	单因子水质标识指数					水质综合标识指数	水质类别	综合水质类别	定性判断结果
			TP	COD$_{Cr}$	TN	NH$_3$-N	DO				
干流	1（源）	I	1.20	1.20	2.30	1.40	2.10	1.52	I		良
	2	II	1.50	1.10	2.40	1.20	1.60	1.6 0	I		优
	3	II	1.20	1.10	2.00	1.40	1.40	1.40	I		优
	4	II	1.30	1.20	2.40	1.50	1.90	1.60	I		优
	5	II	1.20	1.10	2.30	1.20	1.60	1.40	I		优
	6	II	1.50	1.20	2.40	1.90	1.50	1.70	I		优
	7	II	1.30	1.20	1.20	1.10	1.70	1.30	I	1.60	优
	8	II	1.30	1.20	2.10	1.70	1.70	1.60	I		优
	9	II	1.30	1.10	2.40	2.10	1.60	1.70	I		优
	10	II	1.30	1.20	1.20	1.20	1.50	1.30	I		优
	11	II	1.50	1.80	2.30	1.00	1.30	1.60	I		优
	12	II	2.00	1.30	2.10	1.20	1.70	1.70	I		优
	13	II	1.60	1.70	2.40	1.20	1.80	1.70	I		优

采样点		功能区	单因子水质标识指数					水质综合标识指数	水质类别	综合水质类别	定性判断结果
			TP	COD$_{Cr}$	TN	NH$_3$-N	DO				
干流	14	II	2.20	1.50	2.30	1.30	2.40	2.00	I	1.60	优
	15	II	2.00	1.70	2.10	1.60	1.70	1.90	I		优
	16	II	1.30	1.20	1.80	1.00	1.70	1.40	I		优
	17	II	1.80	1.20	2.10	1.30	1.60	1.60	I		优
	18	II	2.10	1.50	1.90	1.10	1.70	1.70	I		优
	19	II	2.00	1.10	1.60	1.00	1.30	1.50	I		优
	20	II	1.30	1.70	1.60	1.70	1.60	1.50	I		优
	21	II	2.40	1.10	2.00	1.00	1.60	1.80	I		优
	22	II	1.90	1.70	2.00	1.10	1.60	1.70	I		优
盐津河	YJ-1	IV	6.50	1.70	3.70	2.80	1.90	4.11	V	4.10	良
桐梓河	TZ-1	II	1.30	1.50	2.10	1.20	1.60	1.50	I	1.50	优
古蔺河	GL-1	II	2.10	1.70	2.00	1.10	1.80	1.80	I	1.70	优
习水河	XS-1	II	2.10	1.30	2.00	2.00	1.60	1.90	I	1.50	优
	XS-2	II	1.40	1.50	1.80	1.00	1.60	1.40	I		优
	XS-3	II	1.80	1.50	1.00	1.00	1.60	1.40	I		优
	1（源）	II	1.30	1.20	2.00	1.00	1.50	1.40	I		优

表 4-13　赤水河丰水期综合标识指数法评价结果

采样点		功能区	单因子水质标识指数					水质综合标识指数	水质类别	综合水质类别	定性判断结果
			TP	COD$_{Cr}$	TN	NH$_3$-N	DO				
干流	1（源）	I	1.30	1.10	2.50	1.00	3.40	1.71	I	2.00	良
	2	II	1.10	1.10	2.70	1.80	3.00	1.81	I		优
	3	II	1.90	1.10	2.30	1.90	3.00	2.01	II		优
	4	II	1.40	1.10	2.90	1.30	3.30	1.91	I		优
	5	II	1.20	1.10	3.10	1.10	3.10	1.82	I		优
	6	II	1.40	2.00	3.00	1.40	3.70	2.02	II		优
	7	II	1.40	2.00	2.90	1.10	3.60	1.91	II		优
	8	II	1.10	2.00	3.00	1.10	3.30	1.92	I		优
	9	II	1.20	2.00	3.10	1.00	3.50	2.02	I		优

采样点		功能区	单因子水质标识指数					水质综合标识指数	水质类别	综合水质类别	定性判断结果
			TP	COD$_{Cr}$	TN	NH$_3$-N	DO				
干流	10	II	1.20	2.00	3.00	1.00	3.80	1.92	II	2.00	优
	11	II	1.20	2.00	2.70	1.60	3.00	1.91	I		优
	12	II	1.40	2.00	2.80	1.50	3.20	2.01	II		优
	13	II	1.50	2.00	2.80	1.40	3.90	2.11	II		良
	14	II	1.20	2.00	2.60	1.50	4.00	2.01	II		优
	15	II	1.20	4.80	3.00	2.70	3.60	2.73	II		良
	16	II	1.10	2.00	2.00	1.40	3.90	1.91	I		优
	17	II	1.40	2.00	3.00	2.40	3.90	2.32	II		良
	18	II	1.40	4.80	3.00	2.20	3.80	2.73	II		良
	19	II	1.30	1.10	1.60	1.10	3.30	1.61	I		优
	20	II	1.30	1.10	2.90	1.60	3.30	1.91	I		优
	21	II	1.20	1.10	2.60	1.50	3.80	1.81	I		优
	22	II	1.40	2.00	2.20	2.00	3.80	2.11	II		良
盐津河	YJ-1	IV	3.70	4.80	3.40	3.20	5.40	4.01	IV	4.00	优
桐梓河	TZ-1	II	1.70	2.00	3.10	2.20	3.20	2.32	II	2.30	良
古蔺河	GL-1	II	1.20	1.10	3.00	1.60	3.50	1.92	I	1.90	优
习水河	XS-1	II	1.20	2.00	2.10	2.10	4.10	2.11	II	2.10	优
	XS-2	II	1.20	1.10	3.00	1.60	3.50	1.92	I		优
	XS-3	II	1.20	4.80	3.00	2.70	3.60	2.73	II		良
	XS-4	II	1.10	2.00	2.60	1.40	3.70	1.91	I		优

（1）水质类别评价。由表 4-12 表明，枯水期水质超标现象较少，单项指标超标现象的采样点有干流的采样点 1（鱼洞），超标指标为 TN（2.3）、DO（2.1）；盐津河，超标指标为 TP。

赤水河枯水期大部分地区水质很好，流域总体水质标识指数 $X_1.X_2$ 为 1.6，为 I 类水中等水平。干流的水质标识指数 $X_1.X_2$ 为 1.6，也为 I 类水。从各个支流来看，桐梓河、古蔺河和习水河的水质标识指数 $X_1.X_2$ 分别为 1.5、1.7 和 1.5，同样均为 I 类水，水质与干流差别不大。但是盐津河污染较为严重，$X_1.X_2$ 为 4.1，为 IV 类水。

由表 4-13 可知，丰水期有单项指标的超标现象较枯水期严重得多，变化最大的是

DO。在丰水期，DO 全部超标，均未达到 II 类水标准限值，大多数处于 III 类水标准限值；COD$_{Cr}$ 出现了 3 处超标现象，分别为干流采样点 15（4.8）和采样点 18（4.8），习水河的采样点 XS-3（4.8）；TN 超标严重，出现了 13 处超标现象，分别为干流采样点 1（2.5）、5（3.1）、6（3.0）、8（3.0）、9（3.1）、10（3.0）、15（3.0）、17（3.0）、18（3.0）、桐梓河 TZ-1（3.1）、古蔺河 GL-1（3.0）、习水河 XS-2（3.0）和 XS-3（3.0）。

赤水河丰水期较枯水期水质恶化严重，流域总体水质标识指数 $X_1.X_2$ 为 2.1，已经进入 II 类水标准。干流的水质标识指数 $X_1.X_2$ 为 2.0，也进入 II 类水标准。从各个支流来看，桐梓河、古蔺河和习水河的水质标识指数 $X_1.X_2$ 分别为 2.3、1.9 和 2.1，已经进入或逼近 II 类水标准，水质与干流差别不大。但是盐津河污染较为严重，$X_1.X_2$ 为 4.1，为 IV 类水。

（2）水质定性评价。综合水质定性评价来看，所有枯水期和丰水期各个采样点的综合水质均没有超过水质标准类别的现象，水质均在各个地区的水质功能区限制内。

枯水期各个采样点评价大多数为优秀，优秀率达到 95.5%，但是源头却是良。源头（鱼洞）虽然为 I 类水，但是其功能区也是 I 类，要求较为严格；源头水附近的屠宰场和当地生活污水对其水质影响较为明显。盐津河水质较差，为 IV 类水，但是作为仁怀市的工业用水水源，其功能区为 IV 类，水质并没有超过功能区限值。但是作为赤水河水质最差的支流，其各个单项指标浓度很高，特别是 TP，其单因子标识指数已经进入劣 V 类标准。

丰水期采样点评价有 9 个为良，分别是干流采样点 1、6、13、15、17、18、22 以及桐梓河 TZ-1 和习水河 XS-3，其余各点定性评价均为优秀，优秀率为 69%，相比枯水期有明显的恶化。

4.4　赤水河水质时空变化分析

由上述分析可知，赤水河水质季节性变化明显。其中枯水期水质较好，丰水期相对较差。这种变化是多方面因素造成的。下面进行赤水河水质时空分布变化分析。由于盐津河、桐梓河、古蔺河和习水河采样点较少，这里不再分析。这里仅分析干流水质时空分布变化。干流水质时空变化见图 4-6。

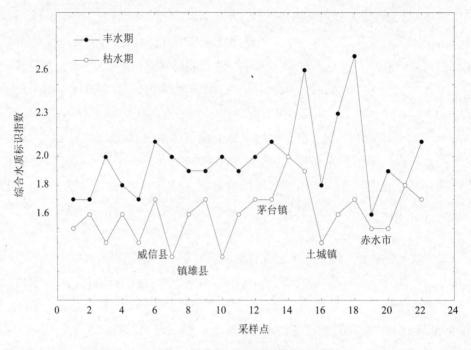

图 4-6　赤水河干流水质空间变化

由图 4-6 可知，从时间上看，大部分丰水期综合水质标识指数都在枯水期综合水质标识指数之上，且差距较大，可见赤水河季节性变化较大。

空间上看，赤水河枯水期和丰水期水质空间变化幅度都很大，且水质一直呈现出升高—降低—升高的反复的"M"形趋势。例如，采样点 5（威信县）到采样点 6（石坎乡林镇村）水质标识指数迅速提高，水质明显恶化，原因是林镇村位于威信县城下游，水质受县城生活污水和生产废水影响较大，而石田村上游基本不受城镇影响。同样，从镇雄县到下游，从茅台镇到下游，从进入赤水市到赤水市下游也都有同样的趋势。虽然水体的自净能力基本能够承受这种程度的污染，但是城镇污水对赤水河水质的影响可见一斑。一旦排污量超过水体自净能力，这种"M"形的水质变化趋势就会被打破，成为逐渐恶化的趋势。

虽然丰水期的变化规律有所不同，但是大部分地区趋势和枯水期相似，其中在镇雄县、茅台镇下游出现了相反的趋势。可见水质不仅受城镇污水影响，还受其他污染源影响。为探明水质受哪些污染的影响，分别做了枯水期和丰水期各指标的相关性分析。由于 DO 浓度是其他污染因子的影响的间接反映,此处不再列入分析。各个指标的相关性分析见表 4-14、表 4-15。

表 4-14　赤水河枯水期相关性分析结果

指标	TP	COD_{Cr}	TN	NH_3-N
TP	1			
COD_{Cr}	0.34	1		
TN	0.80**	0.18	1	
NH_3-N	0.79**	0.13	0.77**	1

注:** 表示 0.01 水平显著相关。

表 4-15　赤水河丰水期相关性分析结果

指标	TP	COD_{Cr}	TN	NH_3-N
TP	1			
COD_{Cr}	0.34	1		
TN	0.45	0.32	1	
NH_3-N	0.67**	0.64**	0.34	1

注:** 表示 0.01 水平显著相关。

由表 4-14 可知,枯水期 TP 和 TN 相关系数达到 0.80;TP 和 NH_3-N 相关系数为 0.79,呈显著相关。由此可知,赤水河枯水期的污染源主要是固定的一个或几个[8],而其中城镇点源污染作用明显。

由表 4-15 可知,丰水期各个指标之间相关性不是很显著,可知赤水河丰水期的主要污染源除了城镇点源污染外还存在其他类型的污染源。赤水河流经很多城镇,且两岸分布较多的农田,因而可知在枯水期水质主要受城镇和企业点源污染;城镇污水、工业废水等点源污染无明显的季节性变化,但是丰水期水质却表现出不同的趋势,可见在丰水期水质不仅受到城镇污水和工业污水影响,还会受到更多农业污染等面源污染影响,这与农业的耕作周期有很大的关系。总磷和氨氮平均浓度在丰水期升高,可以看出农业污染的影响也是赤水河丰水期水质相较枯水期较差的原因之一。

4.5　小结

本章研究的赤水河水质时空分布，不仅摸清了赤水河水质时空分布现状，而且可以进一步预测水质变化趋势，对于保护赤水河的水质，优化水资源的合理利用，防治河流中的潜在污染具有非常重要的科学意义及现实意义。主要在河水水质时空分布方面，进行了枯水期与丰水期全流域的采样与分析。运用箱线图直观表现出枯水期和丰水期各个水质指标的分布情况。运用基于层次分析法、熵权法和超标加权法确定的组合权重的改进的综合水质标识指数法，得出赤水河的水质类别，进行水质定性、定量评价，然后根据水质标识指数的变化分析了赤水河干流的水质时空分布变化特征，并结合相关性分析初步确定了枯水期和丰水期主要的污染来源。结果表明，赤水河水质时空分布变化明显，枯水期干流水质为Ⅰ类水，丰水期水质相较枯水期较差，干流为Ⅱ类水。流域枯水期和丰水期综合水质标识指数分别为 1.6 和 2.1。支流中盐津河污染较为严重。枯水期主要污染源为城镇污水和工业污水等点源污染，丰水期除点源污染外受农业污染等面源污染明显。

参考文献

[1]　毛定祥. 一种最小二乘意义下主客观评价一致的组合评价方法[J]. 中国管理科学，2002，10（5）：95-97.

[2]　Zou Z H，Yun Y，Sun J N. Entropy method for determination of weight of evaluating indicators in fuzzy synthetic evaluation for water quality assessment[J]. Journal of Environmental Sciences，2006，18（5）：1020-1023.

[3]　国家环境保护总局. 地表水环境质量标准. GB 3838—2002[S]. 北京：中国环境科学出版社，2002.

[4]　徐祖信. 我国河流单因子水质标识指数评价方法研究[J]. 同济大学学报（自然科学版），2005，33（3）：321-325.

[5]　国家环境保护总局《水和废水监测分析方法》编委会. 水和废水监测分析方法[M]. 北京：中国环境科学出版社，2002.

[6]　Gun A M，Gupta M K，Dasgupta B. Fundamentals of statistics[M]. Kolkata：World Press Private，2008.

[7] Kamble S R，Vijay R. Assessment of Water Quality Using Cluster Analysis in Coastal Region of Mumbai，India[J]. Environmental Monitoring & Assessment，2011，178（1-4）：321-332.

[8] 洪志方. 合肥市南淝河水体重金属元素污染分析与评价[D]. 合肥：合肥工业大学，2007.

第 5 章
不同土地利用/土地覆被变化条件下赤水河流域水质变化研究

5.1 赤水河土地利用遥感影像的分类

　　在相同的条件下，相同的地物拥有相同的或者类似的光谱信息，而不同的地物之间就会存在差异。我们往往利用这一特性对区域的土地利用信息进行辨别。用于土地利用变更或土地利用动态监测的遥感分类方法主要有两种：一是目视判断，二是基于计算机软硬件支持下的计算机遥感图像解译。计算机遥感图像解译方法的快速、客观以及方法的可重现性，使其成为土地利用分类的重要手段。

　　遥感图像的分类包括非监督分类和监督分类。非监督分类主要是采用聚类分析方法，聚类就是我们常说的"物以类聚"，根据相似性，把一组像元划分成若干类别。与非监督分类不同，遥感图像的监督分类需要有已知类别的训练场，在训练场内选取各类别的训练样本，然后选择特征变量和判别规则，进而把图像中的各种像元点划分到各个给定类的分类中去。也就是说，非监督分类仅仅依靠计算机系统进行"傻瓜式"的分类，而监督分类除了依赖计算机系统外，更依赖于人的先验知识，因此，监督分类更具备合理性，是目前较常用的方法。其常用的方法有最小距离法、多级切割法、最大似然法。本章对赤水河流域进行土地利用分类所采用的方法是监督分类中的最大似然法。

5.1.1　构建分类体系

早在 1984 年，土地利用现状分类及含义就在全国农业区划委员会发布的《土地利用现状调查技术规程》中有了明确定义。在随后的 1989 年 9 月，《城镇地籍调查规程》中详细规定了城镇土地分类及含义，这一规程是由原来的国家土地管理局规定的。进入 2000 年后，我国开始尝试建立统一的全国土地分类体系，这一体系以《土地利用现状调查技术规程》和《城镇地籍调查规程》为基础进行建立。而我们现在所使用的最新的《土地利用现状分类》标准是中华人民共和国质量监督检验检疫总局和中国国家标准化管理委员会在 2007 年 8 月 10 日联合发布的。

本章根据赤水河流域土地资源的实际状况，参照 2007 年 8 月 10 日发布的最新的《土地利用现状分类》标准，按照一级标准，将赤水河流域的土地利用类型分为耕地、林地、灌草、水域、居民地及建设用地和未利用地 6 大类，其中耕地又分为水田和旱地，灌草又分为灌木林地和各种类型的草地。赤水河流域的土地利用分类系统见表 5-1。

表 5-1　赤水河流域的土地利用分类系统

一级地类	二级地类	基本含义
耕地	旱地	指没有水源保证及灌溉设施，靠天然降水生长作物的农耕地
	水田	指有水源保证和灌溉设施，在一般年景能正常灌溉，种植旱生农作物的耕地
林地	有林地	指树木郁闭度≥0.2 的乔木，包括红树林地和竹林地
灌草	灌木林地	指灌木覆盖度≥40%的林地
	草地	指生长草本植物为主的土地
水域	河流	指自然的河道和其他线形水域，包括沟渠
	水库	指面状水域，包括水库、湖泊、池塘等
居民及建设用地		建筑物和道路占大部分土地，人工建筑物占整个地面的 50%以上
未利用地		指裸土地和裸岩、滩涂等未利用地

5.1.2　建立解译标志

遥感影像上不同的地类通常有着不同的光谱或纹理特征,这些特征是对遥感影像分类的前提,是识别不同地物的判读依据,称为解译或判读标志。本次研究为保证解译标志的正确性和可靠性,首先在室内对遥感影像进行了详细的分析与研究,其次在此基础上,分别在 2012 年 12 月 18 日—25 日和 2013 年 6 月 28 日—7 月 5 日进行了两次为期一周的解译区的实地调查,两次野外调查均结合 GPS 定点技术,拍摄了多组不同土地利用类型的照片见图 5-1。

N 27°35′10.14″　E 105°10′58.66″

水田

N 28°02′51.49″　E 106°18′25.98″

坡耕地

N 27°46′52.43″　E 105°10′04.03″

林地

N 28°33′37.01″　E 106°04′59.32″

竹林

N 27°45′25.95″　E 105°13′02.58″

灌丛

N 27°45′25.95″　E 105°13′02.58″

草地

N 27°46′52.43″　E 105°10′04.03″

居民及建设用地

N 28°48′35.58″　E 105°50′14.62″

水域

N 28°48′56.73″　E 105°52′05.94″

未利用地（裸岩）

N 28°48′56.73″　E 105°52′05.94″

未利用地（河岸滩涂）

图 5-1　野外实地调查

通过实际调查与计算机判读的反复验证，确定了研究区不同地类的解译标志见表 5-2。

表 5-2　研究区地物解译标志

地类		影像图	特征
居民地及建设用地			居民点形状不规则，在影像上呈有若干的紫色小矩形紧密相连在一起的成片图形
水体			水体颜色为深蓝色，在影像上一般较宽并呈弯曲带状，水的色调与水的深浅相关，水深色调就深，水浅色调就浅
耕地	旱地		旱地呈浅红色，影像纹理较粗糙，呈条块状
	水田		水田在影像上呈青色，影像纹理较细腻，呈条块状
灌草			灌草颜色呈浅绿色，颜色柔和均匀，纹理细腻，形状不规则
未利用地			未利用地呈粉红色，为裸岩，几乎无植被覆盖，纹理细腻

5.1.3　构建分类模板

以 ERDAS 软件为平台，采用监督分类中的最大似然法，根据表 5-2 中建立的赤水河流域遥感影像的解译标志，同时将《毕节市土地利用现状图》作为训练区，针对这 6 个类别，分别选取足够数量的样本，选取的方法是利用 ERDAS 软件中的 AOI 种子生成工具。当全部类型采集完成后，把模板中同一类的多个样本合并并保存作为分类模板。2009 年赤水河流域遥感影像的分类模板见图 5-2。

Class #	>	Signature Name	Color	Red	Green	Blue	Value	Order	Count	Prob.	P	I	H	A	FS
1	>	dryland-1		1.000	1.000	0.000	89	89	1371	1.000	X	X	X	X	
2		construction		1.000	0.000	0.000	90	90	1997	1.000	X	X	X	X	
3		dryland-2		1.000	0.843	0.000	91	91	198	1.000	X	X	X	X	
4		forest-1		0.000	0.392	0.000	12	116	2648	1.000	X	X	X	X	
5		zhulin		0.000	0.392	0.000	13	127	135	1.000	X	X	X	X	
6		unused land		0.753	0.753	0.753	4	131	245	1.000	X	X	X	X	
7		shurb-grass-1		0.498	1.000	0.000	16	143	965	1.000	X	X	X	X	
8		shrub-grass-2		0.498	1.000	0.000	7	149	1382	1.000	X	X	X	X	
9		paddy		0.000	1.000	1.000	11	158	1695	1.000	X	X	X	X	
10		construction-2		1.000	0.000	0.000	27	179	238	1.000	X	X	X	X	
11		forest-2		0.000	0.392	0.000	38	196	726	1.000	X	X	H	X	
12		shrub-grass-3		0.498	1.000	0.000	1	197	658	1.000	X	X	X	X	
13		forest-3		0.000	0.392	0.000	2	198	253	1.000	X	X	X	X	
14		dryland-3		1.000	0.843	0.000	3	199	540	1.000	X	X	X	X	
15		shrub-grass-4		0.498	1.000	0.000	5	200	119	1.000	X	X	X	X	
16		dryland-4		1.000	0.843	0.000	6	201	1051	1.000	X	X	X	X	
17		dyland-5		1.000	0.843	0.000	14	205	219	1.000	X	X	X	X	
18		shrub-grass-5		0.498	1.000	0.000	19	212	704	1.000	X	X	X	X	
19		unused land-2		0.753	0.753	0.753	8	213	4	1.000	X				
20		forest-4		0.000	0.392	0.000	20	219	702	1.000	X	X	X	X	
21		forest-5		0.000	0.392	0.000	23	226	559	1.000	X	X	X	X	
22		construction-3		1.000	0.000	0.000	17	230	312	1.000	X	X	X	X	

图 5-2　2009 年赤水河流域遥感影像的分类模板

2013 年赤水河流域遥感影像的分类模板见图 5-3。

Class #	>	Signature Name	Color	Red	Green	Blue	Value	Order	Count	Prob.	P	I	H	A	FS
1	>	forest-1		0.000	0.392	0.000	2	41	689	1.000	X	X		X	
2		forest-2		0.000	0.392	0.000	3	42	983	1.000	X	X		X	
3		shrub-grass-1		0.498	1.000	0.000	21	60	1022	1.000	X	X		X	
4		shrub-grass-2		0.498	1.000	0.000	11	68	732	1.000	X	X		X	
5		forest-3		0.000	0.392	0.000	12	76	187	1.000	X	X		X	
6		dryland-1		1.000	0.843	0.000	16	92	135	1.000	X	X		X	
7		dryland-2		1.000	0.843	0.000	8	97	18	1.000	X	X		X	
8		forest-4		0.000	0.392	0.000	14	105	1644	1.000	X	X		X	
9		dryland-3		1.000	0.843	0.000	9	127	113	1.000	X	X		X	
10		forest-5		0.000	0.392	0.000	7	131	45	1.000	X	X		X	
11		paddy-1		0.000	1.000	1.000	6	135	22	1.000	X	X	X	X	
12		paddy-2		0.000	1.000	1.000	10	139	9	1.000	X	X		X	
13		unused land-1		0.753	0.753	0.753	1	197	9	1.000	X	X	X	X	
14		unused land-2		0.753	0.753	0.753	15	200	12	1.000	X	X	X	X	
15		unused land-3		0.753	0.753	0.753	4	201	11	1.000	X	X	X	X	
16		construction-1		1.000	0.000	0.000	26	212	763	1.000	X	X		X	
17		construction-2		1.000	0.000	0.000	19	217	68	1.000	X	X		X	
18		construction-3		1.000	0.000	0.000	5	218	162	1.000	X	X	X	X	
19		construction-4		1.000	0.000	0.000	20	222	13	1.000	X	X		X	
20		dryland-4		1.000	0.843	0.000	28	231	85	1.000	X	X		X	
21		dryland-5		1.000	0.843	0.000	23	236	33	1.000	X	X		X	

图 5-3　2013 年赤水河流域遥感影像的分类模板

5.1.4 评价分类模板

建立分类模板，需对分类模板进行评价。本书采用可能性矩阵进行分类模板精度评价。可能性矩阵评价工具的工作原理是分析 AOI 训练区的像元落在相应类别中的百分比。评价的输出结果是一个百分比矩阵，可直接明了地显示出每个 AOI 训练区中有多少个像元分别属于相应的类别和有多少个像元错分在该类别。一般情况下，若分类的总体误差矩阵值小于 85%，则需重新建立模板。本书对各分类模板评价后发现各类地物的训练区样本识别情况较好，总体误差矩阵值均大于 85%，此次研究对 2009 年和 2013 年赤水河流域的遥感影像分别建立分类模板并进行多次纠正，保证了分类模板的精度。故可以使用该分类模板对遥感影像进行监督分类。

5.1.5 精度评价

监督分类后需要对其精度进行评价。分类精度评估是将专题分类图像中特定像元与已知分类的参考像元进行比较，从而算出精度。本书对 2009 年赤水河流域土地利用分类图进行精度评价时，选用 2009 年的赤水河流域影像图为参考影像，根据"Stratified Random"的方式选取了 50 个随机点，评价后得到总体分类精度为 87.50%，Kappa 系数为 0.745 6。同理对 2013 年赤水河流域土地利用分类图进行结果评价后，得到总体分类精度为 86.50%，Kappa 系数为 0.734 0。解译精度符合相关要求，表明解译结果符合相关要求，分类结果比较理想，可以作为下一步继续开展研究的基础资料。

5.1.6 分类后处理

无论利用监督分类，还是非监督分类，分类结构中都会产生一些细小的图斑。我们必须对这些小的图斑进行聚类统计和去除分析。所谓的聚类是通过分类专题图像计算每个分类图斑的面积，是记录相邻区域中最大图斑面积的分类操作，从而产生一个 Clump 类组输出图像。而去除操作是用于删除原始分类图像中的小的图斑或者是 Clump 聚类图像中的小 Clump 类组，并将删除的小图斑合并到相邻的最大的分类当中。聚类是通过

ERDAS 中的 GIS Analysis 中的 Clump 来实现的, 去除是通过 ERDAS 中的 GIS Analysis 中的 Eliminate 来实现的。由于影像上同物异谱、同谱异物现象, 以及阴影的存在, 需要对分类结果进行修改, 通过修改, 把分类不妥的地类改成正确的地类, 从而分别得到 2009 年和 2013 年赤水河流域的土地利用现状图。

5.2　赤水河土地利用结构变化分析

土地利用变化涉及的方面非常多, 过程也较复杂。因此, 建立以简化为特征的各种土地利用动态变化模型, 就可以对土地利用动态特征进行直观分析。一般从 3 个方面探讨区域的土地利用变化情况, 分别是: 时间变化情况、空间变化情况和质量变化情况。通过分析不同土地利用类型的总量变化, 可以明确区域土地利用变化的总体趋势。

本节主要从土地利用结构特征、上地利用类型总量变化特征、土地利用转移变化特征和土地利用程度变化特征几方面着手, 研究赤水河流域土地利用结构的变化。

5.2.1　研究区土地利用结构分析

将 2009 年和 2013 年的赤水河流域土地利用现状图导入 ARCGIS 软件中, 建立各空间数据所对应的属性数据表, 再分别对属性数据表进行统计计算和图表处理, 分别得到该地区 2009 年和 2013 年的土地利用类型表和土地利用结构比重图。

从表 5-3 和图 5-4 可知, 综合 2009 年和 2013 年赤水河流域的土地利用结构, 整个研究区的土地利用类型以林地和耕地为主, 二者合计可达到整个流域面积的 80%, 而水域、未利用地和居民及建设用地面积所占比重较小, 不到研究区总面积的 10%。2009—2013 年赤水河流域各土地利用类型的面积见表 5-3。

5.2.2　研究区土地利用类型总量变化分析

研究区土地利用类型多样, 结构复杂, 2009—2013 年以来发生了很大变化。本研究从统计数据入手, 分析赤水河流域土地利用的总量变化、土地利用转移变化特征和土地利用程度变化来了解研究区土地利用结构的变化和发展趋势。

表 5-3 2009—2013 年赤水河流域各土地利用类型的面积 单位：hm²

土地利用类型	2009 年	2013 年
耕地	666 243.80	477 601.96
未利用地	8 357.49	632.52
居民及建设用地	110 885.00	155 602.00
水域	13 723.60	20 332.00
灌草	189 189.00	270 241.00
林地	965 063.00	1 031 260.00

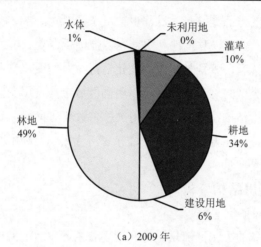

（a）2009 年

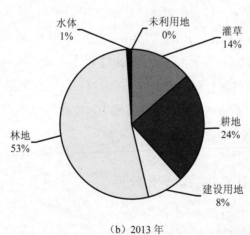

（b）2013 年

图 5-4 2009 年和 2013 年赤水河流域各土地利用类型所占比重

从表 5-3 可知，2009—2013 年，赤水河流域的耕地面积、未利用地面积分别减少了
188 642.00 hm^2 和 7 724.97 hm^2；居民地及建设用地、水域、灌草和林地的面积分别增加
了 44 717 hm^2、6 608.40 hm^2、81 052 hm^2 和 66 197.00 hm^2。

耕地是面积变化最大的土地利用类型，也是面积减少最多的土地利用类型，年变化
幅度为 37 728.40 hm^2。灌草是研究期内面积增加最多的土地利用类型，增加了
81 052 hm^2。另外，林地的面积明显增加，5 年间增加了 66 197 hm^2。建设用地在研究期
内不断扩展，变化幅度为 8 943.40 hm^2/a。从变化幅度来看，耕地变化幅度最大，5 年间
耕地面积减少了 37 728.40 hm^2/a。2009—2013 年赤水河流域土地利用类型面积变化幅度
表见表 5-4。

表 5-4　2009—2013 年赤水河流域土地利用类型面积变化幅度

土地利用类型	2009 年/hm^2	2013 年/hm^2	总幅度/hm^2	年变化幅度/（hm^2/a）	占 2013 年百分比/%
耕地	666 243.80	477 601.96	−188 642.00	−37 728.40	−39.50
未利用地	8 357.49	632.52	−7 724.97	−1 544.99	−12.21
居民及建设用地	110 885.00	155 602.00	44 717.00	8 943.40	28.74
水域	13 723.60	20 332.00	6 608.40	1 321.68	32.50
灌草	189 189.00	270 241.00	81 052.00	16 210.40	29.99
林地	965 063.00	1 031 260.00	66 197.00	13 239.40	6.42

5.2.3　研究区土地利用转移变化分析

引入土地利用类型转移矩阵[1−5]对研究区内的土地利用变化情况进行分析。转移矩
阵的模型如下：

$$\boldsymbol{S}_{ij} = \begin{vmatrix} S_{11} & S_{12} & S_{13} & \cdots & S_{1n} \\ S_{21} & S_{22} & S_{23} & \cdots & S_{2n} \\ S_{31} & S_{32} & S_{33} & \cdots & S_{3n} \\ \vdots & \vdots & \vdots & & \vdots \\ S_{n1} & S_{n2} & S_{n3} & \cdots & S_{nn} \end{vmatrix}$$

式中：S——面积；

n——土地利用类型数；

i，j——研究初期与研究末期的土地利用类型。

为了获得研究区不同阶段土地利用各类型之间相互转换的数量关系，在此使用 ERDAS 软件中的 Matrix 功能模块，对 2009 年和 2013 年的最终土地利用分类结果进行转移矩阵的运算，从而获得赤水河流域 2009—2013 年土地利用结构变化的转移矩阵。与常规不同的是，此研究更加注重影响水质的土地利用结构的变化，因此不做水域本身的转移分析（水域在分类时是单独提取的，在转移矩阵之前，不将水体与其他类别进行 Overlay 计算）。并且此次转移矩阵的运算更加细化，不再单单研究耕地的转移变化情况，同时研究旱地和水田的转移变化情况。具体如表 5-5 和表 5-6 所示，可以看出研究区内各地土地利用类型在研究期内的转入转出流向及转移面积。2009—2013 年赤水河流域土地利用类型面积转移矩阵见表 5-5。

表 5-5 2009—2013 年赤水河流域土地利用类型面积转移矩阵　　单位：hm²

土地利用类型	水田	林地	旱地	未利用地	居民及建设用地	灌草	转出量
水田	760.68	5 997.06	12 481.4	46.53	3 047.31	1 453.05	23 025.35
林地	866.16	690 624	85 488.8	116.91	43 566.1	142 987	273 025
旱地	4 102.38	234 434	281 672	369.37	70 766.9	48 881.9	358 444.6
未利用地	252.63	885.6	4 873.05	41.67	1 791.09	494.28	8 296.65
居民及建设用地	1 307.52	41 645.7	28 422.5	52.47	31 541.1	7 354.71	78 782.9
灌草	202.59	57 671.1	57 167.7	15.57	4 889.61	69 070.3	119 946.6

注：表中行表示 2009 年某一种减少的土地利用类型转变为 2013 年的各种类型的面积；列表示 2013 年某一种增加的土地利用类型来源于 2009 年的各种类型的面积。

2009—2013 年赤水河流域土地覆被类型百分率转移矩阵见表 5-6。

表 5-6　2009—2013 年赤水河流域土地覆被类型百分率转移矩阵　　　单位：%

土地利用类型		水田	林地	旱地	未利用地	居民及建设用地	灌草
水田	A	3.16	24.89	51.81	0.19	12.65	6.03
	B	10.15	11.56	54.76	3.37	17.45	2.70
林地	A	0.09	71.56	8.86	0.01	4.51	14.82
	B	0.58	66.97	22.73	0.09	4.04	5.59
旱地	A	0.64	36.51	43.86	0.06	11.02	7.61
	B	2.66	18.18	59.92	1.04	6.05	12.16
未利用地	A	3.02	10.60	58.31	0.50	21.43	5.91
	B	7.36	18.48	56.82	6.59	8.30	2.46
居民及建设用地	A	1.18	37.56	25.63	0.05	28.44	6.63
	B	1.96	28.00	45.48	1.15	20.27	3.14
灌草	A	0.11	30.48	30.22	极小	2.58	36.51
	B	0.54	52.91	18.09	0.18	2.72	25.56

注：A 行表示 2009 年第 m 种土地利用类型转变为 2013 年第 n 种土地利用类型的比例；B 行表示 2013 年第 n 种土地利用类型由 2009 年第 m 种土地利用类型转变而来的比例。

分析表 5-5 和表 5-6 可得，赤水河流域的土地利用转移变化特征呈现以下特点：

（1）耕地是面积变化最大的土地利用类型，也是面积减少最多的土地利用类型。耕地面积的减少由水田面积的减少和旱地面积的减少两部分组成。水田主要转变为旱地、林地和居民及建设用地，转移百分比分别为 51.81%、24.89% 和 12.65%。旱地主要转化为林地（36.51%）和居民及建设用地（11.02%）。因此，耕地减少的主要方式为：耕地向林地以及居民及建设用地转变。说明赤水河流域在研究期内退耕还林效果明显，并且城市化进程也在稳步推进。

（2）林地面积明显增多。增加了 66 197 hm^2。林地主要靠旱地转化而来，转化百分比为 22.73%。

（3）灌草是年增长幅度最大的土地利用类型。2009—2013 年，灌丛面积增加了 81 052 hm^2，年变化幅度为 16 210.40 hm^2。变化量占 2013 年灌草面积的 29.99%。灌草主要由林地和旱地转换而来，转移百分比分别为 52.09% 和 18.91%。

（4）居民及建设用地面积明显增多。增加了 44 717 hm^2，年变化幅度为 8 943.4 hm^2，主要靠旱地（45.48%）和林地（28%）转换而来。

（5）未利用地变化幅度最小，5 年间未利用地面积减少了 7 724.97 hm^2，占 2013 年未利用地面积的 12.21%。未利用地主要转化为旱地和居民及建设用地，转移百分比分别为 58.31%和 21.43%。

5.2.4　研究区土地利用程度变化分析

土地利用程度可以用来反映研究区内土地利用程度的深度和广度，当前分析某一研究区的土地利用程度主要采用刘纪远等[6]土地利用分级指数法。如表 5-7 所示，给予不同的土地利用类型赋予不同的指数，表明每一种土地利用类型所能带来的土地利用程度的变化。

表 5-7　土地利用程度分级赋值表（刘纪远等，1996）

分级类型	未利用土地级	林、草、水用地级	农用地级	城镇聚落用地级
土地利用类型	未利用土地或难利用土地	林地、草地、水体	耕地	城镇、居民点、工矿用地、交通用地
分级指数	1	2	3	4

从定量的角度揭示研究区土地利用的开发程度以及变化趋势可以采用土地利用程度综合指数、土地利用程度变化量和变化率来表示。其中，土地利用程度综合指数的表达式为：

$$L_j = \sum_{i=1}^{n} A_i \times C_i$$

式中：L_j —— 某研究区土地利用程度综合指数，$L_j \in [100，400]$；

$\quad\quad A_i$ —— 研究区内第 i 级土地利用程度分级指数，该指数表示不同土地利用方式所代表的土地利用开发程度；

$\quad\quad C_i$ —— 研究区内第 i 级土地利用程度分级面积百分比；

$\quad\quad n$ —— 土地利用程度分级数。

在此，采用赤水河流域 2009 年和 2013 年遥感解译的结果，计算 2009—2013 年，赤水河流域土地开发利用的综合程度及其变化量和变化率。经计算可得，2009 年赤水河流域的土地利用程度综合指数为 243.63，2013 年赤水河流域的土地利用程度综合指数为 240.30。根据土地利用程度综合指数的取值范围为[100，400]，说明赤水河流域土地利用开发程度较高，而 2009—2013 年耕地面积急剧减少，在建设用地增长不多的情况下，使赤水河流域土地利用开发程度在研究期内呈现降低的趋势。这一变化与赤水河流域的合理开发与保护相一致，使其逐渐从容易导致水土流失的较高的垦殖率中解放出来，走向土地利用结构的合理化。

5.3　不同土地利用/土地覆被变化条件下赤水河流域的水质变化研究

工农业和城市化的快速发展，带给人们的除了高速便捷的生活体验外，还有面源污染的增加、水土流失的恶化、人地关系矛盾的加剧、湿地的退化等一系列问题。经济迅速发展势必会带来我国土地利用方式和土地利用结构的急剧变化，这种变化也将对我国的水环境质量产生巨大影响。因此，加强土地利用变化和水质响应关系的研究是十分有必要的，关系到我国经济社会的和谐稳定发展。

目前国内对于不同土地利用方式与水质响应关系的研究并不多，仍处于起步阶段。近年来，针对不同土地利用方式与水质响应关系的研究方法主要有以下几种：子流域分析法、缓冲区分析法、梯度分析法和"源—汇"理论的应用[7]。本研究选用子流域分析法对赤水河流域的土地利用变化和水质响应关系进行研究。首先，对赤水河流域的水质进行评价，主要分为单因子评价和水质综合评价。其次，结合赤水河流域的遥感影像、赤水河流域图和实地调查结果，利用 ARCGIS 软件将赤水河流域分解为 21 个子流域，并统计各子流域的土地利用结构百分比。最后，利用统计分析软件 SPSS17.0 分析流域水质和流域土地利用结构的相关性，同时，建立赤水河流域土地利用结构与水质之间的响应模型。

5.3.1　流域水质状况分析

（1）水质监测断面。赤水河流域（贵州段）设有常规检测断面 8 个，分别为清水铺、清池、黄岐坳、茅台、小河口、复兴、鲢鱼溪和长沙断面，只有长沙断面位于赤水河的支流习水河上，其余 7 个断面都位于赤水河的干流上。其中，清水铺断面位于上游入境处，清池断面位于金沙县内，黄岐坳断面、小河口断面和茅台断面都位于仁怀市辖区内的赤水河断流上，复兴断面、鲢鱼溪断面和长沙断面都位于赤水市境内。赤水河（贵州段）监测断面分布见图 5-5。

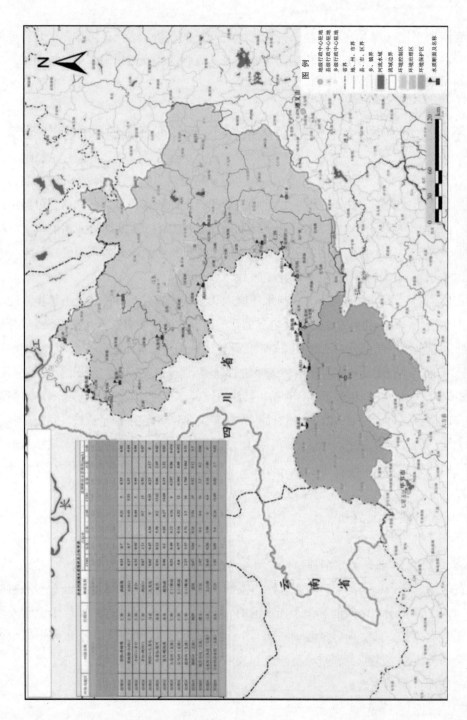

图 5-5　赤水河（贵州段）监测断面分布（来源于贵州省环保厅）

根据《地表水环境质量标准》（GB 3838—2002）、《贵州省赤水河流域保护条例》《赤水河流域综合规划》《赤水河流域区域保护规划》等标准、法规和规划中的规定，茅台镇以上执行地表水 II 类水质标准，即清水铺断面、清池断面、黄岐坳断面、小河口断面采用地表水环境 II 类水标准，茅台断面、两河口断面、复兴断面和鲢鱼溪断面采用地表水环境质量III类水标准。

根据现行标准，结合赤水河的实际情况，选择溶解氧、COD$_{Cr}$、氨氮、总氮、总磷指标进行水质状况分析。赤水河流域（贵州段）干流中的 5 个监测断面有多年监测数据，这 5 个监测断面分别是鲢鱼溪、茅台、黄岐坳、清池和清水铺断面。

（2）单因子水质评价。研究期内，根据单因子污染指数法对赤水河流域水质进行评价的结果为：赤水河流域水质总体较好，能达到贵州省地表水功能区划的水功能要求，即茅台镇上游水质能达到 II 类水质标准，下游由于接纳了大量城市生活污水及工业废水，水质稍劣，达到III类水质标准。根据全流域监测结果，总氮超标，清水铺超标最为严重，但随着河流流向，总氮超标量呈减少趋势并逐年下降。除总氮外，流域溶解氧指数大于 1，其他因子的标准指数都小于 1，均能达到相应水体功能要求。溶解氧在2009—2012 年研究期内，呈现先增加后减少的趋势，且丰水期含量较平、枯水期少，但都在 6 mg/L 以上；在研究期 2009—2012 年，高锰酸钾指数、化学需氧量、氨氮、总磷的监测结果显示其含量随流向呈增加趋势且增加明显，丰水期含量较多，枯水期最少，但都在流域标准范围内。图 5-6 显示了 2009—2012 年赤水河流域（贵州段）中的清水铺、清池、黄岐坳、茅台和鲢鱼溪这 5 个监测点溶解氧质量浓度、氨氮质量浓度和高锰酸钾指数的变化趋势。

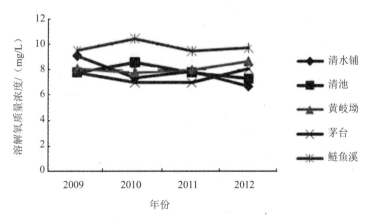

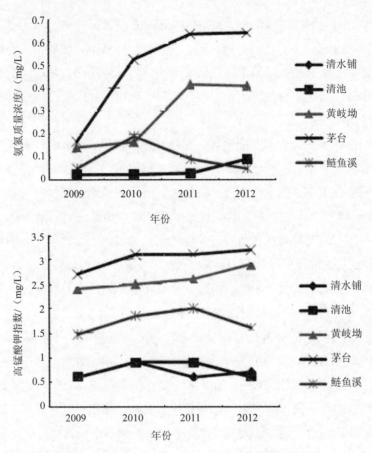

图 5-6　2009—2012 年赤水河流域（贵州段）监测点水质变化趋势

（3）水质综合评价。赤水河流域（贵州段）主要监测断面 2009—2012 年水质综合污染指数的变化情况如图 5-7 所示。

利用综合污染指数计算公式计算各监测点的水质综合污染指数，对各监测点的水质进行水质综合评价。从综合污染指数的变化趋势图可以看出，在研究期 2009—2012 年，清水铺、清池、黄岐坳、茅台和小河口监测点的综合污染指数呈现先上升后下降的趋势。结合溶解氧、氨氮和高锰酸钾指数的变化趋势，说明在研究期内，赤水河流域贵州段的水质呈现一个波动的状态。2011 年以后，主要监测断面的综合污染指数逐年下降，说明赤水河流域水质的治理已取得一定的成效。研究表明，赤水河流域（贵州段）水质状况良好，基本都能达到贵州省地表水功能区划的水功能要求，茅台镇以上满足Ⅱ类水的标准，茅台镇以下满足Ⅲ类水的标准。

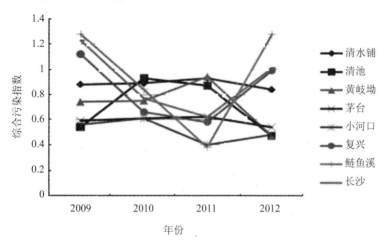

图 5-7　2009—2012 年赤水河流域（贵州段）主要监测断面水质综合污染指数的变化情况

5.3.2　流域各子流域土地利用结构分析

应用 ARCGIS 将全流域划分为 21 个子流域（图 5-8），将赤水河流域土地利用现状图与子流域分布图进行叠加量算，从而获得全流域和各子流域不同土地利用类型的面积和相应的百分比，当然这也是开展不同土地利用/土地覆被变化条件下水质变化研究的基础资料。

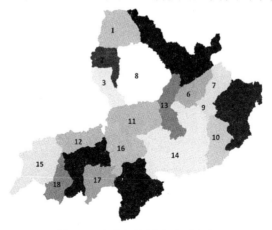

图 5-8　赤水河流域小流域分布

　　由表 5-8 和表 5-9 可知，在全流域尺度内，不管是 2009 年，还是 2013 年，林地都是主导的土地利用类型，在全流域尺度内分别占到 49.40% 和 52.73%。耕地的比例也很高，都超过了 20%。另外，灌草也是赤水河流域内分布较广的一个大类，2009 年和 2013 年的比例都达到了 10% 左右。建设用地分别占到了 5.68% 和 7.96%。未利用地和水体的百分比都很小。在 2009—2013 年研究期间，耕地和未利用地的面积都减少了，其余土地利用类型的面积都增多了。同时，在子流域尺度内，耕地和林地是主导的土地利用类型。绝大部分子流域的耕地面积比例都超过了 20%，林地面积比例都超过了 30%，未利用地的比例很小，部分子流域中未利用地比例甚至为 0。在研究期内，各子流域未利用地的比例明显减少，灌草的比例明显增大，这与全流域土地利用的变化情况是相一致的。

表 5-8　2009 年赤水河全流域和子流域土地利用组成　　　　　单位：%

土地利用类型		水体	耕地	林地	未利用地	建设用地	灌草
全流域		0.70	34.11	49.40	0.43	5.68	9.68
子流域	1	1.98	44.66	39.26	4.35	4.90	4.85
	2	0.54	27.91	63.36	0.11	3.02	5.06
	3	0.79	20.22	71.01	0	3.55	4.44
	4	1.43	18.92	69.40	0.61	3.68	5.96
	5	0.38	29.43	52.12	0.17	7.08	10.81
	6	0.76	56.90	27.87	0.86	6.90	6.71
	7	0.21	29.80	52.13	0.10	5.09	12.67
	8	1.20	16.71	75.53	0	2.99	3.59
	9	1.62	54.05	25.14	2.16	14.05	2.97
	10	1.23	36.61	47.29	0.36	6.64	7.87
	11	0.76	38.61	41.08	0.05	10.38	9.12
	12	2.04	23.85	56.62	0	3.74	13.75
	13	1.03	54.78	26.18	0.22	11.18	6.62
	14	0.90	41.04	34.48	0.82	8.19	4.58
	15	1.39	36.25	39.15	0	1.69	21.54
	16	0.76	33.64	49.81	0	5.35	10.44
	17	0.17	36.02	41.76	0	4.24	17.80
	18	1.40	49.00	26.95	0	2.91	19.74
	19	0.43	14.48	70.60	0	2.47	12.02
	20	0.93	48.91	30.58	0	4.41	15.16
	21	1.31	29.33	45.06	0	14.11	10.19

表 5-9　2013 年赤水河全流域和子流域土地利用组成　　　　单位：%

土地利用类型		水体	耕地	林地	未利用地	建设用地	灌草
全流域		1.04	24.42	52.73	0.03	7.96	13.81
子流域	1	2.31	56.00	31.39	0.83	6.94	2.53
	2	0.54	36.42	53.99	0	6.36	2.69
	3	0.79	22.19	62.62	0	8.19	6.21
	4	1.43	12.88	65.17	0.12	6.92	13.49
	5	0.38	22.87	46.60	0	10.40	19.76
	6	0.77	23.56	42.43	0	13.41·	19.83
	7	0.21	19.32	53.27	0	9.35	17.86
	8	1.74	7.60	76.37	0.05	5.43	8.80
	9	1.62	25.14	45.41	0	21.08	6.76
	10	1.23	28.09	47.00	0	9.17	14.51
	11	0.96	18.20	52.92	0	15.02	12.90
	12	2.04	20.20	63.58	0	4.58	9.59
	13	1.18	22.21	45.00	0	15.74	15.88
	14	0.96	22.75	55.80	0.06	14.08	6.34
	15	1.39	36.61	39.74	0	2.32	19.93
	16	0.81	21.63	58.95	0	10.87	7.73
	17	1.50	23.21	57.74	0	4.24	13.31
	18	1.40	44.59	30.26	0	1.10	22.65
	19	0.43	16.85	55.58	0	1.40	25.75
	20	1.09	33.02	48.81	0	4.52	12.57
	21	2.55	31.14	36.61	0	3.48	26.23

5.3.3　流域土地利用结构与水质的相关性分析

经检验，流域内不同子流域内的土地利用面积百分比以及影响流域水质的关键指标均满足正态分布，在此基础上，基于赤水河流域（贵州段）2009—2012 年的水质监测数据以及 2013 年赤水河流域的实验室水质分析数据，在子流域尺度下，分别进行各种土地利用类型的面积比例与不同水质指标（DO、COD_{Cr}、NH_3-N、TN、TP）间的相关性分析。

针对 2009 年度，通过对赤水河流域监测断面示意图和赤水河流域小流域分布图的叠加分析可得，清水铺断面位于编号为 20 的子流域内，清池位于编号为 19 的子流域内，另外，茅台和黄岐坳都位于编号为 14 的子流域内，鲢鱼溪和长沙断面分别位于编号为 1 和 4 的子流域内。采用这几个断面的水质监测数据与所在子流域的面积百分比进行相关性分析，就可以达到本研究的目的。针对 2013 年，通过赤水河流域采样点图（图 5-9）与赤水河流域子流域分布图的叠加，选取一定数量的子流域样本（表 5-10），进行水质监测数据和子流域面积百分比的相关性分析。

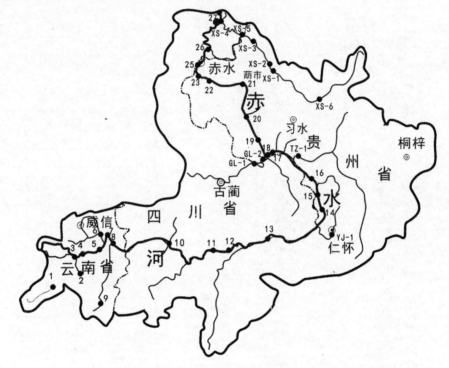

图 5-9　2013 年赤水河流域采样点分布[8]

表 5-10　2013 年赤水河流域子流域样本

采样点编号	子流域编号	采样点编号	子流域编号
1	15	22	8
9	18	27	1
12	21	XS-6	4
13	14	GL-1	11

由于子流域内的水体基本上都是赤水河本身，因此土地分类后的水域不参与相关性分析。

从表 5-11 和表 5-12 可以看出，林地对于水质表现为积极的正效应，而耕地和建设用地表现为显著的负效应。另外，未利用地对水质的影响不显著。这主要是因为在赤水河流域中未利用地的面积占比较少，在部分子流域中未利用地的面积甚至是 0。

表 5-11　2009 年赤水河流域土地利用结构和水质监测指标的相关性

土地利用类型	水质监测指标			
	DO	COD_{Cr}	NH_3-N	综合污染指数
耕地	-0.877^{**}	0.880^{**}	0.891^{**}	0.863^{**}
林地	0.886^{**}	-0.864^{**}	-0.872^{**}	-0.874^{**}
灌草	-0.454	0.324	0.256	0.208
建设用地	-0.927^{**}	0.853^{**}	0.867^{**}	-0.845^{**}
未利用地	-0.125	0.245	0.178	0.163

注：*表示在 0.05 水平显著相关，**表示在 0.01 水平显著相关。

表 5-12　2013 年赤水河流域土地利用结构和水质监测指标的相关性

土地利用类型	水质监测指标			
	DO	COD_{Cr}	NH_3-N	综合污染指数
耕地	-0.878^{**}	0.867^{**}	0.874^{**}	0.854^{**}
林地	0.885^{**}	-0.853^{**}	-0.862^{**}	-0.871^{**}
灌草	-0.145	-0.771	0.346	0.138
建设用地	-0.876^{**}	0.825^{**}	0.882^{**}	-0.892^{**}
未利用地	-0.224	0.311	0.156	0.172

注：*表示 0.05 水平显著相关，**表示 0.01 水平显著相关。

（1）耕地对水质的负效应显著。由表 5-11 和表 5-12 可知，针对赤水河流域，不管是 2009 年，还是 2013 年，耕地对于水质的影响呈现为显著的负相关性。表现为：耕地对于溶解氧的浓度具有显著的负相关，而对于 COD_{Cr}、NH_3-N 和综合污染指数的影响都是显著的正相关。许多研究表明，耕地是引起水质面源污染的元凶。施入水田旱地中的化肥和农药会通过地表径流和水土流失等方式汇集进入河流，提高河流中 N、P 等营养物质的含量。

（2）林地对于水质的正效应显著。2009 年和 2013 年，林地对于水质的影响具有显著的正效应，对于溶解氧浓度的提高具有正向作用，对于 COD_{Cr} 的浓度、氨氮浓度和综合污染指数都具有显著的负效应。这也与众多的研究保持一致。林地具有涵养水源、控制暴雨径流量、减少水体流失等功能，可以有效减少营养物质（如氮、磷等）向河流中的汇入。针对林地对水质的显著正效应，在流域内应更加积极地开展退耕还林还草政策，从而有效地保护赤水河流域的水质。

（3）建设用地对于水质的负效应显著。已有研究表明，除农业污染源对水质的影响较大外，居民及建设用地是排名第二的非点源污染源[9]。表 5-11 和表 5-12 也表明建设用地对水质具有显著的负效应。在城市化快速发展的今天，建筑面积在逐年扩大。在研究期内，部分旱地和林地转变为建设用地，使 2013 年赤水河流域的建设面积增加到 155 602 hm^2。建筑面积的扩大伴随而来的，是越来越多的城市垃圾、生活污水和工业固体废物的产生，这些污染物质经雨水的冲刷随地表径流进入河流，从而使河流中营养盐的含量越来越高，水质也随之变差。

（4）灌草对水质的影响较复杂。从表 5-11 和表 5-12 来看，灌草的面积百分比与溶解氧的浓度呈负相关，与氨氮的含量呈正相关，与 COD_{Cr} 的含量却呈负相关，对水质的影响较为复杂。

（5）未利用地对水质的影响不显著。赤水河流域的未利用地的面积较小，只有极少量分布。划分的子流域中，部分子流域内未利用地的面积甚至为 0，因此，未利用地对水质的影响不显著。但根据野外实地验证的情况，赤水河流域内的未利用地是主要分布在河流两岸的浅滩以及裸岩，河流随枯水期、丰水期和平水期涨退，浅滩中的污染物质势必会对河流的水质产生影响。

5.3.4　流域水质对土地利用结构的空间响应模型研究

为研究赤水河流域不同土地利用/土地覆被变化条件下流域的水质变化情况，本书采用子流域分析法，将全流域划分为 21 个子流域，在子流域的尺度上，建立起赤水河流域不同土地利用结构与水质的响应关系。同时采用基于最小二乘法的多元线性回归模型，建立起赤水河流域水质和土地利用结构间的响应关系。模型的表达形式如下：

$$Y = C + b_1X_1 + b_2X_2 + \cdots + b_nX_n$$

式中：Y—— 各种水质参数的含量；

　　　X_1，X_2，$\cdots$，X_n—— 不同类型的土地利用方式在子流域中的面积百分比；

　　　b_1，b_2，$\cdots$，b_n—— 影响系数；

　　　C—— 常数项；

　　　n—— 土地利用类型的种类数。

综合考虑 5.3.3 节中关于土地利用结构与水质的相关性，以及稳定性程度，选择相关性强的居民及建设用地（R）、耕地（P）和林地（F）在子流域和全流域中的所占的比例作为自变量，分别建立 2009 年和 2013 年赤水河流域水质对土地利用空间结构的多元线性回归模型。模型如表 5-13 所示。

表 5-13　2009 年赤水河流域水质对土地利用结构的响应模型

水质参数	多元回归模型	R^2	调整后 R^2
DO	$5.134-0.432R+0.516P+0.326F$	0.949	0.926
COD_{Cr}	$-17.392+0.172R+0.195P+0.770F$	0.951	0.879
NH_3-N	$-0.528+0.142R+0.217P+0.342F$	0.934	0.835
综合污染指数	$33.425+4.316R-11.476P-20.563F$	0.893	0.865

2013 年赤水河流域水质对土地利用结构的响应模型如表 5-14 所示。

表 5-14　2013 年赤水河流域水质对土地利用结构的响应模型

水质参数	多元回归模型	R^2	调整后 R^2
DO	$15.16-8.216R+0.269P+0.128F$	0.910	0.835
COD_{Cr}	$-7.556+0.472R+0.365P-0.870F$	0.842	0.835
NH_3-N	$10.228-0.842R+0.217P+0.342F$	0.879	0.835
综合污染指数	$13.29+4.17R+1.469P-9.256F$	0.868	0.842

由表中调整后的 R^2 可知，各水质参数与土地利用结构间建立模型的拟合度较好，对各个多元线性回归模型进行 F 检验（显著性水平为 0.05），各模型均能通过检验，说明我们建立的多元线性回归模型的线性关系能够在 95%的置信水平下显著成立。

5.4 小结

本章在遥感和地理信息技术相关理论和方法的支持下，以 ERDAS 软件为平台，选择赤水河流域 2009 年的遥感 ETM+ 影像和 2013 年的遥感 OIL 影像作为数据源，提取土地利用/土地覆被变化信息，得到赤水河流域 2009 年和 2013 年的土地利用现状图，最后对这两个研究期的土地利用现状图进行叠加量算，从而求出研究期内的土地利用转移矩阵，进而分析赤水河流域土地利用/土地覆被的变化情况。同时，结合赤水河流域（贵州段）2009—2012 年的水质监测数据，以及 2013 年课题组对赤水河全流域采样得到的水质数据，采用子流域分析法，选择足够数量的样本，分析子流域尺度下土地利用结构变化与水质变化的相关性，进而分别建立了赤水河流域 2009 年和 2013 年不同水质参数对土地利用变化的多元线性回归模型。得到的主要结论如下：

（1）从赤水河流域的土地利用结构来看：整个流域内的土地利用类型以林地和耕地为主，二者合计可达到整个流域面积的 80%，2009 年和 2013 年流域内灌草的比重都超过 10%，而水域、未利用地和居民及建设用地面积所占比重较小，小于该研究区总面积的 10%。

（2）从赤水河流域土地利用/土地覆被变化情况来看：在研究期 2009—2013 年，赤水河流域的耕地面积、未利用地面积分别减少了 188 642.00 hm^2 和 7 724.97 hm^2，居民地及建设用地、水域、灌草和林地的面积分别增加了 44 717 hm^2、6 608.40 hm^2、81 052 hm^2 和 66 197.00 hm^2。耕地主要转化为林地和建设用地。未利用地主要向旱地和居民及建设用地转化。而居民及建设用地主要靠旱地和林地转化而来。灌草面积增加幅度显著，主要由林地和旱地转换而来。

（3）从赤水河流域土地利用程度综合指数的变化情况来看：2009 年赤水河流域的土地利用程度综合指数为 243.63，2013 年赤水河流域的土地利用程度综合指数为 240.30。说明在研究期内，赤水河流域土地利用开发程度较高，且变化不大。

（4）从赤水河流域的水质情况来看：研究期内，赤水河流域总体水质较好，都能达到贵州省地表水功能区划的水功能要求，即茅台镇上游流域能达到 Ⅱ 类水质标准，茅台镇下游流域由于接纳了大量城市生活污水及工业废水，水质稍劣，达到 Ⅲ 类水质标准。另外，在 2009—2012 年，主要监测断面的综合污染指数呈现先上升后下降的趋势。并且在 2011 年以后，主要监测断面的综合污染指数都呈下降趋势，说明赤水河流域水质的治理已取得一定的成效。

（5）从不同土地利用方式对赤水河流域水质的影响来看：林地对于水质改善具有显著的正效应，耕地和居民及建设用地对水质具有显著的负效应。灌草对水质的影响较复杂。未利用地面积小，甚至在部分子流域中的面积为 0，对水质无显著影响。

（6）2009 年和 2013 年赤水河流域不同水质参数对土地利用空间结构的多元线性回归模型表明，各土地利用方式对不同水质参数的影响程度存在一定的差异。模型的建立为保护流域内的水土资源提供了理论基础，在了解不同水质参数对不同土地利用方式响应的差异性后，针对流域内的水质状况，选择合理的土地利用方式，最终实现流域水土资源的可持续利用。

参考文献

[1]　傅伯杰，周国逸，白永飞，等. 中国主要陆地生态系统服务功能与生态安全[J]. 地球科学进展，2009，24（6）：571-577.

[2]　朱会义，李秀彬. 关于区域土地利用变化指数模型方法的讨论[J]. 地理学报，2003，58（5）：643-693.

[3]　宋艳暾，余世孝，李楠，等. 深圳快速城市化过程中的景观类型转化动态[J]. 应用生态学报，2007，18（4）：788-882.

[4]　刘瑞，朱道林. 基于转移矩阵的土地利用变化信息挖掘方法探讨[J]. 资源科学，2010，32（8）：1544-1594.

[5]　马倩. 新疆甘家湖湿地土地利用变化及其生态环境效应[J]. 干旱区资源与环境，2012，26（1）：189-282.

[6]　刘纪远. 中国资源环境遥感宏观调查与动态研究[M]. 北京：中国科学技术出版社，1996.

[7]　刘丽娟，李小玉，何兴元. 流域尺度上的景观格局与河流水质关系研究进展[J]. 生态学报，2011，31（19）：5460-5465.

[8]　安艳玲，蒋浩，吴起鑫，等. 赤水河流域枯水期水环境质量评价研究[J]. 长江流域资源与环境，2014，23（10）：1472-1478.

[9]　吴晶晶，蔡永立. 快速城市化地区土地利用变化及其对水质的影响——以上海市奉贤区为例[J]. 安徽农业科学，2011，39（26）：16208-16211.

第 **6** 章

赤水河流域沉积物中微量元素初探

6.1　赤水河表层沉积物中微量元素含量及分布特征

本次研究的采样时间为 2012 年 12 月 15 日—22 日，该时期为赤水河枯水期，采样期间无降雨。通过 GPS 定位采样点 32 个，其中干流 19 个，母享河（MX）2 个，桐梓河（TZ-1）1 个，古蔺河（GL-1）1 个，习水河（XS）6 个，未命名的河流（WM）3 条，基本覆盖赤水河全流域。样品采集过程中，采样点尽量选在活水流线上，如河流的中间地点，若河流中间沉积物较少难以采集时，在水流缓滞处采集，尽量避开河岸坍塌物、人工搬运物等影响因素。采集大于 1 kg 的沉积物，密封于洁净塑料袋中并编号，运回实验室分析。采样点分布见图 6-1。

图 6-2 为 Cu、Zn、Cr、Cd、Pb、Ni、Mn、As、Hg、Fe 10 种元素含量的折线图，表示 10 种元素在赤水河流域的空间分布情况。图 6-3 是描述赤水河表层沉积物重金属含量的箱线图。箱线图包括中位数、分布范围、数据分布情况等[1]，箱体上端为 75%位数，下端为 25%位数，"工"字形表示非离群的范围，中间的正方形是中位数，星形为极端值，圆圈为离群值。由于重金属含量变化范围很大，中位数会更好地衡量沉积物中重金属含量的总体状况，能够直观了解各元素含量的分布状况。

由图 6-2 和图 6-3（a）可知，赤水河沉积物中 Cu 的含量为 5.12～120.40 mg/kg，变异系数为 85.12%，在流域内零散分布。Cu 平均值为 37.43 mg/kg，中位数为 27.77 mg/kg，约为长江表层沉积物中 Cu 平均值的 1/2 [2]，低于长江背景值 57.04 mg/kg[3, 4, 5]。上游地区 Cu 含量明显高于中游、下游地区。WM-1 号采样点 Cu 含

104

量最高，为 120.40 mg/kg，是背景值的 4 倍，15 号采样点 Cu 含量最低，是背景值的 0.17 倍。赤水河流域沉积物中 Cu 的背景值为 30.01 mg/kg[6]，有 12 个采样点 Cu 含量高于背景值，上游有 8 个点超出背景值，占所有超值点的 66.67%，中游、下游、桐梓河和习水河分别有一个采样点 Cu 含量超出背景值。

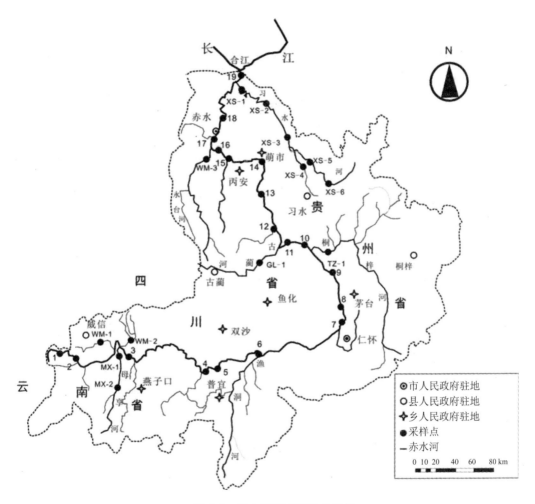

图 6-1　赤水河流域采样点分布

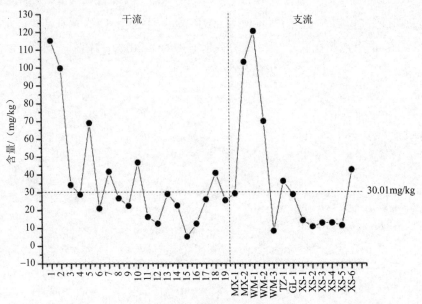

（a）Cu

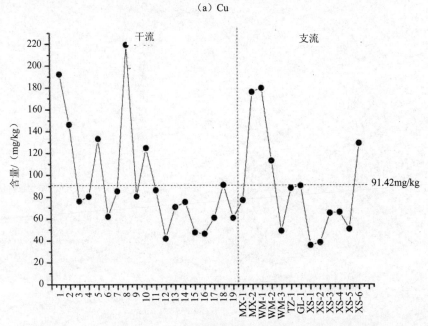

（b）Zn

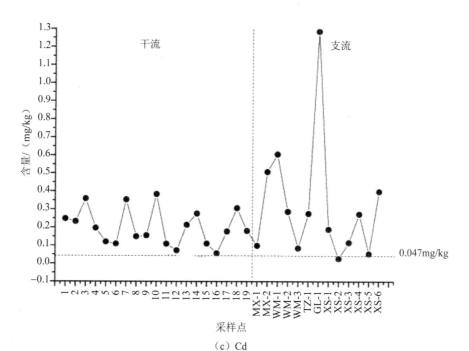

（c）Cd

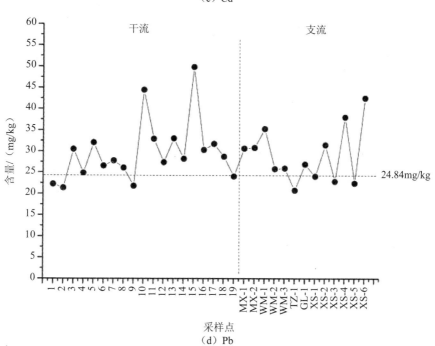

（d）Pb

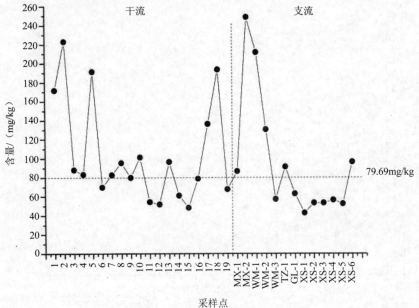

（e）Cr

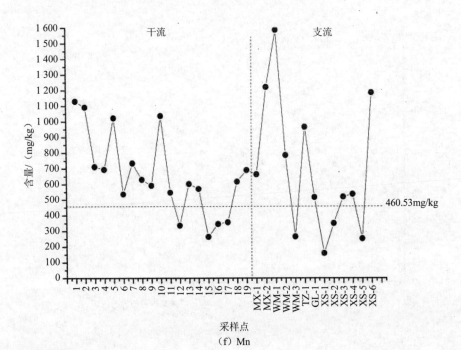

（f）Mn

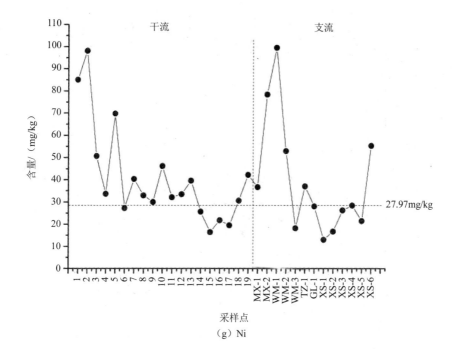

（g）Ni

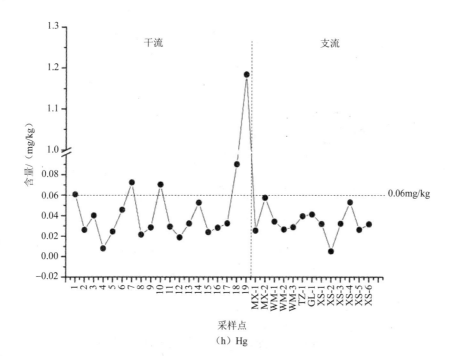

（h）Hg

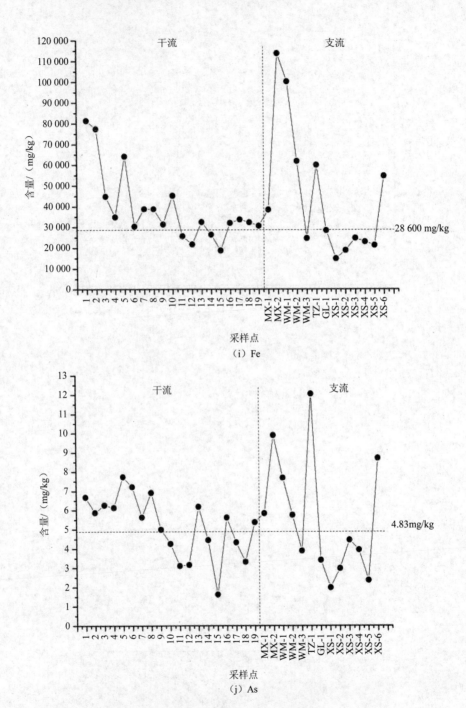

图 6-2　赤水河流域表层沉积物中微量元素的空间分布

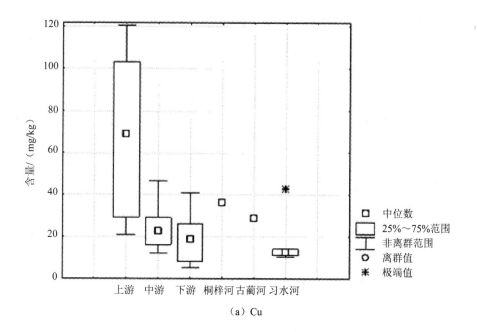

（a）Cu

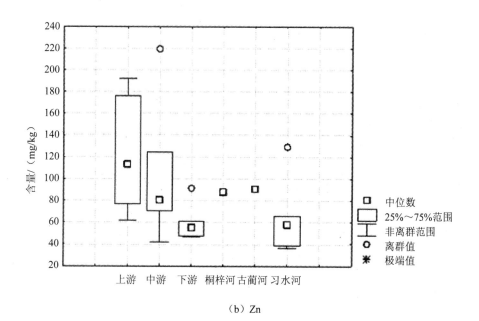

（b）Zn

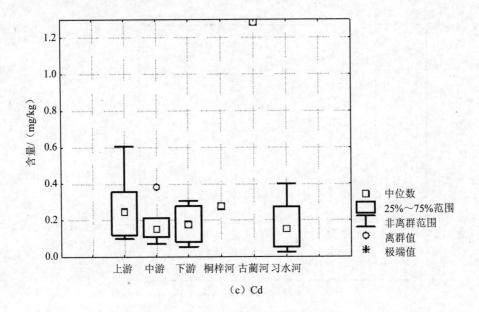

（c）Cd

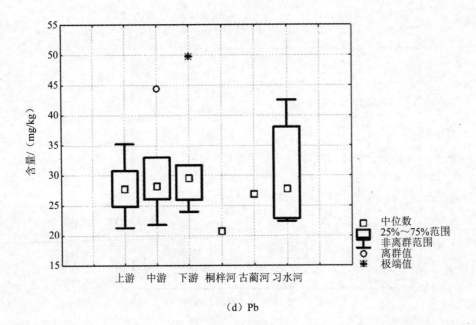

（d）Pb

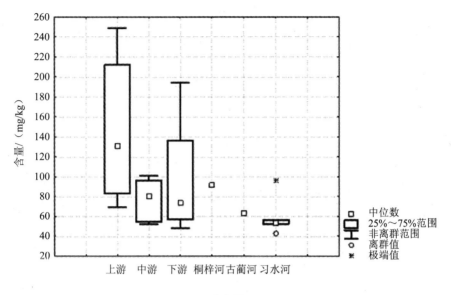

（e）Cr

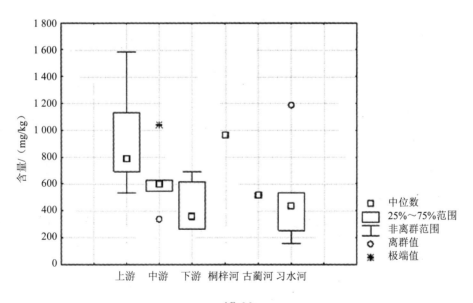

（f）Mn

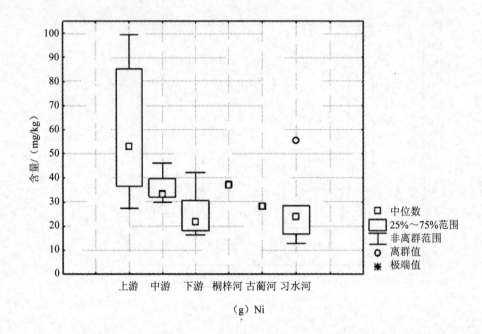

（g）Ni

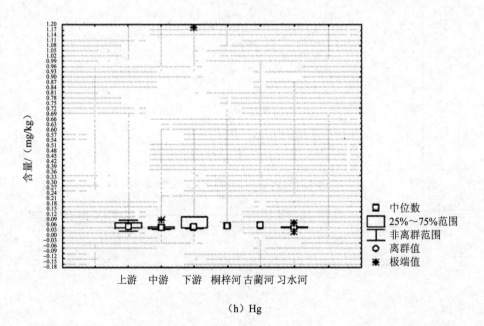

（h）Hg

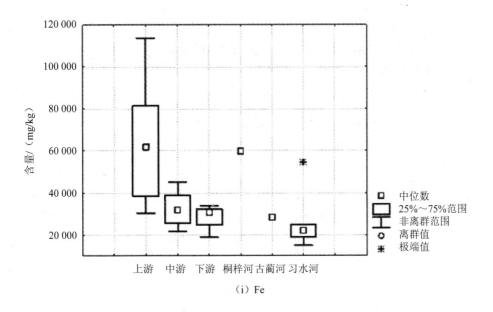

（i）Fe

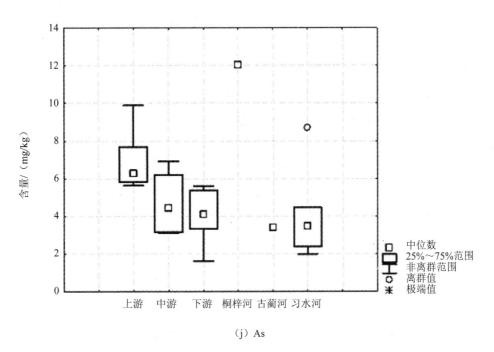

（j）As

图 6-3　赤水河表层沉积物中微量元素分布

Zn 的含量为 36.01～219.31 mg/kg，平均值为 91.92 mg/kg，中位数为 78.80 mg/kg，远低于长江沉积物背景值 144 mg/kg [3, 4, 5]。Zn 的变异系数为 51.86%，在流域内呈零散分布。Zn 的分布依然呈现上游高于中游、下游的状态。茅台镇下游 3 km 处的 8 号点为 Zn 的最大值，是背景值的 2.4 倍，最低值位于 12 号采样点的儒维村支流处，Zn 含量为 42.01 mg/kg。赤水河流域沉积物中 Zn 的背景值为 91.42 mg/kg [6]，与本章中 Zn 的平均值相近，超出背景值的点有 9 个，占总采样点数的 28.12%，其中上游有 6 个点，中游 2 个点，习水河 1 个点。

根据图 6-2 和图 6-3（c），Cd 的含量为 0.026～1.28 mg/kg，平均值为 0.25 mg/kg，中位数为 0.19 mg/kg，约为长江背景值的 1/2 [3, 4, 5]，变异系数为 92.79%，重金属含量呈现明显的空间差异性。根据箱线图可知，Cd 含量也存在上游高于中游、下游的形式。赤水河流域沉积物中 Cd 的背景值为 0.047 mg/kg，超出背景值的点有 9 个，占总采样点数的 28.12%，上游有 6 个点，中游 2 个点，习水河 1 个点。

由图 6-2 和图 6-3（d）可知，赤水河沉积物中 Pb 的含量为 20.76～49.79 mg/kg，变异系数为 23.20%，在流域内分散较为均匀，平均值为 29.41 mg/kg，中位数为 27.99 mg/kg，中位数接近于背景值，也接近于长江背景值 26.9 mg/kg [3, 4, 5]。15 号采样点 Cr 含量最高，是背景值的 2.00 倍，TZ-1 号采样点 Pb 含量最低，是背景值的 84%。赤水河流域沉积物中 Pb 的背景值为 24.84 mg/kg [6]，24 个采样点 Pb 含量高于背景值，占总采样点的 75%。

赤水河沉积物中 Cr 的含量为 42.89～248.77 mg/kg，变异系数为 56.84%，在流域内零散分布，平均值为 100.69 mg/kg，中位数为 83.14 mg/kg，中位数稍高于背景值，且与长江背景值相近[3, 4, 5]。上游地区 Cr 含量明显高于中游、下游地区。MX-2 号采样点 Cr 含量最高，为 248.77 mg/kg，是背景值的 3.12 倍，XS-1 号采样点 Cr 含量最低，是背景值的 54%。赤水河流域沉积物中 Cr 的背景值为 79.69 mg/kg[6]，有 18 个采样点 Cr 含量高于背景值，占总采样点的 56.25%。

Mn 的含量为 157.72～1 585.09 mg/kg，最高点位于 WM-1 处，最低点位于 XS-1 处，平均值为 672.22 mg/kg，中位数为 610.03 mg/kg，变异系数为 49.75%，含量分布呈现一定的空间差异性。赤水河流域沉积物中 Mn 的背景值为 460.53 mg/kg[6]，有 75% 的采样点超出背景值，最高值位于上游 7 号采样点处，含量为 1 585.09 mg/kg，为背景值的 3.4 倍，上游浓度相对高于中下游地区。

Ni 的含量介于 13.00～99.50 mg/kg，平均值为 40.23 mg/kg，中位数为 33.20 mg/kg，约为长江背景值的 1/2[3, 4, 5]。赤水河沉积物中 Ni 的背景值为 27.97 mg/kg[6]，Ni 的最高值和最低值所在点与 Mn 相同，WM-1 处 Ni 含量最高，为背景值的 3.56 倍，最低点位于 XS-1 处，为背景值的 46%，变异系数为 57.33%。有 68.75%的采样点含量高于赤水河沉积物 Ni 的背景值。上游地区 Ni 的含量明显高于中下游。

Hg 的含量是 0.01～1.18 mg/kg，平均值为 0.07 mg/kg，约为长江背景值的 1/3[3, 4, 5]，中位数是 0.03 mg/kg，变异系数为 280.37%，表明 Hg 的分布具有较大的空间变异性。有 15.62%的采样点高于赤水河表层沉积物重金属含量背景值 0.06 mg/kg[6]。其中 19 号采样点 Hg 含量最高，为 1.18 mg/kg，是赤水河背景值的 19.66 倍，约为中国沉积物平均值的 28.20 倍，最小值位于习水河 2 号采样点。

Fe 的含量为 14 782.14～113 755.73 mg/kg，最大值位于 MX-2 号采样点，最小值位于 XS-1 号采样点，平均值为 41 364.55 mg/kg，中位数为 32 303.61 mg/kg，变异系数为 58.03%，高于赤水河沉积物背景值 28 600 mg/kg[6]，含量分布具有一定的差异性。

As 的含量介于 1.63～12.05 mg/kg，平均值为 5.37 mg/kg，中位数 5.50 mg/kg，平均值和中位数相近，且约为长江背景值的 1/3[3, 4, 5]。变异系数为 42.85%，为所测得 9 种金属中变异系数最小的元素。赤水河流域沉积物背景值为 4.83 mg/kg[6]，有 72%的采样点高于背景值。As 的含量分布也呈现明显的上游高于中下游的趋势，其中桐梓河（TZ-1）含量最高，为背景值的 2.49 倍，可能是由于桐梓河两岸农业活动中喷洒的农药和化肥所致。As 含量最小值位于 15 号采样点，即丙安地区。

6.2　赤水河表层沉积物微量元素的污染特征及生态风险评价

6.2.1　赤水河沉积物中微量元素的富集情况

地积累指数法是目前广泛使用的一种评价沉积物中微量元素污染程度的方法[2]。该方法是由德国科学家 Muller 1969 年 [7]提出，即通过利用沉积物中元素的总量与该区域元素的背景值的比值来确定污染的程度，该方法反映元素的自然变化特征和人类活动对其的影响程度[8]。

$$I_{geo} = \log_2[C_i / (k \times B_i)] \qquad (6.1)$$

式中：I_{geo} —— 地积累指数；

C_i —— 元素 i 在沉积物中的含量；

B_i —— 背景值，本书采用赤水河沉积物中 2001 年的背景值；

k —— 常数，取 1.5。

地积累指数共分为 7 级，介于清洁和严重污染之间。地积累指数和污染级别[9]具体见表 6-1。

表 6-1 重金属积累指数和污染等级

I_{geo}	I_{geo} 级别	污染等级
<0	0	清洁
0～1	1	轻度污染
1～2	2	偏中度污染
2～3	3	中度污染
3～4	4	偏重污染
4～5	5	重污染
>5	6	严重污染

把 10 种元素的 Cu、Zn、Cd、Cr、Mn、Ni、As、Hg、Pb、Fe 的实测含量代入上述地积累指数计算方法中，计算出各采样点的 I_{geo} 值，并对其污染程度汇总于表 6-2 中；再对各个采样点的各个元素的污染情况进行统计，可得不同元素在不同污染级别中的个数和占比情况，见表 6-3。

表 6-2　赤水河流域沉积物中各微量元素的 I_{geo}

采样点	I_{geo}									
	Cu	Zn	Cd	Cr	Ni	As	Hg	Mn	Pb	Fe
1	1.36	0.49	1.81	2.15	1.02	−0.12	−0.57	0.71	0.90	0.92
2	1.15	0.09	1.72	3.12	1.22	−0.30	−1.78	0.66	0.86	0.85
3	−0.40	−0.85	2.34	1.64	0.27	−0.21	−1.16	0.05	1.23	0.06
4	−0.64	−0.77	1.48	2.40	−0.32	−0.24	−3.51	0.01	1.00	−0.30
5	0.62	−0.04	0.77	0.87	0.73	0.09	−1.87	0.57	1.29	0.58
6	−1.10	−1.14	0.63	1.04	−0.62	0	−0.98	−0.37	1.07	−0.50
7	−0.11	−0.68	2.32	1.20	−0.06	−0.36	−0.31	0.09	1.12	−0.15
8	−0.75	0.68	1.09	1.27	−0.35	−0.07	−2.06	−0.13	1.05	−0.15
9	−1.01	−0.77	1.14	0.68	−0.49	−0.54	−1.66	−0.22	0.88	−0.45
10	0.06	−0.14	2.44	0.65	0.14	−0.77	−0.36	0.59	1.79	0.07
11	−1.47	−0.67	0.62	1.21	−0.39	−1.22	−1.62	−0.34	1.32	−0.74
12	−1.85	−1.71	0.03	0.77	−0.33	−1.20	−2.25	1.04	1.10	−0.99
13	−0.63	−0.95	1.60	0.61	−0.08	−0.23	−1.48	−0.20	1.33	−0.41
14	−0.99	−0.86	1.97	0.99	−0.71	−0.70	−0.77	−0.28	1.13	−0.71
15	−3.14	−1.53	0.65	0.72	−1.35	−2.15	−1.91	−1.39	2.00	−1.20
16	−1.85	−1.57	−0.33	1.71	−0.95	−0.37	−1.67	−1.00	1.22	−0.42
17	−0.79	−1.17	1.33	0.79	−1.10	−0.74	−1.47	−0.95	1.28	−0.35
18	−0.14	−0.59	2.12	0.67	−0.46	−1.12	0.01	−0.16	1.16	−0.41
19	−0.82	−1.17	1.36	0.71	0.01	−0.43	3.72	0.00	0.97	−0.49
MX-1	−0.62	−0.83	0.49	1.11	−0.19	−0.31	−1.82	−0.06	1.23	−0.16
MX-2	1.20	0.36	2.85	1.09	0.90	0.45	−0.65	0.82	1.24	1.41
WM-1	1.42	0.39	3.10	1.05	1.25	0.09	−1.39	1.20	1.42	1.22
WM-2	0.64	−0.28	2.03	2.66	0.33	−0.33	−1.76	0.19	1.04	0.52
WM-3	−2.43	−1.48	0.26	2.43	−1.20	−0.90	−1.64	−1.38	1.05	−0.80
TZ-1	−0.31	−0.64	1.97	1.21	−0.18	0.73	−1.19	0.48	0.84	0.48
GL-1	−0.64	−0.60	4.19	2.15	−0.58	−1.09	−1.13	−0.42	1.08	−0.60
XS-1	−1.66	−1.93	1.42	3.12	−1.69	−1.87	−1.50	−2.13	0.97	−1.54
XS-2	−2.07	−1.83	−1.44	1.09	−1.33	−1.28	−4.06	−0.98	1.27	−1.19
XS-3	−1.81	−1.07	0.71	1.11	−0.68	−0.70	−1.48	−0.41	0.92	−0.80
XS-4	−1.80	−1.05	1.95	1.64	−0.56	−0.88	−0.76	−0.37	1.53	−0.91
XS-5	−1.98	−1.43	−0.38	2.66	−0.97	−1.62	−1.77	−1.45	0.90	−1.01
XS-6	−0.08	−0.09	2.50	1.05	0.40	0.27	−1.51	0.78	1.71	0.35
范围	−3.14~1.42	−1.93~0.68	−1.44~4.19	0.61~3.12	−1.69~1.25	−2.15~0.73	−4.06~3.72	−2.13~1.20	−1.54~1.41	0.84~2.00
平均值	−0.71	−0.74	1.40	1.26	−0.26	−0.57	−1.32	−0.22	1.18	−0.24

119

表 6-3　赤水河表层沉积物微量元素在不同等污染等级下的采样点个数及占比

单位：个

污染等级	Cu	Zn	Cd	Cr	Ni	As	Hg	Mn	Pb	Fe
清洁	25（78.13%）	27（84.38%）	3（9.38%）	10（31.25%）	22（68.75%）	27（84.37%）	30（93.74%）	20（62.5%）	9（28.13%）	22（68.75%）
轻度污染	3（9.37%）	5（15.62%）	8（25%）	14（43.75%）	7（21.88%）	5（15.63%）	1（3.13%）	11（34.37%）	23（71.87%）	8（25%）
偏中度污染	4（12.5%）	0	12（37.5%）	6（18.75%）	3（9.37%）	0	1（3.13%）	1（3.13%）	0	2（6.25%）
中度污染	0	0	7（21.88%）	2（6.25%）	0	0	0	0	0	0
偏重污染	0	0	1（3.12%）	0	0	0	0	0	0	0
重污染	0	0	1（3.12%）	0	0	0	0	0	0	0

以赤水河流域表层沉积物背景值[6]为标准，用地累计指数法对元素总量进行评价（表 6-3），结果发现赤水河流域沉积物中的元素污染程度较轻，仅部分地区的 Cd 污染指数达到 5 级（3.12%），并出现 4 级（3.12%）、多个 3 级（21.88%）和较多的 2 级（37.5%）；Cr 出现多个 2 级（18.75%）和 3 级（6.25%）；Pb 存在较多轻度污染（71.87%）。除 Cr、Cd、Pb 外，其他 7 种元素的无污染频率介于 62.5%～93.74%。

从各元素污染积累指数平均值来看，研究区内各微量元素的污染程度顺序为：Cd＞Cr＞Pb＞Mn＞Fe＞Ni＞As＞Cu＞Zn＞Hg。从各元素在各点的平均污染指数来看，Cd、Cr、Pb 3 种元素属于偏中度污染水平，其他 7 种元素属于清洁水平。

由以上可知，赤水河流域沉积物中除 Cd、Cr、Pb 外，其他元素受污染较少，基本保留了河流背景沉积物特征。

6.2.2　赤水河沉积物中微量元素的污染负荷指数

污染负荷指数法是由 Tomlinson 等学者[10]提出的评价方法，能够直观反映各个元素对各点或区域的污染贡献程度[5, 11, 12]。具体计算如下：

首先根据某点重金属元素 i 的实测值，计算最高污染物系数（CF）：

$$CF_i = C_i / B_i \tag{6.2}$$

某点的污染负荷指数（PLI_{site}）为：

$$PLI_{site} = \sqrt[n]{CF_1 \times CF_2 \times \cdots \times CF_n} \tag{6.3}$$

某区域的污染负荷指数（PLI_{zone}）为：

$$PLI_{zone} = \sqrt[m]{PLI_1 \times PLI_2 \times \cdots \times PLI_m} \tag{6.4}$$

式中：CF_i —— 元素 i 的最高污染系数；

　　　C_i —— 实测值；

　　　B_i —— 元素 i 的背景值；

121

n —— 参评的元素个数;

m —— 采样点数。

表 6-4 为 Tomlinson 污染负荷指数和污染等级分类[10]。

表 6-4　污染分级标准

污染负荷指数	PLI 污染等级
PLI＜1.0	无污染
1.0≤PLI＜2.0	中等污染
2.0≤PLI＜3.0	强污染
PLI≥3.0	极强污染

赤水河表层沉积物中 10 种微量元素（Cu、Zn、Cd、Hg、As、Mn、Ni、Cr、Pb、Fe）的污染负荷指数见表 6-5。分析可知，32 个采样点的污染负荷指数介于 0.51～2.63，最大值位于母享河 2 号（云南镇雄县母享镇）采样点，最小值位于习水河 2 号采样点（XS-2），无污染点有 11 个，占总采样点的 34.37%，中等污染点有 17 个，占总数的 53.13%，强污染点有 4 个，占总数的 12.5%。其中，强污染点有 3 个分布于上游地区，有一个为赤水河汇入长江的汇入点——合江县。发生强污染的原因推断为：上游地区植被覆盖率较低，地表裸岩的岩石风化和沿岸农业活动，而合江县的污染是由于城市工业发展和船舶运输活动所致。上、中、下游的污染负荷指数分别为 1.49、1.14、1.03，皆为中等污染，但上游污染程度相对大于中下游。全流域污染负荷指数为 1.18，属于中等污染。其中，四条主要支流的污染负荷指数从大到小依次为母享河 MX（1～2）（1.72）、古蔺河 GL-1（1.66）、桐梓河 TZ-1（1.46）、习水河 XS（1～6）（0.82），母享河 2 号采样点处各种元素含量普遍较高，桐梓河（TZ-1）受到 As 污染，古蔺河（GL-1）受到 Cd 污染。另外，威信县城下游的 WM-1 污染负荷指数为 2.47，也属于强污染，可能受县城废水的影响，双沙乡的 WM-2 污染负荷指数为 1.56，为中等污染，切角垭的 WM-3 号点污染负荷指数为 0.64，为无污染。

表 6-5　赤水河流域表层沉积物中微量元素污染负荷指数

采样点	PLI$_{site}$	污染负荷等级	PLI$_{zone}$	污染负荷等级	PLI 及污染负荷等级
1	2.18	强污染			
2	1.94	中等污染			
3	1.44	中等污染	1.49	中等污染	
4	1.03	无污染			
5	1.71	中等污染			
6	1.04	中等污染			
7	1.48	中等污染			
8	1.25	中等污染			
9	1.04	中等污染			
10	1.73	中等污染	1.14	中等污染	
11	0.91	无污染			
12	0.70	无污染			
13	1.23	中等污染			
14	1.10	中等污染			
15	0.61	无污染			
16	0.80	无污染			1.18 中等污染
17	1.04	中等污染	1.03	中等污染	
18	1.45	中等污染			
19	1.58	强污染			
MX-1	1.12	无污染	1.72	中等污染	
MX-2	2.63	强污染			
WM-1	2.61	强污染	2.47	强污染	
WM-2	1.60	中等污染	1.56	中等污染	
WM-3	0.69	无污染	0.64	无污染	
TZ-1	1.51	中等污染	1.62	中等污染	
GL-1	1.28	中等污染	1.66	中等污染	
XS-1	0.61	无污染			
XS-2	0.51	无污染			
XS-3	0.86	无污染	0.82	无污染	
XS-4	1.03	中等污染			
XS-5	0.63	无污染			
XS-6	1.78	中等污染			

123

6.2.3 赤水河流域的潜在生态风险

潜在生态风险指数法是瑞典科学家 Hakanson[3]从沉积学的角度提出的一种评价方法。该法既能定量划分和评价单个和多种重金属污染物的潜在生态危害程度，又可定性反映点面所处的潜在风险，对于不同区域范围不同源沉积物之间的评价比较[13-16]，较为合理。

$$Er_i = Tr_i \cdot Cf_i \tag{6.5}$$

$$RI = \sum_{i=1}^{n} Er_i \tag{6.6}$$

式中：Er_i —— 重金属 i 的潜在生态风险指数；

Cf_i —— 元素 i 的污染系数；

Tr_i —— 重金属毒性响应系数；

RI —— 综合潜在生态风险。

表 6-6　各微量元素的毒性响应系数

参数	Cu	Pb	Zn	Cd	Cr	Hg	As	Mn	Ni
Tr	5	5	1	30	2	40	10	1	5

各微量元素的毒性响应系数和 Hankanson 潜在生态风险指数与污染等级分类[3]，详见表 6-6、表 6-7。

表 6-7　潜在生态风险指数与污染等级分类

Er	等级	RI	等级
Er<40	低生态风险	RI≤150	低生态风险
40≤Er<80	中等生态风险	150≤RI<300	中等生态风险
80≤Er<160	强生态风险	300≤RI<600	强生态风险
160≤Er<320	很强的生态风险	600≤RI	极强的生态风险
320≤Er	极强的生态风险		

参比值是计算潜在生态风险系数的关键数据之一，本章以吴正桅[6]对赤水河沉积物中几种元素的平均值为参比值，按照以下计算方法计算 9 种元素的潜在风险系数和潜在生态风险指数。

6.2.3.1　单因子潜在生态风险评价

（1）Cu 的潜在生态风险评价。赤水河流域表层沉积物 32 个样品中 Cu 的潜在生态风险值介于 0.85～20.06，全部低于 40，平均值为 6.24，低于长江表层沉积物的 Cu 的风险值[2]，全部属于低风险状态。

（2）Zn 的潜在生态风险评价。赤水河流域表层沉积物 32 个样品中 Zn 的潜在生态风险值介于 0.39～2.40，平均值为 1.01，全部低于 40，即属于低风险状态。赤水河 Zn 的潜在生态风险指数低于长江、黄河、珠江、淮河、松花江、辽河、海河、岷江中游、沱江、湘江等水体表层沉积物中的 Zn 指数，表明赤水河流域 Zn 的外来污染较少。

（3）Pb 的潜在生态风险评价。赤水河流域表层沉积物 32 个样品中 Pb 的潜在生态风险值介于 4.18～10.02，全部低于 40，平均值为 5.92，约为长江表层沉积物中 Pb 风险值的 1/2[2]，即属于低风险状态。

（4）Cr 的潜在生态风险评价。赤水河流域表层沉积物 32 个样品中 Cr 的潜在生态风险值介于 1.08～6.24，全部低于 40，平均值为 2.53，虽然高于长江表层沉积物中 Cr 风险值 2.11[2]，但仍属于低风险状态。

（5）Mn 的潜在生态风险评价。赤水河流域表层沉积物 32 个样品中 Mn 的潜在生态风险值介于 0.34～3.44，全部低于 40，平均值为 1.46，属于低风险状态。

（6）Cd 的潜在生态风险评价。赤水河流域表层沉积物 32 个样品中 Cd 的潜在生态风险值介于 16.63～820.15，平均值为 159.70。赤水河表层沉积物中 Cd 的含量为 0.25 mg/kg，远低于岷江中游[19]，但其 Er 平均值高于沱江、岷江中游，低于长江[2]和湘江平均值。根据地累计污染指数分析可知，赤水河较高的生态风险主要是由于其异常低的 Cd 背景值。虽然赤水河高 Cd 生态风险值不代表 Cd 污染严重，但也表明近年来流域受到一定程度的污染。Cd 的 Er 值小于 40 的有 3 个点，40≤Er<80 的点有 8 个，80≤Er<160 的点有 9 个，160≤Er<320 的点有 9 个，320≤Er 的点有 3 个。其中 GL-1 处存在异常高的 Cd 污染，其一是由于古蔺河上游古蔺县工业的污染[20]；其二是由于采样点紧邻太平镇，受生活垃圾和生活污水排放影响。

（7）Ni 的潜在生态风险评价。赤水河流域表层沉积物 32 个样品中 Ni 的潜在生态风险值介于 2.32～17.79，全部低于 40，平均值为 7.19，高于长江 Ni 的风险值 2.75[2]，但仍属于低风险状态。

（8）Hg 的潜在生态风险评价。赤水河流域表层沉积物 32 个样品中 Hg 的潜在生态风险值介于 3.59～789.53，平均值为 48.43。Er 值小于 40 的点有 27 个，40≤Er<80 的点有 4 个，320≤Er 的点有 1 个。赤水河表层沉积物中 Hg 属于中等潜在生态风险，最大风险点为四川省合江县城区（19 号采样点）。根据采样期间的观察，该点高 Hg 风险原因有两点：一是合江县靠近长江河口，长期停泊大量船只在此进行检修和货物装卸，造成的船舶运输污染；二是该点位于合江县城，受纳了县城大量工业和生活污染。若去除该异常点，赤水河整体的 Hg 的潜在生态风险因子平均值为 24.52，属于低生态风险。

（9）As 的潜在生态风险评价。赤水河流域表层沉积物 32 个样品中 As 的潜在生态风险值介于 3.37～24.95，全部低于 40，平均值为 11.12，即属于低风险状态。

赤水河流域沉积物中 9 种元素的潜在生态风险具体见图 6-4。

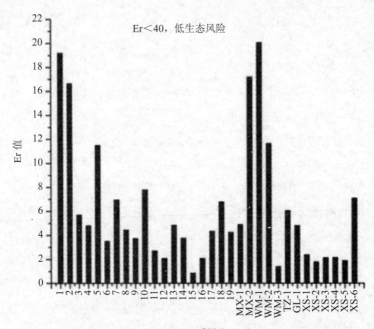

（a）Cu

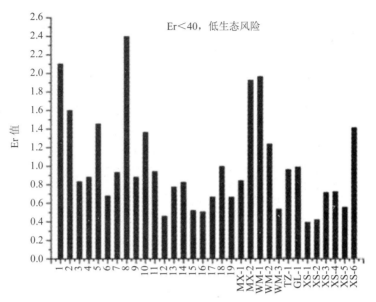

（b）Zn

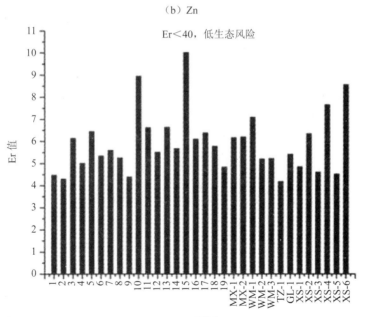

（c）Pb

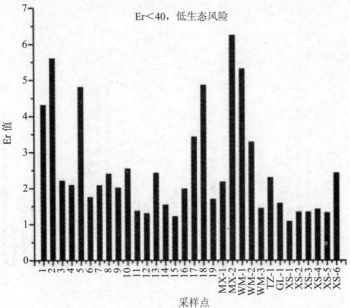

（d）Cr

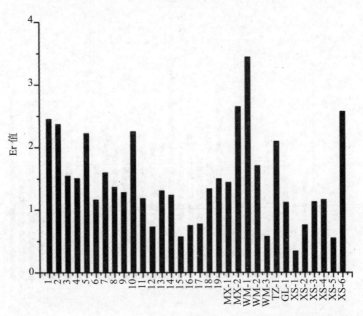

（e）Mn

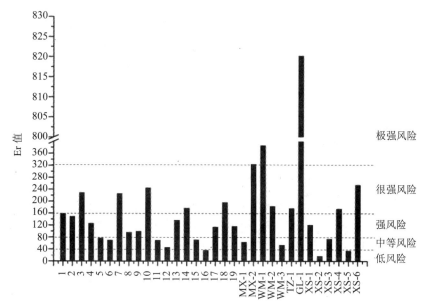

（f）Cd

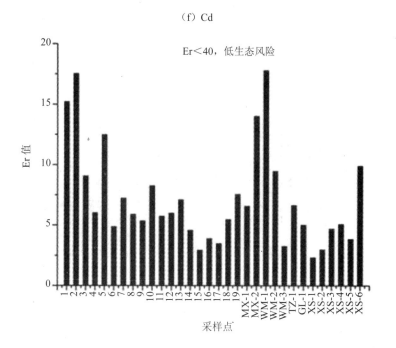

（g）Ni

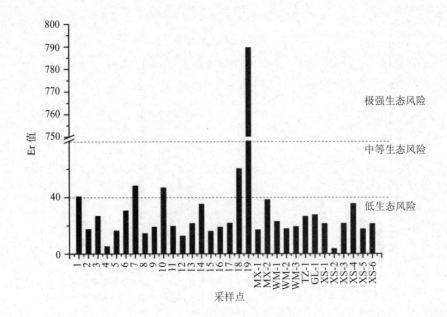

（h）Hg

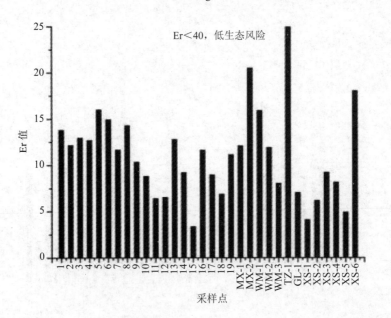

（i）As

图 6-4　赤水河流域沉积物中 9 种元素的潜在生态风险

总体来看，赤水河表层沉积物中各微量元素的潜在生态风险从高到低依次为 Cd＞Hg＞As＞Ni＞Cu＞Pb＞Cr＞Mn＞Zn（图 6-5）。Cu、Zn、Pb、Cr、Mn、Ni、As 的潜在生态风险指数均小于 40，即属于低生态危害程度；Cd 和 Hg 具有不同程度的潜在生态风险，相对其他 7 种元素而言具有较高风险，风险异常高的点均表现出明显的城镇污染。可见，由于考虑了各元素的毒性系数，而有些元素之间的毒性系数差别很大，各元素的潜在生态风险值排序与地积累指数排序有所不同。

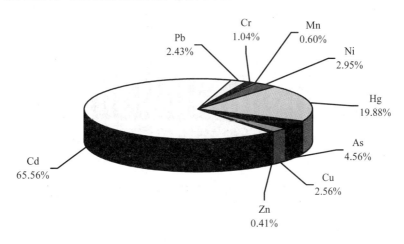

图 6-5　赤水河表层沉积物不同元素对潜在生态风险指数的贡献

6.2.3.2　综合潜在生态风险评价

潜在生态风险性指数值（RI）综合反映了沉积物中 Cu、Zn、Cd、Cr、Hg、As、Mn、Ni 和 Pb 的污染水平及潜在生态危害性。赤水河流域表层沉积物中 9 种元素综合潜在生态风险指数见图 6-6。

由图 6-6 可知，赤水河沉积物 32 个采样点 9 种元素的综合潜在生态风险指数介于40.01～936.61，平均值为 243.59。据统计，赤水河表层沉积物中低风险点有 13 个，占总采样点数的 40.63%；中等生态风险点有 12 个，占总采样点数的 37.5%；强风险点有5 个，占总数的 15.63%，多分布于上游地区；极强的生态风险点有 2 个，分别是古蔺河（GL-1）和合江县城区采样点（19 号采样点），其 RI 值分别为 873.57 和 936.61，占总采样点数的 6.25%，这两处较高的风险值分别是由于 Cd 污染和 Hg 污染。赤水河上游属于云贵高原，植被覆盖相对下游较低，同时农业以坡耕地为主，土壤侵蚀严重。因此，上游较高的风险可能主要受原始的坡耕地农业活动和相对较高的自然侵蚀影响。

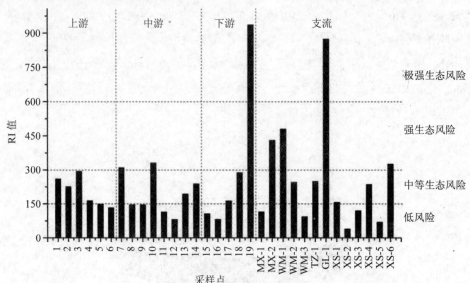

图 6-6　赤水河流域沉积物综合潜在生态风险

　　根据图 6-5 可知，Cd 和 Hg 的潜在生态风险因子在潜在生态风险指数中占主导地位，具有较高的生态风险。赤水河的潜在生态风险主要由 Cd 和 Hg 引起，两者的生态风险系数对潜在生态风险指数的贡献分别为 65.56% 和 19.88%，Cu、Zn、Pb、Cr、Mn、Ni、As 其他 7 种元素对潜在生态风险指数的平均贡献仅占 14.56%。

6.3　赤水河沉积物中微量元素赋存形态分析

　　测定元素总量可以了解沉积物中微量元素的含量及富集情况，但元素总量不能有效地预测沉积物中微量元素的生物有效性和毒性[21, 22]。沉积物中的微量元素不是以某一离子或基团存在，而是以各种不同的结合形态存在。各元素在不同形态中含量不同，元素化学活性和生物有效性也不同[23]。对沉积物中微量元素的存在形态及各形态之间相对比例的研究就显得尤为重要，不但可以更好地理解污染元素当前的环境效益，还可以预测生物有效性。根据 Pardo 等[24]和金相灿等[25]的研究可知，可交换态和碳酸盐结合态生物有效性较高；铁锰氧化物结合态次之，有机质结合态难以被生物所利用；残渣态组分几乎不被生物利用。

6.3.1　赤水河流域沉积物微量元素形态提取布点图

本节采用 Tessier[26]五步连续提取法提取并测得赤水河表层沉积物中各微量元素的可交换态（EXC）、碳酸盐结合态（CARB）、铁锰氧化物结合态（ERO）、有机质结合态（OSM）、残渣态（RES）5 种形态的含量，并对 Cu、Cd、Ni、Cr、Pb 共 5 种元素的形态进行分析，探讨基于形态的沉积物中微量元素的空间分布规律以及各形态间的相关关系，以期获得元素有效性和来源。形态研究布点详见图 6-7。

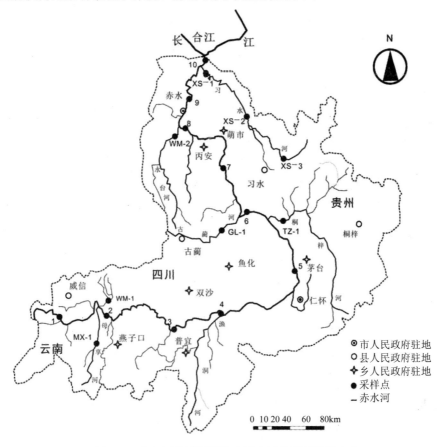

图 6-7　赤水河流域沉积物中形态五步提取法的布点

根据楠定其其格[27]的研究，沉积物中微量元素五种形态的特征如下：

可交换态（EXC）特征：元素的可交换态对环境变化敏感，有效性最强，易于迁移转化，最易被生物吸收，最容易对环境造成影响，其对水体及生物具有直接的危害，此种形态的元素反映了人类近期排污情况。

碳酸盐结合态（CARB）特征：元素与碳酸盐结合的部分，对周围介质的 pH 最敏感，在酸性条件下容易释放、不稳定、易转化为可交换态，相反，pH 升高有利于碳酸盐沉淀的生产。

铁锰氧化物结合态（ERO）特征：铁锰氧化物结合态反映了人类活动对环境的污染，当环境的 pH 和氧化还原电位改变时，铁锰氧化物结合态可能缓慢转化为可交换态。

有机质结合态（OSM）特征：有机质结合态在强氧化条件下可以分解。有机结合态元素反映水生生物活动及人类排放富含有机物的污水的结果，在一般情况下不容易分解进入水生环境中。

残渣态（RES）特征：残渣态主要富存于矿物晶格中，性质比较稳定。一般来说不可被生物所利用，对生物无毒性。残留态中的微量元素含量对土壤或沉积物中元素的迁移和生物可利用性贡献很小。

6.3.2　不同形态微量元素赋存的含量及分布特征

本研究的形态提取过程遵守 Tessier 等[26]提出的五步连续提取方法，详见 2.2.3 节。

在重金属形态研究过程中，本书共选取了 18 个采样点，采样位置见图 6-7。本书分析了 Cu、Cd、Cr、Ni、Pb 的形态特征，不同形态微量元素的含量见表 6-8、表 6-9。各形态占总量的比值见图 6-8。

铜：Cu 在赤水河流域表层沉积物中［图 6-8（a）］以残渣态（RES）为主，其含量为 0.95～97.52 mg/kg，平均值为 31.95 mg/kg，占总量的 11.33%～94.50%。其次是铁锰氧化物结合态（ERO）、有机质结合态（OSM），其含量分别为 0.28～5.51 mg/kg、0.04～22.94 mg/kg，分别占比为 1.10%～7.65%、0.12%～89.88%。再次是碳酸盐结合态（CARB），含量介于 0.01～0.43 mg/kg，占总量比例介于 0.08%～1.52%。与其他 4 种形态相比，含量最少的是可交换态（EXC），即介于 0.01～0.10 mg/kg，占总量的 0.03%～0.28%。在整个研究区，Cu 的 5 种形态占总量的平均比例顺序：残渣态（86.88%）＞有机质结合态（8.59%）＞铁锰氧化物结合态（3.83%）＞碳酸盐结合态（0.54%）＞可交换态（0.15%）。

表 6-8 赤水河表层沉积物中不同形态微量元素的含量（1） 单位：mg/kg

元素	形态	采样点								
		1	2	3	4	5	6	7	8	9
Cu	F1	0.03	0.07	0.02	0.03	0.02	0.04	0.06	0.03	0.10
	F2	0.28	0.35	0.08	0.06	0.13	0.15	0.10	0.19	0.07
	F3	5.51	0.73	0.64	0.28	0.73	1.09	0.74	0.95	0.93
	F4	11.61	0.52	0.87	0.59	0.62	0.50	0.05	0.06	0.11
	F5	82.43	32.52	27.27	20.09	25.20	14.46	28.13	11.24	39.64
Pb	F1	0.00	0.01	0.00	0.01	0.01	0.04	0.00	0.00	0.01
	F2	0.03	0.06	0.01	0.03	0.03	0.08	2.40	0.04	0.07
	F3	4.47	7.09	7.30	11.40	7.71	5.39	27.42	5.81	9.47
	F4	0.44	0.33	0.11	0.13	0.05	0.49	0.89	0.93	0.57
	F5	16.42	23.00	17.45	15.00	18.31	26.88	2.28	23.52	18.58
Cr	F1	0.07	0.08	0.08	0.07	0.14	0.14	0.10	0.06	0.06
	F2	0.23	0.18	0.11	0.10	0.03	0.18	0.07	0.16	0.44
	F3	11.19	2.34	3.42	1.90	2.67	3.91	2.49	2.65	59.24
	F4	4.28	1.01	2.39	2.37	2.66	1.12	0.75	0.03	0.77
	F5	207.29	84.50	77.31	65.25	90.15	49.11	93.17	76.00	133.14
Ni	F1	0.06	0.21	0.10	0.06	0.10	0.14	0.16	0.05	0.05
	F2	0.77	0.48	0.45	0.41	0.51	0.80	0.76	0.82	0.73
	F3	11.23	3.54	4.96	3.26	3.81	7.30	4.19	3.98	5.05
	F4	2.11	1.35	1.30	0.56	0.64	1.11	0.63	0.45	0.55
	F5	83.93	45.32	26.96	23.01	27.98	22.89	34.07	16.52	24.25
Cd	F1	0.01	0.02	0.01	0.01	0.01	0.01	0.01	0.00	0.03
	F2	0.06	0.10	0.07	0.03	0.05	0.03	0.07	0.01	0.12
	F3	0.12	0.20	0.09	0.06	0.09	0.05	0.10	0.02	0.13
	F4	0.02	0.01	0.01	0.01	0.01	0.01	0.00	0.00	0.01
	F5	0.03	0.02	0.02	0.00	0.00	0.01	0.04	0.02	0.02

表6-9　赤水河表层沉积物中微量元素的形态含量（2）　　　　　　　　单位：mg/kg

元素	形态	采样点								
		10	WM-1	WM-2	MX-1	TZ-1	GL-1	XS-1	XS-2	XS-3
Cu	F1	0.05	0.03	0.01	0.03	0.03	0.06	0.03	0.04	0.03
	F2	0.28	0.20	0.01	0.34	0.04	0.43	0.09	0.01	0.13
	F3	1.30	2.30	0.39	4.17	0.40	1.78	0.30	0.61	1.98
	F4	22.94	2.18	0.58	1.14	1.68	0.04	1.23	1.47	1.53
	F5	0.95	65.24	7.35	97.52	34.18	26.54	12.61	10.75	38.96
Pb	F1	0.00	0.00	0.01	0.00	0.00	0.00	0.00	0.00	0.00
	F2	0.38	0.05	0.13	0.05	0.06	0.10	0.16	0.13	0.04
	F3	18.62	6.60	6.40	7.03	15.69	6.58	4.58	5.72	7.37
	F4	2.57	0.34	0.35	0.35	1.28	0.65	4.80	0.53	14.97
	F5	2.47	18.85	19.07	23.36	3.73	19.56	14.54	16.52	20.14
Cr	F1	0.04	0.06	0.06	0.07	0.09	0.23	0.05	0.06	0.16
	F2	0.20	0.24	0.35	0.29	0.06	0.06	0.17	0.13	0.12
	F3	3.63	7.99	1.76	13.06	2.70	3.72	1.95	3.18	3.78
	F4	0.18	2.37	1.30	2.60	3.81	0.38	0.17	2.50	4.58
	F5	63.65	120.03	53.95	232.75	84.85	58.65	40.56	47.51	87.99
Ni	F1	0.02	0.06	0.07	0.10	0.07	0.17	0.05	0.05	0.14
	F2	0.78	0.49	0.34	0.75	0.67	0.69	0.43	0.49	1.26
	F3	5.28	7.53	2.25	11.54	5.25	7.56	2.48	3.32	13.02
	F4	1.52	2.76	0.64	0.98	1.68	0.77	0.38	1.22	0.61
	F5	34.69	42.14	14.97	65.12	29.52	19.01	9.72	21.23	40.48
Cd	F1	0.01	0.01	0.01	0.01	0.00	0.03	0.03	0.01	0.02
	F2	0.08	0.06	0.02	0.09	0.04	0.15	0.07	0.04	0.10
	F3	0.05	0.14	0.04	0.34	0.18	0.19	0.04	0.04	0.21
	F4	0.04	0.02	0.01	0.01	0.02	0.01	0.03	0.01	0.01
	F5	0.00	0.06	0.00	0.05	0.03	0.90	0.02	0.01	0.06

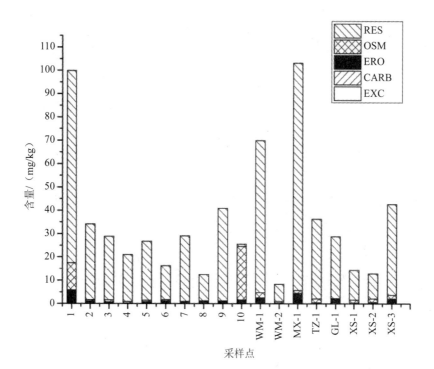

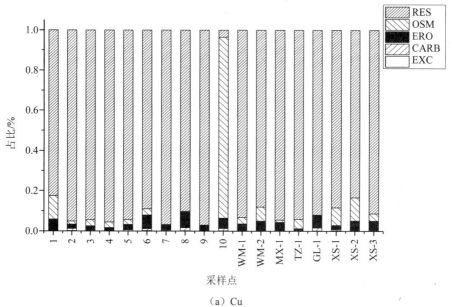

（a）Cu

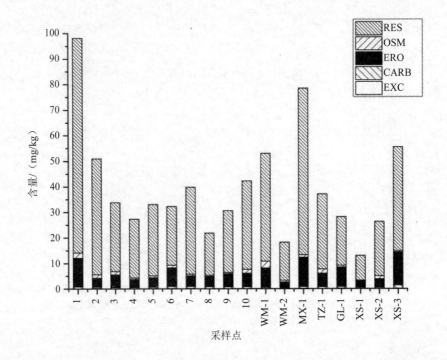

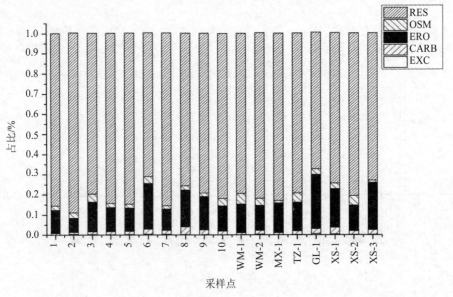

（b）Ni

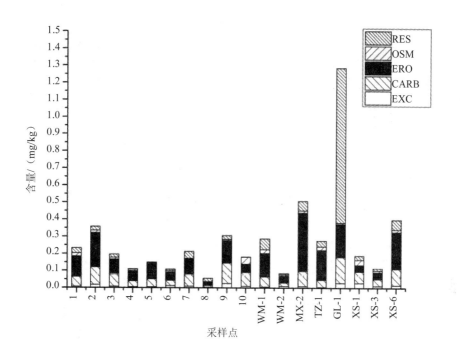

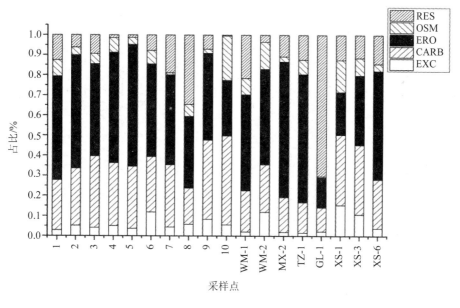

（c）Cd

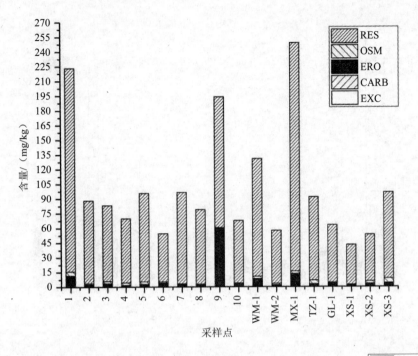

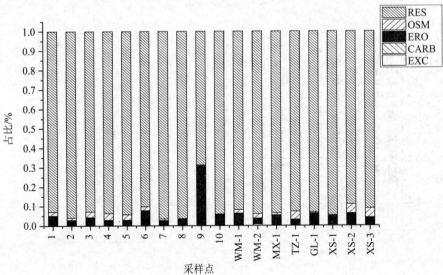

（d）Cr

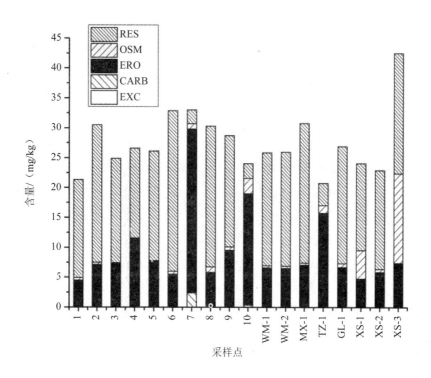

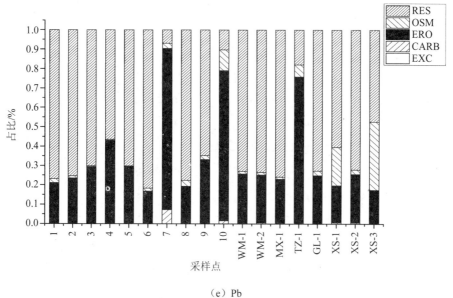

（e）Pb

图 6-8　赤水河表层沉积物中微量元素五步形态提取含量及占比

镍：Ni 在赤水河流域表层沉积物中［图 6-8（b）］以残渣态为主，其含量范围为 7.92～83.93 mg/kg，平均值为 32.32 mg/kg，占总量的 67.83%～89.39%。其他 4 种形态含量由高到低依次为铁锰氧化物结合态（ERO）、有机质结合态（OSM）、碳酸盐结合态（CARB）、可交换态（EXC），含量依次为 2.25～13.02 mg/kg、0.38～2.76 mg/kg、0.34～1.26 mg/kg、0.02～0.21 mg/kg，占总量比例依次为 6.99%～26.96%、1.10%～5.21%、0.78%～3.78%、0.05%～0.60%。在整个研究区，Ni 的 5 种形态占总量的平均比例顺序为：残渣态（80.00%）＞铁锰氧化物结合态（15.27%）＞有机质结合态（2.84%）＞碳酸盐结合态（1.89%）＞可交换态（0.27%）。

镉：Cd 在赤水河流域表层沉积物中［图 6-8（c）］以铁锰氧化物结合态（ERO）为主，其含量范围为 0.02～0.34 mg/kg，平均值为 0.12 mg/kg，占总量的 15%～67.39%。其次为碳酸盐结合态（CARB），其含量为 0.01～0.15 mg/kg，占总量的 11.89%～44.24%。再次为残渣态（RES），含量介于 0～0.09 mg/kg，占总量的 0.47%～70.34%。可交换态（EXC）和有机质结合态（OSM）含量相近，分别为 0～0.03 mg/kg、0～0.04 mg/kg，分别占总量的 1.59%～15.34%、0.53%～22.12%。在整个研究区，Cd 的 5 种形态占总量的平均比例依次为：铁锰氧化物结合态（45.40%）＞碳酸盐结合态（27.42%）＞残渣态（14.27%）＞有机质结合态（6.99%）＞可交换态（5.91%）。

铬：Cr 在赤水河流域表层沉积物中［图 6-8（d）］以残渣态为主，其含量范围为 40.56～232.75 mg/kg，平均值为 92.55 mg/kg，占总量的 68.75%～96.47%。其他 4 种形态含量由高到低依次为铁锰氧化物结合态（ERO）、有机质结合态（OSM）、碳酸盐结合态（CARB）、可交换态（EXC），其含量依次为 1.76～59.24 mg/kg、0.03～4.58 mg/kg、0.03～0.44 mg/kg、0.04～0.23 mg/kg，占总量比例依次为 2.58%～30.59%、0.03%～4.74%、0.04%～0.61%、0.03%～0.37%。Cr 的形态分布与 Ni 具有相似性，5 种形态占总量的平均比例为：残渣态（91.94%）＞铁锰氧化物结合态（5.78%）＞有机质结合态（1.96%）＞碳酸盐结合态（0.20%）＞可交换态（0.11%）。

铅：Pb 在赤水河流域表层沉积物中［图 6-8（e）］以残渣态为主，其含量为 2.28～26.88 mg/kg，平均值为 16.65 mg/kg，占总量的 6.92%～81.74%。其他 4 种形态含量由高到低依次为铁锰氧化物结合态（ERO）、有机质结合态（OSM）、碳酸盐结合态（CARB）、可交换态（EXC），其含量依次为 4.47～27.42 mg/kg、0.05～14.97 mg/kg、0.01～2.40 mg/kg、0～0.04 mg/kg，占总量比例依次为 16.40%～83.11%、0.18%～35.22%、

0.06%～7.27%、0.00%～0.13%。Pb 的形态分布与 Ni、Cr 具有相似性，5 种形态占总量的平均比例依次为：残渣态（60.17%）＞铁锰氧化物结合态（33.86%）＞有机质结合态（5.22%）＞碳酸盐结合态（0.72%）＞可交换态（0.02%）。

通过以上对各元素不同形态含量和分布特征的分析，可得到以下信息：不同元素在 5 种不同形态中的分布模式不同。可交换态：Cd（5.91%）＞Ni（0.27%）＞Cu（0.15%）＞Cr（0.11%）＞Pb（0.02%）；碳酸盐结合态：Cd（27.42%）＞Ni（1.89%）＞Pb（0.72%）＞Cu（0.54%）＞Cr（0.20%）；铁锰氧化物结合态：Cd（45.40%）＞Pb（33.86%）＞Ni（15.27%）＞Cr（5.78%）＞Cu（3.83%）；有机质结合态：Cu（8.59%）＞Cd（6.99%）＞Pb（5.22%）＞Ni（2.84%）＞Cr（1.96%）；残渣态：Cr（91.94%）＞Cu（86.88%）＞Ni（80.00%）＞Pb（60.17%）＞Cd（14.27%）。从分布可知，Cd 在可交换态、碳酸盐结合态、铁锰氧化物结合态 3 种形态中所占比重最高，说明 Cd 在沉积物中不稳定，具有较高的可迁移性。其他元素在可交换态、碳酸盐结合态、铁锰氧化物结合态、有机质结合态 4 种形态中占比很少，在残渣态中，除 Cd 外，其他 4 种元素占比高于 60%，说明 Cr、Cu、Ni、Pb 4 种元素有相当一部分紧密地结合在矿物晶格中，迁移性差。

6.3.3 各微量元素的生物有效性分析

生物有效性是评价元素毒性的直接方法，但元素的生物有效性只是相对的指标，无法反映客观存在的绝对数量。Mao[28]将各种化学形态分为三类，即有效态、潜在有效态、不可利用态。有效态包括可交换态和碳酸盐结合态。潜在有效态包括铁锰氧化物结合态和有机结合态。不可利用态指残渣态。

由于微量元素中仅有一部分对环境造成潜在危害，因而有必要区别各元素的总量和有效部分的含量，计算结果如表 6-10 所示。

在赤水河流域，表层沉积物中元素的平均生物有效态含量排序如下：Ni（0.74 mg/kg）＞Cr（0.26 mg/kg）＞Pb（0.22 mg/kg）＞Cu（0.20 mg/kg）＞Cd（0.08 mg/kg），与各微量元素总量的顺序（Cr＞ Ni＞Cu＞Pb＞Cd）比较，只有 Cd 的排序位于最后，其他皆不相同。赤水河全流域表层沉积物中各微量元素平均有效态含量占总量的比例排序如下：Cd（27.74%）＞Ni（1.85%）＞Pb（0.79%）＞Cu（0.56%）＞Cr（0.26%）。

表 6-10　赤水河表层沉积物中生物有效态、潜在生物有效态及不可利用态分布

元素	形态	含量范围/（mg/kg）	平均值/（mg/kg）	所占比例/%
Cu	生物有效态	0.02～0.48	0.20	0.56
	潜在生物有效态	0.80～24.24	4.03	11.14
	生物不可利用态	0.95～97.52	31.95	88.30
Pb	生物有效态	0.02～2.40	0.22	0.79
	潜在生物有效态	4.91～28.30	10.80	39.04
	生物不可利用态	2.28～26.88	16.65	60.17
Cr	生物有效态	0.16～0.50	0.26	0.26
	潜在生物有效态	2.12～60.01	9.16	8.98
	生物不可利用态	40.56～232.75	92.55	90.76
Ni	生物有效态	0.41～1.40	0.74	1.85
	潜在生物有效态	2.86～13.63	6.93	17.38
	生物不可利用态	9.72～83.93	32.32	81.01
Cd	生物有效态	0.01～0.18	0.08	27.74
	潜在生物有效态	0.02～0.35	0.13	46.20
	生物不可利用态	0～0.90	0.07	26.05

赤水河各微量元素的潜在生物有效态含量平均值从高到低依次为 Pb（10.80 mg/kg）＞Cr（9.16 mg/kg）＞Ni（6.93 mg/kg）＞Cu（4.03 mg/kg）＞Cd（0.13 mg/kg）。各微量元素潜在有效态含量占总量的比例为：Cd（46.20%）＞Pb（39.04%）＞Ni（17.38%）＞Cu（11.14%）＞Cr（8.98%）。

赤水河中各微量元素的平均生物不可利用态的含量从高到低依次为 Cr（92.55 mg/kg）＞Ni（32.32 mg/kg）＞Cu（31.95 mg/kg）＞Pb（16.65 mg/kg）＞Cd（0.07 mg/kg）。其占总量的比例分别为 Cr（90.76%）＞Cu（88.30%）＞Ni（81.01%）＞Pb（60.17%）＞Cd（26.05%）。

在赤水河流域表层沉积物中，微量元素的有效态含量占比见表 6-10，其相关系数见表 6-11，微量元素有效态与总量的关系见图 6-9。微量元素 Cd 的有效态含量与总量的相关性最好（$P < 0.01$），可知 Cd 的有效态占总量的比重较高，对环境的潜在危害相对很

大；Cr 的有效态含量与总量的相关性较好（$P<0.05$），但是 Cr 有效态含量占总量的比例较小，对环境的危害性较小；而 Cu、Pb、Ni 的生物有效态与总量几乎不相关，主要是因为 Cu、Pb、Ni 的残渣态含量在总量中占比较大，平均值依次为 86.88%、60.17%、80.00%。由以上分析可知，Cd 的生物有效性较高和潜在生物有效性极高，生物不可利用性较低，易被重新释放到环境形成二次污染，对环境存在较大的危害。

表 6-11　赤水河表层沉积物中元素有效态与总量的相关系数

元素	Cu	Pb	Cr	Cd	Ni
相关系数	0.456	0.221	0.487*	0.787**	0.397

注：* $P<0.05$，** $P<0.01$。

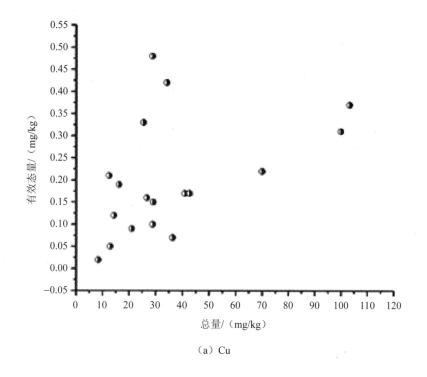

（a）Cu

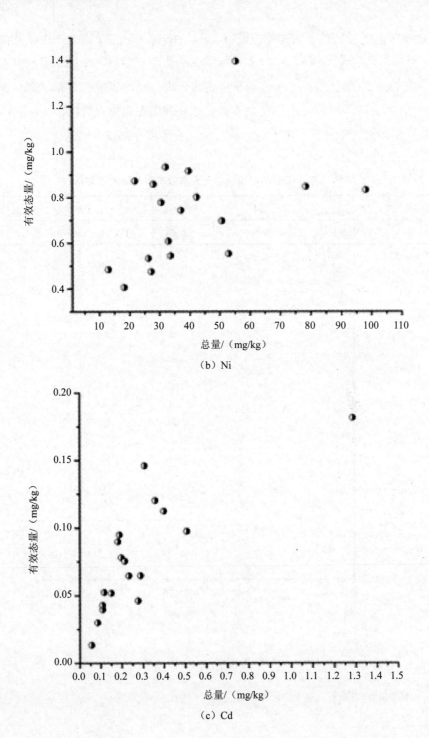

（b）Ni

（c）Cd

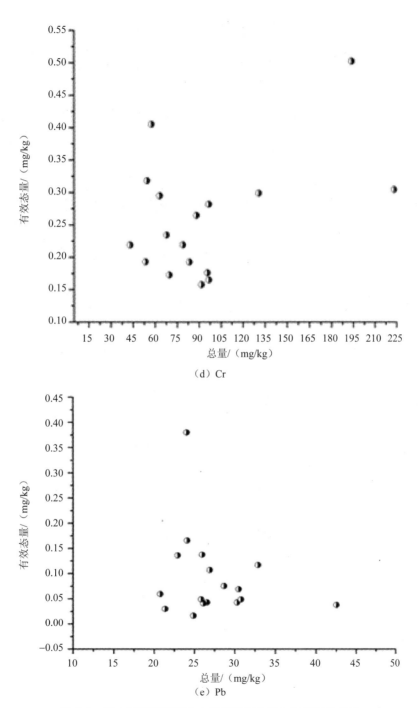

（d）Cr

（e）Pb

图 6-9　赤水河表层沉积物中微量元素有效态与总量的关系

6.4　小结

本章分析了赤水河流域表层沉积物中元素含量的空间分布及赋存形态，初步探讨了沉积物中元素的来源和生物可利用性，运用基于元素总量和形态分析的评价方法对沉积物中元素进行了环境质量和潜在生态风险综合评价，主要结论如下：

（1）整体上，赤水河流域表层沉积物中的 Cu、Zn、Cd、Hg、As、Mn、Ni、Fe、Cr、Pb 的平均值高于赤水河流域沉积物中的背景值，但是低于长江水系表层沉积物中元素含量。从研究区域总量平均值来看，各元素的平均含量从大到小的排列顺序为 Fe（41 364.55 mg/kg）＞Mn（672.22 mg/kg）＞Cr（100.69 mg/kg）＞Zn（91.92 mg/kg）＞Ni（40.23 mg/kg）＞Cu（37.43 mg/kg）＞Pb（29.41 mg/kg）＞As（5.37 mg/kg）＞Cd（0.25 mg/kg）＞Hg（0.07 mg/kg）。虽然赤水河流域 10 种元素不同程度地受到人为活动的影响，但元素含量较低，河流受人为因素污染相对较轻，赤水河是相对清洁的河流。

（2）地积累指数和污染负荷指数表明，赤水河流域沉积物中的元素污染程度较轻，仅是部分地区的 Cd、Cr、Pb 存在一定程度的污染，其他 7 种元素的无污染频率介于62.5%～93.74%，可见赤水河流域沉积物受元素污染较少，保留了背景河流沉积物特征。32 个采样点的污染负荷指数介于 0.51～2.63，无污染点有 11 个，占总采样点的 34.37%，中等污染点有 17 个，占总数的 53.13%，强污染点有 4 个，占总数的 12.5%。

（3）基于元素总量的潜在生态风险评价表明，Cu、Zn、Pb、Cr、Mn、Ni、As 属于低生态危害程度；Cd 和 Hg 具有不同程度的潜在生态风险，风险异常高的点均表现出明显的城镇污染。

（4）在形态分析中，Cu、Ni、Cr、Pb 主要以残渣态为主（占比大于 60%），不易释放到环境中，Cd 以铁锰氧化物结合态为主。在赤水河流域，表层沉积物中元素的平均生物有效态含量排序为 Ni（0.74 mg/kg）＞Cr（0.26 mg/kg）＞Pb（0.22 mg/kg）＞Cu（0.20 mg/kg）＞Cd（0.08 mg/kg），各微量元素平均有效态含量占总量的比例排序为 Cd（27.74%）＞Ni（1.85%）＞Pb（0.79%）＞Cu（0.56%）＞Cr（0.26%）。Cd 的生物有效性较高和潜在生物有效性极高，生物不可利用性较低，易被重新释放到环境形成二次污染，对环境存在较大的危害。

参考文献

[1]　Savoldo B，Carlos A R，Enli L，et al. CD28 costimulation improves expansion and persistence of chimeric antigen receptor–modified T cells in lymphoma patients[J]. The Journal of clinical investigation，2011，121（5）：1822-1826.

[2]　王岚，王亚平，许春雪，等. 长江水系表层沉积物重金属污染特征及生态风险性评价[J].环境科学，2012，33（8）：2599-2606.

[3]　Hakanson L. An ecological risk index for aquatic pollution control. A sedimentological approach[J]. Water research，1980，14（8）：975-1001.

[4]　单丽丽，袁旭音，茅昌平，等. 长江下游不同源沉积物中重金属特征及生态风险[J]. 环境科学，2008，29（9）：2399-2404.

[5]　徐争启，倪师军，张成江，等. 应用污染负荷指数法评价攀枝花地区金沙江水系沉积物中的重金属[J].四川环境，2004，23（3）：64-67.

[6]　吴正褆. 赤水河水系水环境背景值及其地球化学特征[J]. 贵州环保科技，2001，7（2）：25-36.

[7]　Muller G. Index of geoaccumulation in sediments of the Rhine River[J]. 1969，2（3）：109-118.

[8]　唐将，王世杰，付绍红，等. 三峡库区土壤环境质量评价[J]. 土壤学报，2008，45（4）：601-607.

[9]　Förstner U，Wolfgang A，Wolfgang C. Sediment quality objectives and criteria development in Germany[J]. Water science and technology，1993，28（8-9）：307-316.

[10]　Tomlinson D L，Wilson J G，Harris C R，et al. Problems in the assessment of heavy-metal levels in estuaries and the formation of a pollution index[J]. Helgoländer Meeresuntersuchungen，1980，33（1-4）：566-575.

[11]　庹先国，徐争启，滕彦国，等. 攀枝花钒钛磁铁矿区土壤重金属地球化学特征及污染评价[J]. 矿物岩石地球化学通报，2007，6（2）：127-131.

[12]　徐燕，李淑芹，郭书海，等. 土壤重金属污染评价方法的比较[J]. 安徽农业科学，2008，36（11）：4615-4617.

[13]　崔毅，辛福言，马绍赛，等. 乳山湾沉积物重金属污染及其生态危害评价[J]. 中国水产科学，2005，12（1）：83-90.

[14]　范文宏，张博，张融，等. 锦州湾沉积物中重金属形态特征及其潜在生态风险[J].海洋环境科学，

2008，27（1）：56-60.

[15] 刘成，王兆印，何耘，等. 环渤海湾诸河口潜在生态风险评价[J]. 环境科学研究，2002，15（5）：33-37.

[16] 刘芳文，颜文，黄小平，等. 珠江口沉积物中重金属及其相态分布特征[J].热带海洋学报，2003，22（5）：16-24.

[17] 孙洁，岷江中游水系沉积物中重金属的环境地球化学评价[D]. 成都：成都理工大学，2010.

[18] 陈云飞. 湘江重金属的分布特征，化学行为及生态风险评价[D]. 长沙：湖南农业大学，2008.

[19] 李佳宣，施泽明，郑林，等. 沱江流域水系沉积物重金属的潜在生态风险评价[J]. 地球与环境，2010（4）：481-487.

[20] 安艳玲，蒋浩，吴起鑫，等. 赤水河流域枯水期水环境质量评价研究[J]. 长江流域资源与环境，2014，23（10）：1472-1478.

[21] Toro D M D，Mahony J D，Hansen D J，et al. Toxicity of cadmium in sediments：the role of acid volatile sulfide[J]. Environmental Toxicology and Chemistry，1990，9（12）：1487-1502.

[22] Luoma S N. Can we determine the biological availability of sediment-bound trace elements？[J]. Hydrobiologia，1989，176（1）：379-396.

[23] 于瑞莲. 泉州湾潮间带沉积物中重金属元素的环境地球化学研究[D]. 长春：东北师范大学，2009.

[24] Pardo R，Barrado E，Lourdes P，et al. Determination and speciation of heavy metals in sediments of the Pisuerga River[J]. Water Research，1990，24（3）：373-379.

[25] 金相灿，徐南妮，张雨田. 沉积物污染化学[M]. 北京：中国环境科学出版社，1992.

[26] Tessier A，Campbell P G C，Bisson M. Sequential extraction procedure for the speciation of particulate trace metals[J]. Analytical chemistry，1979，51（7）：844-851.

[27] 楠定其其格. 岱海与达里诺尔湖重金属的环境地球化学研究[D]. 呼和浩特：内蒙古大学，2013.

[28] Mao M Z. Speciation of metals in sediments along Le An River [J]. CERP Final Report，France：Imprimerie Jouve Mayenne，1996：55-57.

第7章

贵州省赤水河流域生态补偿机制研究

7.1 赤水河流域生态补偿基础分析

7.1.1 流域生态补偿的理论依据

流域生态补偿是水环境资源在开发利用过程中受损与受益不公平的基础上开展的，其目的是通过合理的资金、技术等补偿，提高受损地区保护环境的积极性和促进受损地区经济发展，使全流域健康可持续发展。

（1）生态环境价值理论。生态环境不仅具有丰富的自然资源，还能为人类生产生活提供良好的环境。故生态环境价值包括两方面内容：①自然资源价值——自然界中本身就存在的，可以被人类利用的价值。②生态环境价值——为人类提供适合生存环境的价值。

对人类来说，生态环境价值是一种无形的间接价值，它无时无刻不在影响着人类的经济社会活动，并且每个人所存在的生态环境不是天然的，它包括为保护和恢复生态环境而投入的劳动。所以生态环境、资源应该是有偿使用的，在生态环境、资源被利用的同时应该对其进行补偿。

（2）经济外部性理论。经济外部性是指人类生产或消费活动中产生的对外部的影响作用，具有成本外溢的特点，即某个活动所产生的有害或有益的副作用并不是由该商品的生产者或者消费者承担[1]，由此可见，经济外部性有对外界环境产生好的影响或效果的经济正外部性，反之则为经济负外部性。生态补偿制度就是要建立一定的奖励惩罚机制，对生态产品的边际私人成本和边际私人收益进行合理化的调整，使之与边际社会成本和边际社会收益相一致，从而实现外部效益的内在化。所以实施生态补偿制度是将经济外部性内部化的有效途径。经济外部性内部化后，就可以纠正生态保护领域中因为经济外部性而造成的市场失灵。

（3）公共产品理论。从微观经济学角度来看，河流、森林、矿产资源等"公共产品"在消费上具有非抗争性和非排他性，导致有限的资源被无节制地争夺和使用，在经济学上的"搭便车"就不可避免地发生了。事实证明：单靠市场的调节是不能保护生态环境的。由政府出面，借助政府执行力的有利推动和保障，按合理的标准对所有生态环境的受益者收取税费的方式，以达到流域可持续发展的目的。

7.1.2 流域生态补偿的基本原则

为实现流域生态补偿制度，可以依据以下 4 个原则来确定利益相关者的角色和责任：

（1）破坏者付费原则。破坏者付费原则（damage pays principle，DPP）又称破坏者赔偿原则，是指生态破坏者应当为其对流域造成的负面影响的行为活动负起责任。主要针对行为主体对流域生态环境产生破坏从而导致生态系统服务功能退化或丧失的行为进行补偿，该原则适合解决流域生态问题。用于赤水河流域生态补偿则可以理解为上游地区没有达到跨界断面水质要求而污染下游水体的一种经济赔偿。

（2）使用者付费原则。使用者付费原则（user pays principle，UPP）指的是利用流域内各类型资源的主体应当为其使用排他性稀缺资源（只有一方能够使用）而向政府或公众代表进行补偿，如清洁的用水、良好的旅游资源以及其他生态系统资源。应用于赤水河流域则为下游地区使用者占用了生态环境资源，如市政处理的污水量和垃圾量、清洁水资源及其他生态环境资源，应当为这些稀缺资源的使用向上游或省政府、公众利益代表提供补偿。

（3）受益者付费原则。在更大范围的地区之间或者流域上下游，根据受益者付费原则（beneficiary pays principle，BPP），受益者应当对流域生态环境服务提供者支付相应的费用，大多数流域生态系统属于公共物品，因此流域生态补偿的建立需得到政府部门的支持，也就是说，赤水河流域的生态系统服务主要是由政府部门划定上游或生态保护功能区，并支持上游生态建设等来维持优质水质、水量并提供给产业发达地区，受益者就应当付费给政府及其他公众代表。

（4）保护者受偿原则。保护者受偿原则（protector gets principle，PGP）着重强调了流域生态保护者的利益，无论其地域或群体的种类。以赤水河流域为例，上游地区通常扮演的是生态系统服务功能保护的角色，但当地居民却不会因此受益或收益较少。该原则要求政府及下游地区为那些为流域生态建设的群体（市政工程、市场主体等）和居民提供补偿，为其付出的直接投入和机会成本付费。

7.1.3 数据来源

（1）文献资料查阅与统计。通过对流域生态补偿相关的理论、流域生态补偿标准测算方法的实践研究等各种文献资料的收集、整理、归纳与总结，并在当前已有理论与赤水河流域实践的基础上收集资料、摘取数据、对比分析等。本研究以文献、年鉴等资料的数据和座谈、问卷、表格等现场调查收集的资料为统计基础，采用资料验证法进行数据可靠性分析。统计内容及时效包括统计术语解释、统计资料来源、统计时段确认（2012 年 2 月—2016 年 2 月，生态保护条例出台至研究前期）等均严格按照统计学方法予以注释；分析内容包括参照实际调研情况，对多方收集到的资料进行相互佐证分析、确保数据相关性在 90%以上；还包括财务数据的动态分析方法在数据核算中的应用。

（2）污染源实地调查。污染源的实地调查是为赤水河流域水污染防治成本的核算作数据支撑。调查的内容分为点源调查和非点源调查。本章节的点源调查包括工业废水污染源调查和城镇生活污染源调查；非点源调查主要包括农村生活污染源调查、农田地表径流污染源调查、禽畜粪尿污染源调查和城市地表径流污染源调查等几个部分。

（3）生态保护外溢成本及服务价值调查。运用调研与半结构式访谈的方法，对贵州省赤水河流域上游地区生态保护的直接成本和机会成本予以调查统计。一方面，对流域上游政府部门、企业以及居民等流域相关利益主体进行访谈并进行直接成本付出项目的数据统计，包括生态建设与保护专项、流域城镇生活垃圾处置中转设备建设、工业废水处理站、流域水土流失治理等费用的统计；另一方面，在机会成本方面重点收集了上游毕节地区因保护所致的产业发展限制类别与限制状况、流域经济发展差异统计、上游地区提供的各类生态系统服务价值量统计等。

7.2 贵州省赤水河流域生态补偿机制实施现状

（1）政策背景。2011 年 7 月 29 日贵州省第十一届人民代表大会常务委员会第二十三次会议通过，自 2011 年 10 月 1 日起施行的《贵州省赤水河流域保护条例》第八条规定："赤水河流域建立以财政转移支付、项目倾斜等为主要方式的生态补偿机制，具体办法由省人民政府制定。"后由国家相关主管部门颁布的《西部大开发"十二五"规划》（发改西部〔2012〕189 号）和《西部地区重点生态综合治理规划纲要（2012—2020）》（发改西部〔2013〕336 号）等政策性条文对贵州省赤水河生态补偿机制的建立均有明确指示，2011—2013 年的指导性文件为补偿机制建立了政策、法律背景；2013 年 4 月起，贵州省人民政府及贵州省环境保护厅联合制定并宣布："贵州将按照'保护者受益、利用者补偿、污染者受罚'的原则，在毕节市和遵义市实施赤水河流域水污染防治横向生态补偿制度。"为进一步落实生态补偿制度，贵州省环保厅出台了《贵州省赤水河流域环境保护规划（2013—2020 年）》，规划将上游毕节地区列为生态环境保护区，并对流域总体未来 5 年内的环境保护工程项目、水质目标、产业发展格局等做出了清晰的规定，对流域今后的产业格局奠定了基调（继续大力提升白酒产业的质量、保证下游特色旅游产业、限制上游地区的矿产资源开发），对流域上游出境断面的考核目标（Ⅱ类以上）、上游产业面临的环境准入条件、环保审批手续等做出了全面规定，为《贵州省赤水河流域产业发展规划（2013—2017 年）》《贵州省赤水河流域环境保护河长制考核实施方案》（2013 年起实施）、《贵州省赤水河流域生态环境保护监管和行政执法体制改革具体实施方案》（2014 年 6 月起实施）、《贵州省赤水河流域水污染防治生态补偿暂行办法》（2014 年 5 月起实施）（黔府办函〔2014〕48 号）等的编制具有统领作用。以上指导性行政文件包含了"统筹发展、激励保护"的生态补偿思想，并落实了生态补偿机制的具体建设内容，包括生态补偿原则、确定补偿的主客体、补偿标准的计算、补偿资金的缴纳与管理办法、河长分段目标考核责任制度。

（2）《贵州省赤水河流域生态补偿标准暂行办法》。2014 年 5 月起实施的《贵州省赤水河流域水污染防治生态补偿暂行办法》（黔府办函〔2014〕48 号）明确规定："赤水河流域生态补偿实施双向补偿，以水量与水质为补偿标准，并对生态补偿资金的缴纳、分配和监督按照政府统一监管的原则进一步落实。"办法的主要内容包括：①生态补偿标准的计算：以赤水河在毕节市和遵义市跨界断面（清池断面）水质监测结果为考核依据，断面水质监测指标为高锰酸盐指数、氨氮、总磷，执行标准为《地表水环境质量标准（GB 3838—2002）》，污染物超标补偿标准为高锰酸钾指数 0.1 万元/t、氨氮 0.7 万元/t、总磷 1 万元/t；②考核主体：省环境保护厅负责考核断面水质监测、省水利厅负责考核断面水量监测，并及时将水量数据通报省环境保护厅，对出境考核断面水质和水量实施自动监测，取月平均值作为生态补偿资金的计算依据；③补偿资金管理：生态补偿资金实行按月核算、按季通报、按年缴纳。截至 2016 年 2 月，上游毕节地区政府 2015 年收到下游遵义地区政府 1 450 万元的补偿金，收到茅台集团 5 000 万元的补偿金。

（3）进一步探讨跨界生态补偿机制意义重大。当前贵州省赤水河流域生态补偿机制仅简单探讨了生态补偿机制建立的社会基础、法律基础及其意义，但并未涉及生态补偿标准如何测算、补偿资金如何分摊及补偿模式比较等的多样化研究，尤其是补偿标准及补偿分配的研究与实践，只是从整体上制定了较为粗糙的框架，借用了其他流域普遍采用的关键污染因子超标赔偿法。补偿资金的收集和管理等只在《贵州省赤水河流域水污染防治生态补偿暂行办法》中简单提及，如何分配并未有论述。因此其补偿效果自实施以来并不理想。

本章节主要以贵州省赤水河流域为研究对象，以流域污染治理成本、生态保护成本以及生态系统服务价值为基础理论，探讨贵州省赤水河流域生态补偿标准、生态补偿资金分配、生态补偿模式等。

赤水河在贵州省境内主要经过贵州省毕节地区的七星关区、大方县、金沙县；遵义市所属的仁怀县市、习水县、桐梓县、遵义县、赤水市。8 个县市作为调查目标区域，具体流域行政区划见图 7-1，生态补偿标准核算的主要依据是上游毕节地区外溢成本及生态系统服务价值，以及上下游地区经济发展的差异，有关上游毕节地区的流域行政区划见表 7-1。

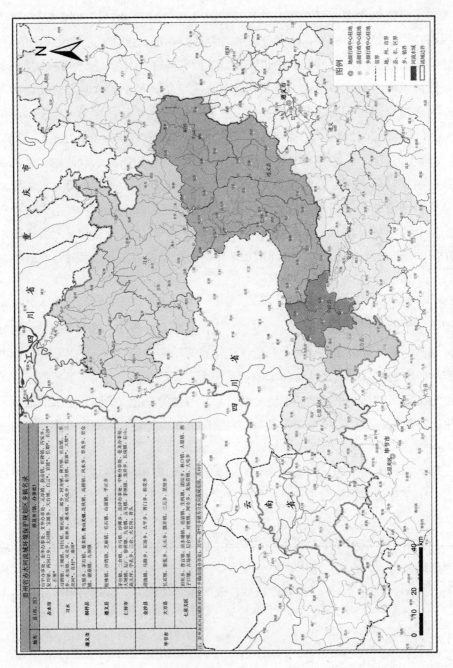

图 7-1 贵州省赤水河流域环境保护区划

表 7-1　2013 年贵州省赤水河流域上游行政区划及流域基本信息统计

县（区）	乡镇名称	乡镇数量	干流/支流	流域面积/km²	流域人口/人	人均流域面积/m²
七星关区	田坎乡、普宜镇、清水铺镇、亮岩镇、生机镇、团结乡、林口镇、大银镇、燕子口镇、吉场镇、层台镇、对坡镇、阿市乡、龙场营镇、大屯乡	15	干流	1 441.7	487 583	2.957
大方县	长石镇、果瓦乡、大山乡、瓢井镇、三元乡、星宿乡	6	6 条支流	807	152 167	5.303
金沙县	清池镇、石场乡、太平乡、菁门乡、桂花乡、马路乡	6	干流、二道河（界河）、9 条支流	683	107 408	6.359

数据来源：《赤水河流域环境保护规划（2013—2020）》、"'2014 年贵州环保行'检查活动"（引自多彩贵州网）、赤水河流域水系图、各地水文条件统计数据等。

7.3　赤水河流域水污染防治生态成本研究

7.3.1　赤水河流域排放现状研究

（1）工业污染源调查。赤水河流域酿酒、煤矿等主要工业企业近 2 000 家，本书中，工业源共有 1 225 家，总废水排放量为 983 万 t/a，COD 外排量为 1.2 万 t/a，氨氮外排量为 255t/a（表 7-2），所涉及的全部工业源废水均排入地表水体。

（2）城镇生活污染源调查。根据《第一次全国污染源普查城镇生活源产排污系数手册》以及《贵州省"十二五"减排计划》，引用其中的源强系数和源强影响参数，对城镇生活污染源排放量进行计算。在该手册中，赤水河流域内遵义地区属于四类，生活污水排放量为 125L/（人·d），COD 排放量为 50 g/（人·d），氨氮为 7.8 g/（人·d）；毕节地区属于四区五类，生活污水产生量为 120 L/（人·d），COD 排放量为 45 g/（人·d），氨氮为 7.3 g/（人·d）。赤水河流域城镇人口主要居住在县市级地区及建制镇，对于其他乡级地区，因城镇人口较少，故作为农村生活污染源调查。

表 7-2　工业污染源调查汇总

行政区	废水排放量/10^4 t	COD 排放量/t	氨氮排放量/t
七星关区	9.55	16.333	2
大方县	10.50	23.67	0.632
金沙县	1.52	6.66	0.67
遵义县	110.00	330	2.4
仁怀市	46.89	6 305.64	74.4
桐梓县	251.32	107.12	4.578
习水县	357.16	3 316.9	34.527
赤水市	196.28	1 596.2	136.09
总计	983.24	11 702.53	255.30

注：根据流域范围内各县市 2012 年环境统计数据统计。

根据流域现有污水处理能力，对于有污水处理的城市，按照处理率为 70%计算，计算得出：流域城镇生活污水总排放量约为 2 104 万 t/a，COD 总排放量为 3 290 t/a，氨氮排放量为 505 t/a（表 7-3）。

表 7-3　城镇生活污染源调查汇总

行政区	城镇人口	污水量/10^4t	COD/t	氨氮/t
七星关区	11 936	55.30	147.23	23.40
大方县	3 141	14.55	38.74	6.16
金沙县	13 115	60.76	161.76	25.71
遵义县	7 481	36.10	102.53	15.67
仁怀市	139 102	671.30	700.83	107.12
桐梓县	75 800	365.81	403.14	61.62
习水县	85 436	412.31	845.45	129.23
赤水市	101 091	487.87	890.32	136.09
总计	437 102	2 104.00	3 290.00	505.00

注：城镇人口根据流域范围内 100 个乡镇 2012 年人口统计数据。

数据来源：各县市 2012 年统计年鉴。

（3）农村生活污染源调查。农村生活污染源主要指农村的污染物排放，指人们在饮食、洗涤、烹饪、清洁卫生等过程中产生的污水，也包括人粪尿。一般根据农村人口数，确定排污系数，采用排污系数法对农村生活污染源污染物排放量进行估算。

根据《第一次全国污染源普查城镇生活源产排污系数手册》，农村生活污染源调查过程中采用以下参数：①农村人口人均用水量为 100 L/（d·人）；②农村污水排放系数为 0.8；③COD 产生量为 20 g/（d·人），氨氮为 2.4 g/（d·人）；④猪 COD 产生量为 50 g/（d·头），氨氮为 10 g/（d·头）。

由于赤水河流域农村大多数用茎秆、秧青等投放在猪、牛、羊等牲口圈内与畜粪尿混合制成圈肥，圈内堆置 1~2 个月（有的达一年）后取出作为水稻、玉米等的作物基肥，因此可视为畜禽养殖中以废渣回收方式处理的污染源，故将只按 12%计算污染物的流失量。计算结果见表 7-4。流域农村污水和畜禽散养产生的 COD 为 53.59 万 t/a，氨氮为 2.81 万 t/a。

表 7-4　农村生活污染源调查汇总

行政区	农村人口	畜群散养（猪）/头	产生量/t		排放量/t	
			COD	氨氮	COD	氨氮
七星关区	475 647	1 568 283	11 638.60	6 062.49	5 098.22	497.97
大方县	149 026	226 234	17 376.74	944.99	1 322.45	142.27
金沙县	94 293	409 822	30 195.52	1 557.96	1 113.24	103.85
遵义县	172 140	682 691	50 410.37	2 608.48	1 964.44	186.19
仁怀市	530 947	1 253 139	94 101.92	4 976.41	5 175.17	530.07
桐梓县	324 031	741 403	55 746.44	2 952.90	3 134.11	322.29
习水县	520 278	2 026 297	149 691.41	7 750.43	5 898.89	560.81
赤水市	21 400	283 880	22 004.48	1 209.78	1 859.45	202.53
总计	2 480 762	7 191 749	535 915.49	28 063.44	25 565.97	2 545.97

注：农村人口、畜群散养数量根据流域范围 100 个乡镇 2012 年人口数据统计。

数据来源：各县市 2012 年年鉴。

（4）农田径流污染源调查。农田地表径流是典型的非点源污染，其对流域水质的影响是巨大的。农田地表径流中的污染物主要来自化肥、农药的施用，农膜的残留和农田地表的植物凋谢死亡所带来的叶片枝丫等，这些物质在降雨过程中随径流流动进入水体，形成非点源污染。根据《全国地表水环境容量核定和总量分配工作方案》附录可以通过对农田进行坡度修正、土壤修正、降水修正等，将普通农田折算成标准农田，再计算标准农田所产生的地表径流污染量。

标准农田：地形为平原地形，种植作物为小麦，土壤类型为土壤，化肥施用量为25～35 kg/（亩·a），降水量在400～800 mm范围内的农田。标准农田源强系数为COD 10 kg/（亩·a），氨氮2 kg/（亩·a）。当其他目标农田条件不适用时，需要对源强系数进行修正。①坡度修正：坡度在25°以下，流失系数为1.0～1.2；25°以上，流失系数为1.2～1.5。②农田类型修正：旱地1.0，水田1.5，其他0.7。③土壤类型修正：根据土壤成分中的黏土和砂土的比例进行分类。土壤为1.0，砂土修正系数为1.0～0.8，黏土修正系数为0.8～0.6。④降雨量修正：年降雨量在400 mm以下的地区流失系数为0.6～1.0，年降雨量在400～800 mm的地区流失系数为1.0～1.2，年降雨量在800 mm以上的地区流失系数为1.2～1.5。

赤水河流域为喀斯特地貌发育，流域落差1 588 m，河谷深切，水流湍急，且属于中亚—南亚热带湿润气候区气候，雨量充沛。根据对该地区多年的水文监测资料统计，该地区多年平均降雨为749～1 286 mm。区域内土壤类型多样，主要为黄壤、黄棕壤、石灰土等，土壤黏性大、组成成分复杂、透水透气性差，因此将该地区的土壤类型归于黏土。依据以上资料及调查出的各区县农药、化肥和地膜使用情况，确定计算中采用的源强修正系数，将各源强修正系数与标准农田源强系数相乘，再乘以各种类型的耕地面积便可得到各地区的农田径流产生的污染物的量。统计结果见表7-5：流域农村径流COD产生量为31 431 t/a，氨氮产生量为6 286 t/a。

表7-5　农田地表径流污染物排放量一览表

行政区	水田/hm²	旱地/hm²		COD/（t/a）	氨氮/（t/a）
		25°以下	25°以上		
七星关区	5 733.35	42 947.84	10 736.96	6 655.46	1 331.09
大方县	1 887.65	14 858.22	3 714.55	2 293.03	458.61
金沙县	2 315.51	18 330.75	4 582.69	2 827.62	565.52
遵义县	841.35	17 250.63	3 044.23	2 357.33	471.47
仁怀市	10 518.50	23 943.50	4 225.32	4·197.65	839.53
桐梓县	6 627.78	17 252.44	3 044.55	2 930.43	586.08
习水县	15 300.73	36 647.88	6 467.27	6 345.82	1 269.17
赤水市	12 042.52	19 964.91	3 532.22	3 824.06	764.81
总计	55 267.39	191 196.18	39 338.39	31 431.39	6 286.27

注：土地利用数据来源各县2009年土地二次调查。

（5）规模化养殖污染源调查。调查规模化养殖污染源包括企业的养殖种类及数量、年用水量及排水量、排污方式、处理工艺。规模化畜禽养殖定义为：猪大于 100 头，或鸡大于 3 000 只，或肉鸡大于 6 000 只，或奶牛大于 20 头，或肉牛大于 40 头。流域现有规模化养殖 121 家，主要为猪养殖。按照畜禽产生的粪便垃圾的 12% 计算污染物流失量。规模化畜禽养殖场按照《畜禽养殖业污染物排放标准》，折合每头猪的 COD 排放量为 17.9 g/(头·d)。计算结果见表 7-6：流域规模化畜禽养殖 COD 产生量为 538 t/a，氨氮产生量为 108 t/a、总磷为 14 t/a。

表 7-6　规模化畜禽养殖污染物排放量一览表　　　　　单位：t/a

行政区	COD	氨氮	总磷
七星关区	10.00	2.01	0.26
大方县	12.06	2.43	0.32
金沙县	13.73	2.76	0.36
遵义县	104.31	20.98	2.74
仁怀市	278.59	56.03	7.31
桐梓县	42.57	8.56	1.12
习水县	54.61	10.98	1.43
赤水市	22.32	4.47	0.58
总计	538.12	108.22	14.13

注：根据流域范围各县 2012 年规模化畜禽养殖数量统计计算。

（6）污染负荷结果分析。最终进入赤水河的污染负荷由各污染源的排放量或流失量乘以入河系数得到。入河系数分别为：工业污染源取 0.9，城镇生活污染源取 0.75，非点源入赤水河系数参照淮河流域非点源入淮河系数 0.35 计。综上所述，赤水河流域水污染中，工业污染源负荷、城镇生活污染源负荷、农村生活污染源负荷、农村径流污染源负荷、规模化养殖污染源负荷汇总如表 7-7 所示。

表 7-7　2012 年赤水河流域入河污染物汇总　　　　　　　　　单位：t

污染源总类	COD	氨氮
工业污染源	10 532.27	229.77
城镇生活污染源	2 467.50	399.00
农村生活污染源	8 948.10	891.10
农田径流污染源	11 001.00	2 200.20
规模化养殖污染源	188.38	37.88
总计	33 136.35	3 757.75

从表 7-7 可以得知，2012 年赤水河流域入河污染物中，COD 总量为 33 136.35 t，氨氮总量为 3 757.75 t，其中 COD 为主要污染物，约占 81.5%。污染源中以农村生活污染源、农田地表径流污染源和工业污染源为主。

7.3.2　赤水河流域主要污染物水环境容量

核算水环境容量是指在给定水域范围和水文条件，规定排污方式和水质目标的前提下，单位时间内该水域的最大允许纳污量。水环境容量的估算及其在各区域之间的分配，是水污染总量控制的基础和核心。

7.3.2.1　水环境容量的计算方法

赤水河流域隶属长江流域，源头水源主要由降水形成，河川径流主要由天然降水补给而成，流域大部分属于宽浅河流，特别是中上游河段，由于全区降水充沛，全流域没有断流现象出现，因此可假定污染物进入水体后瞬间充分混合，可以忽略污染物横向和垂向的浓度梯度。故本次研究默认现状排污口位置位于目标河段起始断面、排污方式不变，并最终确定所有功能区段均采用单因子、一维模型进行正向模拟，考虑到一维模型对流速的保证值要求，对可能出现的低于保证值的流速值进行了适当的修正。

本次研究采用原国家环保总局提供的河道污染物一维稳态衰减微分方程进行水环境容量计算：

$$C = C_0 \cdot \mathrm{e}^{-kx/u} \tag{7.1}$$

式中：C —— 功能区某种污染物的水质标准；

C_0 —— 起始端面的污染物浓度；

x —— 给定混合区长度；

k —— 综合降解系数；

u —— 河段的平均流速。

式中 C_0 可以按照下式计算：

$$C_0 = \frac{QC_1 + qC_2}{Q + q} \tag{7.2}$$

式中：q —— 污水流量；

C_1 —— 上游来水中某种污染物浓度；

C_2 —— 污水中某种污染物浓度；

Q —— 河流流量。

于是：

$$C = \frac{QC_1 + qC_2}{Q + q} e^{-kx/u} \tag{7.3}$$

在给定混合区长度 x 的情况下，当混合区末端的污染物浓度等于水环境标准时，即 $C = C_S$，输入的污染物量即为环境容量：

$$W = qC_2 = (Q + q)C_S e^{kx/u} - QC_1 \tag{7.4}$$

若忽略污水流量 q，则环境容量 W 为：

$$W = QC e^{kx/u} - C_1 Q = Q(C_S e^{kx/u} - C_1) \tag{7.5}$$

此种研究方法的基本原理为：基于目标河段入境水质浓度及默认排污口位于河段开始断面，污染物经过规定长度的混合区降解稀释达标，故计算结果为目标河段理想环境容量。理想环境容量中除去当前目标河段非点源污染物入河量即为当前目标河段实际环境容量。

7.3.2.2　计算参数的确定

（1）设计流量。考虑最不利的流量条件，以赤水河上、中、下游 3 个水文站 2012 年平均月流量作为设计流量，通过原国家环保总局推荐的流域面积比例法对河段进行流量差值计算，计算得到各个河段上、下端点的流量作为计算河段的流量条件，区间采用河段上、下断面流量的差值。

表7-8 2012年赤水河站、茅台站、赤水站流量统计　　　　　　单位：m³/s

月份	赤水河站	茅台站	赤水站
一月	15.7	31.7	65.6
二月	29.9	47.9	85.6
三月	21.7	41.1	97.1
四月	19.8	42	92.9
五月	12.8	26.2	90.8
六月	41.5	87.8	266
七月	29.5	70.4	186
八月	16.7	31.5	61.1
九月	12	22.3	35.3
十月	46.9	105	235
十一月	34.6	63.1	165
十二月	25.2	49.2	123
平均值	25.5	51.5	125.3

数据来源：贵州省水利厅。

（2）河流降解系数。在理想的水环境容量计算过程中，需要确定综合降解系数、入河系数以及污染物初始浓度等参数。为此，本章采用环境保护部推荐的河道水质降解系数参考值，综合考虑贵州省内赤水河流域水质基本情况，以COD和氨氮进行评价，水质多在Ⅰ类和Ⅱ类之间，且各河段设计流量、流速相对稳定，以及赤水河流域能够获得的河道地形的水文、水质数据，因此根据一般河道水质降解系数参考值，本章选定COD的综合降解系数为0.2/d、氨氮的综合降解系数为0.1/d。

（3）混合区长度。污染物进入水体之后，在经过一定长度的混合区域降解稀释后达到相应水质标准。设定混合区长度即要求污染物排入水体之后，在距离排放口设定区域内，经水体自净能力达到相应的水质标准。

结合贵州省水功能区划规定的缓冲区和国内计算环境容量所选取的混合区长度经

验值，以及各目标河段实际长度值，本章混合区长度设定如表 7-9 所示。

表 7-9　赤水河流域各行政区混合长度
单位：m

行政区	七星关	大方县	金沙县	遵义县	仁怀市	桐梓县	习水县	赤水市
混合区长度	35	10	20	10	40	20	30	50

数据来源：赤水河流域概况（贵州省环保厅）。

（4）河道平均宽度和水深。经实地调研测量，赤水河上游即茅台镇断面以上，平均水深 0.8 m，平均河道宽度 8 m，赤水河中下游即茅台镇断面以下，平均水深 1.5 m，平均河道宽度 15 m。

（5）本底浓度。C_0 是计算河段计算因子的初始浓度，其取值应该是计算河段中上断面的污染物浓度。本次研究中，上游河段环境容量计算的初始浓度选取赤水河入境监测断面即清水浦水质监测数据，下游河段初始浓度选取每个行政区的入境水质数据，分别计算其环境容量。

（6）水质目标值。水质目标值一般是该水环境功能区划所规定的水质标准。根据贵州省水功能区划要求：赤水河上游即茅台镇断面以上地表水达到 II 类水质标准，即清水浦断面、清池断面、黄岐坳断面、小河口断面采用 II 类水质标准，中下游达到 III 类水质标准，即茅台断面、两河口断面、九龙屯断面、复兴断面和鲢鱼溪断面采用 III 类水质标准。II 类水质标准：COD 为 15 mg/L，氨氮为 0.5 mg/L；III 类水质标准：COD 为 20 mg/L，氨氮为 1 mg/L。

（7）目标河段入境水质。本章中，初始浓度断面选取入境断面，全面反映进入目标水域的水质状况。此外，断面位置所属的河应流速适中，河面宽阔，远离污染物排放口，且无回水和死水现象。若监测断面出境水质超过相应规定水质标准，则该河段不达标，已无环境容量。

赤水河流域环境容量计算中，入境水质及河道长度数据见表 7-10。

（8）污染物非点源入河量。污染物非点源入河量统计包括农村生活污染源调查、农田地表径流污染源调查。根据国内计算污染物入河量经验值，本章污染物非点源入河量设定为 0.2。

165

表 7-10　2012 年赤水河流域各行政区入境水质

行政区	监测断面	水质数据	
		COD/（mg/L）	氨氮/（mg/L）
七星关区	清水浦	5.88	0.46
大方县	三岔河	5.00	0.07
金沙县	清池	4.97	0.35
遵义县	黄岐坳	5.00	0.46
仁怀市	茅台镇	5.00	0.43
桐梓县	龙爪	11.00	0.56
习水县	两河口	13.00	0.06
赤水市	复兴	13.62	0.46

数据来源：贵州省赤水河流域环境保护规划。

7.3.2.3　赤水河流域水环境容量计算结果

以赤水河流域毕节河段为例，流域平均水深 0.8 m，平均河道宽度 8 m，河道平均流量 25.5 m³/s，降解系数 $k=0.1\text{d}^{-1}$，混合区长度 35 km，上游来水水质中 COD 浓度为：5.88 mg/L，目标水质标准 Ⅱ 类水，C_S（COD）为 15 mg/L。

河段平均流速：$u=\dfrac{25.5}{0.8\times8}=1.8$ m/s $=344.25$ km/d

环境容量 W 为：

$$
\begin{aligned}
W &= QC\mathrm{e}^{kx/u}-C_1Q=Q(C_S\mathrm{e}^{kx/u}-C_1) \\
&= 25.5\times86\,400(15\mathrm{e}^{0.1\times35/344.25}-5.88) \\
&= 2\,043\,2246 \text{ g/d} \\
&= 7\,458 \text{ t/a}
\end{aligned}
$$

根据式（7.5），以 COD、氨氮作为环境容量计算的控制因子，计算赤水河流域污染物容量，结果如表 7-11 所示。

表 7-11　赤水河流域分河段污染物容量　　　　　　　　单位：t/a

行政区	COD	氨氮
七星关区	7 458	350
大方县	3 914	208
金沙县	8 042	356
遵义县	1 821	98
仁怀市	15 062	563
桐梓县	6 138	323
习水县	13 213	404
赤水市	17 498	596
总计	73 146	2 898

从表 7-11 可知，赤水河流域 COD 的总水环境容量为 73 146 t/a，氨氮的总水环境容量为 2 898 t/a。

7.3.3　水污染防治成本核算

赤水河上游受限地区为保护赤水河流域生态环境，牺牲发展权，投入大量人力、物力、财力，以加大污染物处置力度，保护赤水河水质，为下游预留较大的环境容量。而本次研究并未根据上游地区的各项生态环境方面的投入来核算生态环境保护成本，而是根据这些环境保护行为实际达到的效果来核算，即以上游受限地区为下游所预留出来的剩余环境容量价值来核算生态环境保护成本。

此种核算方法能够避免传统生态成本核算数据过大，不容易实施等问题，且该方法以环境污染治理成本为依据，实际监测数据为准绳建立起来的，具有较强的说服力和权威性，极大地促进补偿资金落实到位。由前文计算可知，2012 年赤水河上游受限地区以及桐梓县总计为中、下游地区留出环境容量为：COD 26 653 t/a，氨氮 871 t/a。以当前市场处理每吨 COD 和氨氮的价格（4 000 元/t 和 20 000 元/t）进行核算，即赤水河上游及桐梓县预留环境容量价值为 1.24 亿元。

7.4 赤水河流域生态补偿标准核算研究

7.4.1 基于水质水量修正模型的生态保护总成本

生态保护总成本包括直接成本和机会成本两部分。直接成本是指除了对恢复已破坏的生态与环境的投入之外，还包括对未破坏的生态与环境进行污染预防和保护所支出的一部分费用，这两部分即为直接成本；对因环境保护而丧失发展机会的区域内的居民进行的资金、技术、实物上的补偿以及政策上的优惠和为增进保护意识、提高环境保护水平而进行的科研、教育费用的支出即为机会成本。

根据流域上、下游出境水质的要求不同，考虑跨界断面的水量、水质因素，建立生态保护投入补偿模型，通过判断实际水质是否达到跨界断面的考核标准，计算上、下游之间的补偿量或赔偿量[2-4]。

7.4.1.1 直接成本的核算

（1）核算依据。毕节市人民政府办公室印发了《赤水河流域环境专项整治工作方案的通知》（毕府办通〔2012〕175 号），制定了《毕节市人民政府关于贯彻落实贵州省赤水河流域保护条例工作方案》和《关于贯彻落实〈贵州省赤水河流域环境保护规划（2013—2020 年）〉工作实施方案》等，进一步落实了赤水河流域环境保护建设的任务，确认了上游七星关区、金沙县、大方县政府、环境保护部门的主体责任和工作要求。上述方案和规划中列出了具体的生态建设与保护任务，包含流域水污染治理项目、乡镇生活污染防治项目、流域监测能力建设项目、流域环境综合治理项目、生活垃圾及畜禽养殖污染治理等八大类工程（项目）的明细与投入等，以此作为直接成本核算的依据（表 7-12）。

（2）核算方法及步骤。

- 数据收集，应用多元线性统计回归方法，整理、归类自 2013 年实施流域保护以来，由省级财政及地方政府共同投资的赤水河流域生态保护与建设专项资金表（根据收集到的数据确定了统计时间范围：2013—2017 年）。

- 筛选并计算地方政府［市（县）政府、环保局、住建局等］因赤水河流域的保护而独立出资的部分（已去除上游地区非赤水河的环保任务）。

- 用资料验证法及统计学方法验证数据的可靠性和相关性。
- 动态核算法：即考虑项目投资期的长短，按资金的时间价值规律将直接成本折现至 2013 年（基准年）（因 2013 年为实施保护起始年），得到年生态保护直接成本，单位：万元/a。

根据表 7-12 制作表 7-13 和表 7-14。表 7-13 直观反映各地区 2013—2017 年 5 年间按年份投入的直接保护成本；表 7-14 按地区分别列项，反映各地区差别化的生态保护项目个数及自筹资金额度大小；表 7-14 未考虑时间因子对资金机会成本的影响，仅作为动态核算法的基础数据，不是直接成本的最终结果。

表 7-12　赤水河流域上游生态保护直接成本类型与核算指标

成本类型	指标	解释
流域生态保护与建设（DC₁）	监管能力建设投入	流域上游地区水量、水质监测的投入，主要包括：建设水质、水量监测站点和购买仪器设备等的投入；水质、水量监测站点的运行和维护等费用（本书未统计到）
	流域水土流失治理投入	流域上游毕节地区进行的重点水土流失治理示范区项目建设和运行成本
	流域建设专项投入	流域上游炼硫区废弃场污染治理及生态修复；煤矿山及非煤矿山生态保护和环境综合治理等工程或项目的投入
水环境保护与治理（DC₂）	污水处理厂及配套管网工程投入	流域内集镇的污水集中收集费用；污水处理厂及配套管网建设费用
	污水处理设施改造升级投入	污水处理设施（含管网配套）改造升级项目投入费用
	畜禽养殖污染治理投入	流域上游地区农村面源污染治理的投入，主要包括：畜禽养殖的污染物收集处理的费用，沼气设施建设费用，面源污染治理工程措施的投入，改变农业耕作方式和减少农药化肥施用量发生的相应费用等
	垃圾收运、填埋设施工程投入	设施及其配套设施的建设、运行维护费用；垃圾处理设施的建设、运行和维护费用
流域环境综合整治（DC₃）	城镇生活污水/工业废水治理投入	流域上游地区沿岸 500 m 内陆地点源污染治理的投入，主要包括：城镇生活污水和工业废水的处理费用、污水处理厂运行费用补贴
	小流域综合治理投入	对流域内垃圾进行清理；规范河道、整治河道淤积；炼硫区植被恢复工程等投入费用
	流域内农村环境综合整治投入	实施流域上游地区农村环境综合整治的费用，包括：配备农村垃圾收运监测、环境监察设备；加强公共服务设施建设，减少农村生活垃圾对水环境的影响
	集中水源地治理投入	

表7-13　2013—2017年贵州省赤水河流域上游流域各区县按年统计的直接成本

单位：万元

指标	七星关区					大方县					金沙县				
	2013年	2014年	2015年	2016年	2017年	2013年	2014年	2015年	2016年	2017年	2013年	2014年	2015年	2016年	2017年
流域监管能力建设		100													
污水处理厂及配套管网工程		509.39	723.65			514		755				432	403.68		
污水处理设施（含管网配套）改造升级项目		2 580.1													
城镇生活污水/工业废水治理		3 661.8	4 110	2 458	1 747	311	307	1 465.5			132			579	
小流域综合治理	505					320					1 194				
流域内农村环境综合整治						1 756.62	23					240			
集中水源地治理													70		
畜禽养殖污染治理		109.88		54.28	12										33
垃圾收运、填埋及无害化处置设施建设	5 377.4												240	320	
流域生态保护与建设专项				256	256										324

指标	七星关区					大方县					金沙县				
	2013年	2014年	2015年	2016年	2017年	2013年	2014年	2015年	2016年	2017年	2013年	2014年	2015年	2016年	2017年
流域水土流失治理	1 243.07				1 667.09										
合计	7 125.47	6 961.17	4 833.65	2 768.28	3 682.09	2 901.62	330	2 309.3	0	0	1 326	672	713.68	899	357

注：具体核算指标所包含的项目名称、投入资金及年份、解决的环境问题等数据见附录1：直接成本统计核算表。

表7-14　2013—2017年贵州省赤水河流域上游接区（县）直接成本项目汇总

区（县）	流域监管能力建设		生活污水治理项目		环境综合整治项目		畜禽养殖治理项目		垃圾转运处置系统建设		流域生态保护建设专项		流域水土流失治理项目		合计	
	项目数/个	自筹资金/万元	项目数/个	自筹资金/万元	项目数/个	自筹资金/万元	项目数/个	自筹资金/万元	项目数/个	自筹资金/万元	项目数/个	自筹资金/万元	项目数/个	自筹资金/万元	项目数/个	自筹资金/万元
七星关区	1	100	7	3 813.14	15	12 481.8	6	176.16	8	5 377.4	2	512	2	2 910.16	41	25 370.66
金沙县	1	0	3	835.68	12	2 215	2	33	3	560	1	324	0	0	22	3 967.68
大方县	1	0	3	1 269	9	4 183.12	0	0	6	588.8	0	0	0	0	19	6 040.92
总计															82	35 379.26

（3）基于动态核算法的直接成本。流域生态补偿不仅仅是个静态、一次性补偿问题，更是一个动态、连续投入的问题。因此，本研究提出基于现金流视角的年度补偿额测算，首先明确产值损失等于销售收入的综合成本，其次，由于生态建设项目和机会成本损失都是在一定时期内持续多年的，在此期间发生的效益和成本都要进行估算，动态核算法的表达公式为：

$$DC = \sum_{i=1}^{n} \frac{R_i}{(1+r)^T} \qquad (7.6)$$

式中：DC —— 生态保护直接成本；

　　　R —— 未来直接成本投入额；

　　　r —— 投资回报率（贴现率可查）；

　　　T —— 投资年与基准年之差。

将表 7-14 中各区（县）不同年份的投入资金代入式（7.6），以 2013 年为基准年进行动态核算，结果即为各地区 2013—2017 年 5 年间对赤水河流域的生态保护直接成本（表 7-15）。

表 7-15　上游各区（县）生态保护直接成本（DC）动态核算结果　　单位：万元

区（县）	2013 年	2014 年	2015 年	2016 年	2017 年	5 年合计	成本/（万元/a）
七星关区	7 125.47	6 742.05	4 534.35	2 516.62	3 240.13	23 798.62	4 759.72
金沙县	1 326	'651	669.49	817	314	3 777.49	755.50
大方县	2 901.62	319	2 635.1	0	0	5 855.72	1 171.14
总　　计						33 431.83	6 686.37

注：动态核算法以 2013 年可比价为计算基准，将每年的投入进行折现后列表；5 年总投入为 5 年直接成本之和，年成本为总成本的算术平均值。

上游地区 2013—2017 年生态保护直接成本 DC=33 431.83 万元，年直接成本为6 686.37 万元。

7.4.1.2　机会成本的核算

（1）核算依据。自条例及规划实施以来，流域沿岸乡镇严把建设项目环境准入关，坚决淘汰环保设施落后、产能过剩的产业。尤其是针对茅台镇取水口以上的毕节地区，严格实施环保政策，要求扩能、上环保设施的期限短、速度过快的企业在采矿权有效期内不得不兼并重组后关停，或直接停止建设。这一系列流域保护行为的代价就是上游地区企业主体的产值损失、地方财政收入的减少以及其他机会成本的发生。本书就 76 家因保护停建或关停的企业项目明细、产值损失予以统计，统计术语及四类机会成本核算的具体依据见附录 3。

白酒产业的限制依据。金沙县清池镇与七星关区八寨镇都位于赤水河上游，气候、土壤十分适合酿酒、微生物生态环境相似于国酒之乡茅台镇，发展酿酒工业具有得天独厚的优势。镇党委、镇政府本预计在"十二五"期间着力招商引资打造毕节酿造园区，但 2013 年下半年为落实《规划》，保护下游白酒产业品牌，清池镇、八寨镇被列为生态环境保护区，且已投入前期费用的 4 家酒厂被强制关停，投入费用化为乌有，这一直接经济损失应纳入产业限制发展机会成本中。

煤炭开采业限制发展的依据。白赤水河被列为毕节市重点保护流域，且实施各项流域保护措施以来，赤水河上游重要水源涵养区被列为限制开采区，具体限采政策包括：①限制开采区内严格准入条件（准入条件见表 7-16），生产矿山未达到该区开采规划准入条件的，责令限期整改，到期仍达不到要求的，依法注销采矿许可证。该条件迫使赤水河所经的 3 个区（县）2013 年前已存在的煤炭开采企业（项目）（生产能力小于 30 万 t/a，而且扩能资金不足的）关停退出，部分将其未到期的采矿权在市场低迷时期按低价转让给大中型煤矿，或被兼并重组而暂时性关闭。这一系列整顿活动都发生了直接或间接的经济损失，作为机会成本在本书中予以统计。②在限采区内原则上不再设置新的矿权，在规划期内确需设置采矿权的，须由相关部门组织具有资质的评估机构进行评估和论证，确认可以设置的方可设置。由于此条件的限制，毕节地区赤水河流域内富含煤矿、灰岩等优势矿产资源的乡镇近 3 年（2013 年 6 月—2016 年 2 月）内未再设置任何新的采矿权，致使丰富的煤炭等矿产资源、具备酿酒微生物环境的水资源等都因闲置、限制开采而蒙受了经济损失，包括地方财政收入损失、就业量损失、企业利润损失等。③开发应选取有利于生态环境保护的工期、区域和方式，把开发活动对生态环境的破坏减少到最低限度。针对赤水河重点流域水质需达 II 类水质标准，因此必须加快其沿岸工业企业尤其是煤炭开采、硫精砂洗选行业的水污染治理工作，对原有老工业污染源进行治理或关停；新建项目实行从严把关，在大方县境内赤水河干流内禁止新建化工、煤矿洗选和其他重污染企业；一级支流禁止新建有废水排放的化工、煤矿洗选和其他重污染企业；二级和二级以上支流从严审批新建工业企业。硫精砂洗选行业尾矿库必须进行防渗处理。这一规定增加了企业运营成本，在本就萧条的市场条件下不得不关停，发生了机会成本。

建筑用灰岩、页岩矿等其他矿石开采限制发展的依据。特别针对金沙县富矿（商业性砂石、页岩矿）开采企业实行了总量控制政策（具体按表 7-17 执行）：原有部分砂石厂因开采影响乡镇建设、公路、环境和居民点安全的，一律取缔，对相距 3 km 范围内的砂石场，原则上实行整合，联合开采。根据以上规定，金沙县涉及赤水河流域的砂石、页岩矿开采企业要么按条件整合，要么在 2014 年之前关停，也发生了机会成本（直接、间接经济损失）。

畜禽养殖业限制发展的依据。作为毕节地区重要的地表水体功能区，赤水河流域干流两岸 500 m 内陆域，自《赤水河保护规划 2013—2020》实施以来，已按照《七星关区、大方县畜禽养殖禁（限）养区划分方案》的要求被划定为畜禽养殖禁养区：在禁养区，严禁新建、扩建各类畜禽养殖场。禁养区内现有的畜禽养殖场污染物的排放要符合《畜禽养殖污染物排放标准》的要求，并限期于 2014 年 12 月 31 日前实现关停、转产或搬迁。由此可见，赤水河流域上游所经乡镇的畜禽养殖业受到了严格地限制，产生了一定的机会成本；另外，已建成畜禽养殖场的业主需投资建设可达标处置畜禽废弃污染物的环保处理设施，并投入环保运行费用，从而增加了运营成本，使本就薄弱的养殖经济大大受限，产生了直接经济损失。

表 7-16　毕节地区赤水河流域主要矿产开发准入条件

矿种	开采规模	服务年限	地质勘查程度
煤矿	≥30 万 t	≥25a	勘探
铁矿	≥6 万 t	≥10a	详查
水泥用灰岩	≥30 万 t	≥10a	详查
建筑用砂石、砖用页岩矿	≥2 万 t	≥3a	普查

表 7-17　金沙县赤水河流域各乡镇砂石矿、页岩矿总量控制

乡镇	砂石矿/个	产量/万 t	页岩矿/个	产量/万 t
清池镇	5	40	2	15
箐门乡	0	0	0	0
桂花乡	1	2	0	0
大田乡	0	0	0	0
马路乡	2	4	0	0
石场乡	0	0	0	0

（2）机会成本类型及指标。结合前文有关 3 县（区）各自资源特征及产业现状的特征，以及实地调研后对赤水河流域上游受到限制的产业的了解，将机会成本类型分为两大类，共 4 个指标（表 7-18）。

表 7-18　机会成本类型与核算指标

成本类型	指标	解释
限制第一产业发展机会成本	畜禽养殖业受限产值损失（$L_{畜禽}$）	流域上游部分乡镇猪、牛肉禽养殖业因赤水河保护关停而蒙受的直接与间接经济损失，即养殖场因政策性关闭而牺牲的最大化肉禽销售利润
限制第二产业发展机会成本	煤炭开采业受限产值损失（$L_{煤矿}$）	流域上游部分乡镇原煤（无烟煤）开采、加工及销售行业因赤水河保护关停、兼并重组而蒙受的直接与间接经济损失，即煤炭企业因保护而永久性关闭所牺牲的煤炭资源销售利润及因从严保护而暂时性关闭的产值损失
	其他优势矿产产业受限产值损失（$L_{其他矿石}$）	流域上游部分乡镇具有的优势性矿产资源，包括建筑石料用砂石/灰岩/页岩、硫铁矿、砂石开采及加工业因赤水河保护关停而牺牲的最大化销售利润
	白酒业受限产值损失（$L_{白酒}$）	流域上游部分乡镇白酒酿造企业，因赤水河流域的保护而被叫停，为此承受的前期建设费用损失

综上所述，本章所计算的上游毕节地区机会成本 L_{oc} 是指七星关区、金沙县、大方县 3 个地区 4 类产业发展受到限制的发展机会成本之和。分别将 3 个地区的机会成本赋予一定内涵，计算公式如式（7.7）所示。其中七星关区机会成本 $L_{七星关}$ 指的是：煤矿、大理石、硫铁矿三类矿产资源开发利用企业（项目）、白酒酿造企业因赤水河流域的保护受到限制、关停退出等产生的直接经济损失与间接经济损失之和；金沙县机会成本 $L_{金沙县}$ 指的是：煤矿、灰岩两类矿产资源开发企业（项目）、白酒酿造业因赤水河流域的保护受到限制、关停退出等产生的直接经济损失与间接经济损失之和；大方县机会成本 $L_{大方县}$ 指的是：大方县优势煤炭矿产资源开发企业（项目）因赤水河流域的保护受到开采限制以及因环境、市场准入条件变高而限产关停等产生的直接经济损失与间接经济损失（$L_{煤矿}$）与大方县特色肉禽养殖类企业（项目）因赤水河流域保护而增加污染治理费用或关停退出等产生的直接经济损失与间接经济损失（$L_{养殖}$）两者之和。即

$$L_{oc}=L_{煤矿}+L_{其他矿石}+L_{白酒}+L_{养殖}$$

$$=L_{七星关}+L_{大方县}+L_{金沙县} \tag{7.7}$$

（3）数据统计与分析。采用数据库资料搜集与实地调研所获数据相互核准的统计方法，统计因赤水河流域生态环境保护而实施严格的市场准入条件、安全生产条件等使得原有矿产资源项目（企业）变更、暂时性关闭（包括兼并重组、采矿权转让）与永久性退出（关停）的项目基本信息。将2013—2016年上游毕节地区关停、限产的煤炭矿产资源开采项目、其他优势矿产资源（灰岩/页岩、砂石、硫铁矿）开采加工项目、白酒生产项目、畜禽养殖项目等4类机会成本计算的载体经营状况统计见附录2，重点是统计该采矿点的可采资源储量、采矿期年限、变更原因及年生产量等数据。

（4）计算方法。本书选择"市场价格法"对赤水河流域矿产资源、酿酒资源因闲置、限制开发等产生的直接产值损失和机会成本进行估价，计算公式为

产值损失（万元）≈含税利润损失（万元）

=销售收入-综合性成本

=销售收入-（生产成本+经营成本） （7.8）

需阐明的是：因采矿权转让而暂时性关闭项目（企业）发生的机会成本忽略不计。由于转让本身并不会引起企业经济损失，一般采矿权转让时被受让方给予按市价估算的经济补偿和政府为鼓励兼并重组发放的奖励资金，且转让前并不强制企业停产整顿。但为了便于兼并工作，通常会提前半年停产交接，进入暂时性关闭状态。根据煤炭市价持续走低的形势（自2012年起煤炭价格大幅下滑），2013—2016年的转让必然存在经济亏损。但因关闭时长、价格变动及其他因素均无法确定，所以其蒙受的直接经济损失、政府税收损失、就业损失等无法计量，且数额相对于煤炭资源浪费产生的机会成本较小，因此，本书计算时忽略该部分机会成本。且因关停并转都是始于2013年且产值损失是连续发生的，因此，本书以2013年为计算基准年，计算时按贵州省煤炭产品2013年销售出口含税价格、当年生产性综合成本对不同规模企业的产值亏损进行估算，会计简表见表7-19。另外，2013年贵州省畜禽养殖业生产经营成本—利润会计简表见表7-20。

表 7-19　2013 年贵州省煤矿/硫铁矿/灰岩/页岩矿矿业生产经营企业成本—利润会计简表

产品类型	企业生产规模/（万 t/a）	综合性生产成本（含资源成本和建矿成本）/（元/t）	2013 年销售出口平均价格/（元/t）	含税利润=年产值/（元/t）
煤矿	9	200	720	520
	15	300		420
	30	450		270
硫铁矿	0.1～0.4	205	420	215
建筑石料用灰岩矿	10	14.7	19	4.3
砖瓦用页岩矿	3～5	41.4	69.8	28.4

注：①因该类数据资料涉及各家生产性企业的财务隐私，因此本书按核算年份 2013 年的平均销售价格估算卖家，并根据不同生产规模的企业生产成本列表，最终估算出当年含税利润值，即产值损失。

②本表采用的数据是 2013 年财务数据，开采及粗加工生产成本为 200～450 元/t，包括资源费（5%）、用地建设费（9.3%）、采掘费（17%）以及其他费用（设备、材料、人工、安全、环保、维修等）。

③2003—2013 年的年均通货膨胀率为 7%。

表 7-20　2013 年贵州省畜禽养殖业生产经营成本—利润会计简表

产品类型	养殖规模		综合性生产成本（含繁殖、喂养成本）		2013 年销售出口平均价格		含税利润=年产值	
	头/a	t/a	元/头	元/t	元/头	元/t	元/头	元/t
肉猪（100 kg/头）	150～300	1.5～3	950	9 500	1 600	16 000	55	5 500
肉牛（350 kg/头）	50～100	1.8～3.5	2 975	8 500	5 775	16 500	2 800	8 000

（5）计算结果。

限制煤矿开采产业发展机会成本（$L_{煤矿}$）：七星关区：规模 9 万 t/a 的企业 3 家、15 万 t/a 的企业 3 家，合计损失产值 520×9×3+420×15×3=32 940（万元/a）（2013 年可比价），即 $L_{煤矿(a)}$=32 940 万元/a；金沙县：规模 9 万 t/a 的企业 1 家、30 万 t/a 的企业 1 家，合计损失产值 520×9+270×30=12 780 万元/a（2013 年可比价），即 $L_{煤矿(b)}$=12 780（万元/a）；大方县：规模 9 万 t/a 的企业 2 家、15 万 t/a 的企业 2 家，合计损失产值 520×9×2+420×15×2=21 960（万元/a）（2013 年可比价），即 $L_{煤矿(c)}$=21 960 万元/a。即

177

$$L_{煤矿}=L_{煤矿(a)}+L_{煤矿(b)}+L_{煤矿(c)}=67\,680\;万元/a$$

限制白酒产业发展机会成本（$L_{白酒}$）：七星关区八寨镇有 1 家白酒生产性企业因生态环境保护、严格的准入条件而被要求停建，截至 2016 年 2 月未统计到复建、生产信息。该酒厂设计生产能力为基酒 10 000 t/a，由于未实际生产，若根据设计产量对机会成本进行估算存在偏差，因此，本书根据统计到的该酒厂的停建前建设投入资金作为直接经济损失纳入损失核算当中，折算至 2013 年的经济损失数额为 3 亿元，即 $L_{白酒(a)}=3$ 亿元/a。金沙县清池镇共有 3 家白酒生产性企业因生态环境保护、严格的准入条件而被要求停建，截至 2016 年 2 月未统计到复建、生产信息。这 3 家酒厂设计生产能力为 3 250 t/a，由于未实际生产，若根据设计产量对机会成本进行估算存在偏差，因此，本书将酒厂停建前建设投入资金作为直接经济损失纳入损失核算当中，折算至 2013 年的经济损失数额为 2 300 万元，即 $L_{白酒(b)}=2\,300$ 万元/a。即

$$L_{白酒}=L_{白酒(a)}+L_{白酒(b)}=32\,300\;万元/a$$

限制其他优势矿产资源开采、生产企业发展机会成本（$L_{其他矿石}$）：七星关区硫铁矿及砖瓦用页岩矿开采企业 2013—2016 年共关停了 18 家富含硫铁矿资源的乡镇硫黄厂，共损失产能 4.65 万 t/a；按照 2013 年市价进行损失估算，合计损失 215×4.65=999.75（万元/a）；七星关区共 6 个富含页岩矿的乡镇的页岩矿开采量受到了总量控制，截至 2016 年 2 月，赤水河流域共关停了 4 家砖瓦用页岩矿开采企业，合计损失产能 16 万 t/a 的页岩矿开采量，折算至 2013 年合计损失产值 28.4×16=454.4（万元/a）。该项目停产年份是 2010 年，按通胀率 7%进行折现，则 $L_{其他矿石(a)}=1\,454.15$（万元/a）。金沙县赤水河流域砂石、页岩矿开采企业因赤水河流域的保护而被控制总量、禁止新设矿权，2013—2016 年共限产、转产矿石厂 6 个，损失产能 60 万 t/a 的灰岩开采加工量。按照 2013 年贵州省建筑石料用灰岩含税利润约为 4.3 元/t 计算，合计损失产值 4.3×60=258（万元/a），即 $L_{其他矿石(b)}=258$（万元/a）。即

$$L_{其他矿石}=L_{其他矿石(a)}+L_{其他矿石(b)}=1\,712.15\;万元/a$$

限制畜禽养殖业发展机会成本（$L_{养殖}$）：赤水河流域上游干流沿岸 500 m 内陆的七星关区部分乡镇、大方县是主要的农业养殖县，两地养殖场只有少数因规模化程度较高

等原因，仅仅被要求增加并定期治理环境污染物处置设施及达标排放污染物，因此投入费用见畜禽养殖污染治理直接成本。但七星关区、大方县共有 9 个乡镇的 12 家肉禽养殖企业因生态环境保护、准入条件严格而关停、退出，截至 2016 年 2 月未统计到复建、生产信息。因关停时间为 2013—2014 年，且计算时按照 2013 年肉猪、肉牛销售均价进行损失估计。2013 年大方县损失肉猪产量 982 头（肉猪按体重 100 kg/头进行计算），合计 9.8 t/a，损失肉牛产量 140 头（肉牛按一周岁成年牛体重 350 kg/头进行计算），合计 4.9 t/a。两者合计损失产值 5 500×9.8+8 000×4.9=93 100（元/a），即 $L_{养殖(b)}$=9.3 万元/a；七星关区 2014 年肉猪产量损失 4 800 头（肉猪按体重 100 kg/头进行计算），合计 48 t/a，合计损失产值 48×5 500=264 000（元/a），按通胀率 7% 进行折算，$L_{养殖(a)}$=24.7 万元/a。即

$$L_{养殖}=L_{养殖(a)}+L_{养殖(b)}=34 \text{ 万元/a}$$

综上可得：

$$L_{oc}=L_{煤矿}+L_{其他矿石}+L_{白酒}+L_{养殖}$$

$$=L_{七星关}+L_{大方县}+L_{金沙县}$$

$$=101\ 726.15 \text{ 万元/a}$$

因此，赤水河流域上游毕节地区年度生态保护总成本（L_{tc}）为 108 412.52 万元/a（2013 年为计算基准年）。计算结果见表 7-21。

表 7-21　贵州省赤水河流域基于生态保护总成本法的年生态补偿标准（2013 年可比价）

行政地区	直接成本 DC		机会成本 L_{oc}/（万元/a）（均已按动态核算法进行核算）				合计
	5 年成本之和/万元	年成本/万元	煤矿业	其他矿石矿业	白酒业	养殖业	
七星关区	23 798.62	4 759.73	32 940	1 454.15	30 000	24.7	69 178.58
大方县	5 855.72	1 171.14	21 960	0	0	9.3	23 140.44
金沙县	3 777.49	755.50	12 780	258	2 300	0	16 093.50
合计	33 431.83	6 686.37	67 680	1 712.15	32 300	34	108 412.52

该结果与流域所涉及乡镇数量及总面积、第二产业比重、特色资源种类及储量等因素成正比例关系；且与产业发展规划中有关产业发展现状、发展优势的现状相符，如大方县境内赤水河属流域支流——二道河，无白酒产业发展潜力；大方县多为农业人口，

畜禽养殖业分散、数量相对较多等。

7.4.1.3 基于水质、水量的生态保护总成本修正模型

上游生态保护区供给给中、下游水资源利用地区的水资源量和水质直接关系到该地区的用水效益，因此本研究在上述生态保护总成本核算的基础上，借鉴刘玉龙等[2]、刘强等[4]等学者的相关研究成果，进一步测算了水量分摊系数 K_{vt} 和水质修正系数 K_{qt}，对已得生态保护总成本加以修正，从而更加合理地测算出下游地区更易接受的生态补偿标准。

（1）水量分摊系数 K_{vt}。结合赤水河流域的水文数据（表 7-22）及相关文献，中、下游遵义地区应当承担的生态总成本应当用水量分摊系数予以修正，即 K_{vt} 为下游地区利用上游地区的水量与上游地区供水总量的比值，且 $0 < K_{vt} < 1$。计算公式为：

$$K_{vt} = W_{下} / W_{上供} = W_{下} / （W_{总} - W_{上使用}） \tag{7.9}$$

式中：K_{vt} —— 水量分摊系数；

$W_{总}$ —— 赤水河流域当年入境总供水量，包括地表及地下水供给量；

$W_{下}$ —— 下游地区利用上游地区的水量；

$W_{上供}$ —— 赤水河流域水资源总供给量减去上游地区使用量及储存量；

$W_{上使用}$ —— 上游地区利用的总水量，包括工业、生态、农业用水、耗水及蓄水等

用途的用水量。

具体计算依据是表 7-13。

将表 7-13 中数据代入式（7.9）得：

$$K_{vt} = 5.684 / （9.005 - 1.416） = 5.684 / 7.589 = 0.749 ≈ 0.75$$

表 7-22　赤水河流域上、下游地区水文水资源量统计表

赤水河流域	流域国土面积/km²	干流全长/km	多年平均径流量/亿 m³	河口多年平均流量/（m³/s）	2013 年供给−使用水量/亿 m³	2013 年人均GDP/美元*
贵州省段	10 700.2	268.4	56.96	309	9.005（供给）	2 483
毕节地区	2 943	98.67	14.28	34.6	1.416（使用）	1 751
遵义地区	7 757.2	169.73	41.95	49.4	5.684（使用）	3 909

注：* 按当年美元兑人民币平均汇率 6.46 计。

数据来源：贵州省赤水河流域生态保护规划（2013—2020）》《遵义市赤水河流域"四河四带"总体规划（2013—2020）、2014 年《毕节市、遵义市水资源公报》（参考地区水务局官方网站）。

（2）水质修正系数。据《贵州赤水河流域水污染防治生态补偿暂行办法》（黔府办函〔2014〕48 号）规定，从 2014 年 4 月起，按照"保护者受益、利用者补偿、污染者受罚"的原则，在毕节市和遵义市之间实施赤水河流域水污染防治双向补偿，即以某考核断面水质是否达标作为补偿的正负性、流向性依据，即：①当上游毕节地区出境断面（清池断面）水质优于 II 类水质标准，下游受益的遵义市应缴纳生态补偿资金，此时修正系数为正，流向性为正向；②当上游毕节地区出境断面水质（清池断面）劣于 II 类水质标准，毕节地区则应缴纳生态补偿资金，此时水质修正系数为负，流向性为负向。

本研究明确的是：上游毕节地区自 2013 年实施保护并建立流域自动监测站以来至 2015 年 3 月前，每月均按照国家标准对流域干流、支流污染物控制状况进行监测，结合毕节地区 2013—2015 年水资源公报及实地调研时由其监测站提供的水质监测报告显示，上游毕节地区连续 27 个月出境断面（清池断面）水质优于 II 类水质标准，即下游受益的遵义市应缴纳生态补偿资金，修正系数 K_{qt} 始终为正，流向性为正向。

本书依据当前《贵州省赤水河流域生态补偿办法》及《赤水河流域河长制考核办法》的实践及上游主要污染源的分析，选取高锰酸盐指数、氨氮、总磷作为水质评价指标，执行标准为《地表水环境质量标准》（GB 3838—2002）II 类。依据该标准，当断面特征污染物指标等于 II 类水质标准时，下游地区只需补偿利用上游水量而分担的成本 $L_{tc} \times K_{vt}$；当断面 3 项指标优于 II 类水质标准时，下游地区除承担 $L_{tc} \times K_{vt}$ 外，还需为享用优于水质标准的水量而对上游地区额外补贴[4]，其中补贴的数额为某污染物低于标准的排放量（P_t）与消减单位该污染物排放量所需的投资（M_t）之积[2]。计算 K_{qt} 时以 2013 年清池断面这 3 项污染物的监测结果为依据（表 7-23）。

计算公式如下：

$$K_{qt} = 1 + \sum_{t=1}^{3} (P_t \times M_t) / (K_{vt} \times L_{tc}) \tag{7.10}$$

式中：K_{qt} —— 水质修正系数；

　　　P_t —— 某污染物低于标准的排放量；

　　　M_t —— 削减单位某污染物排放量的投资；

　　　K_{vt} —— 水量分摊系数，即下游利用上游的水量与上游入境总水量的比值；

　　　L_{tc} —— 生态保护总成本；

　　　t —— 指标代码，$t=1$ 代表高锰酸钾指数，$t=2$ 代表氨氮，$t=3$ 代表总磷。

将表 7-24 中的 P_t、M_t 代入式（7.10），计算得到：

$$K_{qt} = 1 + \sum_{t=1}^{3} (P_t \times M_t) / (K_{vt} \times L_{tc})$$

$$=1+156.8/81\ 309.39$$

$$\approx 1.002$$

表 7-23 2013 年赤水河流域上游出境考核断面（清池断面）3 项特征性污染物监测数据

断面名称	水质规定类别	时间	高锰酸盐指数/（mg/L）	氨氮/（mg/L）	总磷/（mg/L）
清池断面 15	II	1 月 10 日	0.6	0.039	0.01
		2 月 2 日	0.7	0.067	0.012
		3 月 8 日	0.5	0.052	0.043
		4 月 8 日	1.5	0.062	0.049
		5 月 7 日	0.6	0.054	0.012
		6 月 4 日	0.9	0.037	0.015
		7 月 3 日	1.9	0.047	0.025
		8 月 7 日	0.8	0.042	0.014
		9 月 2 日	1.1	0.044	0.026
		10 月 9 日	0.5	0.064	0.043
		11 月 5 日	1.0	0.057	0.022
		12 月 3 日	0.8	0.131	0.01
年平均值			0.908	0.058	0.024

表 7-24 2013 年清池断面水质修正系数相关参数（以 2013 年为计算基准年）

指标	年均排放量/（mg/L）	II 类水质标准/（mg/L）	少排放浓度/（mg/L）	上游出境水量/（亿 m³/a）	P_t/（t/a）	M_t/（元/t）
高锰酸盐指数	0.908	4	3.092	5.684	1 757.5	720
氨氮	0.058	0.5	0.442		240	1 100
总磷	0.024	0.1	0.076		43	900

注：①含高锰酸钾盐指数的废水常用的深度处理方法中，按成本最低的 SBR+深度处理法进行处理成本核实，单位废水高锰酸盐指数综合处理成本为 678～768 元/m³，换算后处置成本平均为 720 元/t；②本书按生物法对可生化性好、NH₃⁺-N 浓度较低的上游废水进行氨氮处理，其去除率可达 98%以上，处理费用在 0.2～2 元/kg，换算后处置成本平均为 1 100 元/t；③按《江苏省太湖流域污水处理单位氨氮、总磷超标排污费收费办法》中对总磷超标收费标准估算处理成本，其当量超标收费标准为 0.9 元/kg，即处置费用推定为 900 元/t。

（3）基于水质、水量修正的生态保护总成本。生态保护总成本应包括因生态保护建设而承担的直接成本和发展权限损失的间接成本，同时要引入水质修正系数和水量分摊系数，得到流域生态保护总成本的年补偿标准计算公式。公式如下：

$$生态补偿标准=修正后的保护总成本=L_{tc} \times K_{vt} \times K_{qt} \tag{7.11}$$

式中：L_{tc} —— 生态保护总成本；

　　　K_{qt} —— 水质修正系数，计算结果为 1.002；

　　　K_{vt} —— 水量分摊系数，计算结果为 0.75。

将式（7.9）、式（7.10）及 L_{tc} 结果代入式（7.11），计算结果见表 7-25。

表 7-25　流域上游各县（区）基于生态保护总成本法的补偿标准核算结果

区（县）	流域范围内总人口数/万人	修正后的总成本/（万元/a）	人均补偿标准/（元/a）
七星关区	48.76	51 987.7	1 066.20
大方县	15.22	17 390.0	1 142.58
金沙县	10.74	12 094.3	1 126.10

生态保护总成本的核算内容明确、核算结果精确，经修正后的成本更加具备可操作性，更易被下游遵义地区接受，因此，本书采用保护总成本作为分配模型的初始值。

7.4.2　基于经济指标法的生态补偿标准

本书所指的经济指标法是以经济社会发展与环境保护相协调为原则，以当前国内学者有关产业机会成本计算的简易方法为参考创新的一种测算生态补偿额度下限的核算方法。大多数学者将跨界流域的上游地区（产业机会成本）大致采用可比地区经济发展水平与受偿地区的发展水平之差（通常以人均 GDP 作为计算指标）进行测算，该计算方法十分简便直观，结果可作为补偿的下限予以参考，但计算的前提是找到与受偿地区人口结构、地理生态环境现状、经济发展初始水平相当的地区作为参照区，赤水河流域受限于各区（县）资源产业特征差异较大且县级以下地区统计水平较差等原因，无法直接选取参照地区进行测算。但是，在"不以贫困为目的的环境保护，不以破坏环境为手段的经济发展"的原则指导下，笔者用国家 2020 年扶贫攻坚、完成脱贫这一战略目标（至 2020 年毕节地区人均 GDP 水平与国内平均小康水平）作为参照，计算毕节地区因保护压力还欠缺的且不得不完成的人均产值作为生态补偿的下限，要求下游地区予以补偿。

7.4.2.1 补偿依据

依据国家全面建成小康社会目标，2020 年，毕节市城镇居民人均可支配收入达到 27 137 元（2012 年可比价）、农村人均纯收入达到 10 855 元（2012 年可比价）。然而，由于毕节市部分地区属于重要生态保护区和国家生态型限制开发区，为了保护当地的生态环境，不允许本地区进行大规模的工业化和城镇化，这在一定程度上限制了地区经济的发展，影响了当地居民收入的提高，需要国家对此项损失进行生态补偿，以期与全国同步进入小康社会。

7.4.2.2 数据整理

因本书选取 2013 年为生态补偿标准计算的基准年，因此，经济指标法计算中，基期选择 2012 年。

2012 年，毕节市城镇人均可支配收入 19 554.64 元，同年全国平均水平为 24 565 元，毕节市仅为全国平均水平的 79.6%，该指标小康实现程度为 72.1%；该地区农村人均纯收入为 4 926 元，与全国差距更大，仅为全国平均水平的 62.2%，小康实现程度也只有 45.4%。

2012 年，七星关区、大方县、金沙县的城镇人均可支配收入是全国平均水平的比重分别为：82.6%、76.1%、91.4%，其小康实现程度分别为：74.8%、68.9%、82.8%。这 3 个区县的农村人均纯收入是全国平均水平的比重为：64.8%、62.4%、72.2%，其小康实现程度分别为 47.3%、45.5%、53%（表 7-26）。

表 7-26　2012 年毕节市及各县区人民收入小康实现程度并与全国差距　　　　单位：元

地区	城镇人均可支配收入			农村人均纯收入		
	现状	与全国差距	小康实现程度	现状	与全国差距	小康实现程度
七星关区	20 298	82.6%	74.8%	5 131	64.8%	47.3%
大方县	18 695	76.1%	68.9%	4 943	62.4%	45.5%
金沙县	22 460	91.4%	82.8%	5 720	72.2%	53.0%
同年全国水平	24 565			7 917		
2020 年小康指标	27 137（2012 年可比价）			10 855（2012 年可比价）		

注：城镇人均收入为估算值，2020 小康指标值来源于国务院发展研究中心发展战略和区域经济研究部发布的《全面建设小康社会指标体系的 16 项指标详细解读》；依据 2000—2012 年的通胀速度，对 2000 年不变价进行调整，改为同年价格标准（2012 年）。

7.4.2.3 计算的理论依据

假设毕节市在没有产业限制的情况下，可以通过本地区大规模的工业化与全国同步进入小康，但是，由于限制了第二、第三产业的发展，按目前的地区经济增长速度不可能到 2020 年实现小康目标。因此，可以将小康目标实现所需的资金缺口作为生态补偿标准。

2000—2012 年，毕节市城镇可支配收入和农村人均纯收入分别按年均 X_1 和 X_2 的增长率增长，即认为二者为毕节市的固有增长速度。考虑到过去 10 年有些县增长较快的原因可能是基于资源环境的过度开发利用并基于未来发展相对公平的原则的情况下，X_1 和 X_2 取值为按各县速度进行人口加权后计算的毕节市平均增长速度。

2013—2020 年，按照 2020 年城乡收入达到小康目标值，毕节市城镇可支配收入和农村人均纯收入年均增长率分别为 Y_1 和 Y_2。各县根据小康标准和 2012 年的基准数分别计算取值。

由于 2020 年的小康目标是以 2000 年价格为基础而制定的，因此，按照每年的通货膨胀系数（表 7-27）将 2000 年的城市和农村收入水平及小康目标进行折算。统一折算成 2012 年的可比价。

表 7-27 2000—2012 年人民币 CPI 变动值

年份	2000	2001	2002	2003	2004	2005	2006	2007	2008	2009	2010	2011	2012
CPI	1.004	1.007	0.992	1.012	1.039	1.018	1.015	1.048	1.059	0.993	1.051	1.051	1.027

注：CPI=（固定商品按当期价格计算的价值/固定商品按基期价格计算的价值）×100%。

2013—2020 年毕节市补贴额度计算方法如下：

（1）收入固有增长部分。

第 n 年，城镇人均可支配收入为：

$$A1_n^i = A1_0^i \times (1 + X1^i)^n \qquad (7.12)$$

第 n 年，农村人均纯收入为：

$$A2_n^i = A2_0^i \times (1 + X2^i)^n \qquad (7.13)$$

式中：$A1_n^i$、$A2_n^i$ —— 第 i 个县第 n 年按固有增长率增长的城镇人均可支配收入和农村人均纯收入；

$A1_0^i$、$A2_0^i$ —— 第 i 个县 2012 年城镇人均可支配收入和农村人均纯收入；

X_1、X_2 —— 第 i 个县 2000—2012 年城镇人均可支配收入年均增长率和农村人均纯收入年均增长率；

n —— 年代（取值 1～8，分别代表 2013—2020 年）。

（2）收入达到小康目标需要的增长部分。

第 n 年，城镇人均可支配收入为：

$$B1_n^i = A1_0^i \times (1 + Y1^i)^n \qquad (7.14)$$

第 n 年，农村人均纯收入为：

$$B2_n^i = A2_0^i \times (1 + Y2^i)^n \qquad (7.15)$$

式中：$B1_n^i$、$B2_n^i$ —— 第 i 个县第 n 年按小康目标要求的城镇人均可支配收入和农村人均纯收入；

$A1_0^i$、$A2_0^i$ —— 第 i 个县 2012 年城镇人均可支配收入和农村人均纯收入；

Y_1、Y_2 —— 小康目标下第 i 个县城镇人均可支配收入年均增长率和农村人均纯收入年均增长率。

（3）人均收入补贴差值计算。

第 n 年，城镇人均可支配收入差值为：

$$M1_n^i = B1_n^i - A1_n^i \qquad (7.16)$$

第 n 年，农村人均纯收入差值为：

$$M2_n^i = B2_n^i - A2_n^i \qquad (7.17)$$

式中：$M1_n^i$、$M2_n^i$ —— 第 i 个县第 n 年城镇和农村人均需要的补贴。

若某县差值为负，则设值为零，即该县通过自身发展即可在 2020 年达到小康目标，从收入水平上不再需要国家额外补贴。

（4）补贴总额。

第 n 年，城镇补贴小计：

$$S1_n^i = P1_n^i \times M1_n^i \qquad (7.18)$$

第 n 年，农村补贴小计：

$$S2_n^i = P2_n^i \times M2_n^i \qquad (7.19)$$

式中：$S1_n^i$、$S2_n^i$ —— 第 i 个县第 n 年城镇和农村总补贴额；

$P1_n^i$、$P2_n^i$ —— 第 i 个县第 n 年的城镇人口和农村人口。

因为毕节农村人口呈下降趋势，所以未来各年（2013—2020 年）的农村人口均按 2010 年普查人口为准。随着城镇化进程的加快，各县城镇人口皆呈现不断增加的趋势，因此，未来各年（2013—2020 年）的城镇人口按各县 2000—2012 年城镇人口增长速度趋势外推所得。则：第 i 个县 2013—2020 年补贴总额（T_i）为：

$$T^i = \sum_{n=1}^{8} S1_n^i + \sum_{n=1}^{8} S2_n^i \tag{7.20}$$

毕节市 2013—2020 年总补贴额（T）为：

$$T = \sum_{i=1}^{m} T^i \tag{7.21}$$

式中：m —— 县的个数。

7.4.2.4　计算参数的确定

2000 年赤水河上游毕节地区各（区）县居民平均收入见表 7-28。

表 7-28　2000 年赤水河上游毕节地区各（区）县居民平均收入　　单位：元

区（县）	城镇人均可支配收入	农村人均纯收入
七星关区	5 849	2 021
大方县	5 355	1 448
金沙县	3 440	2 262

注：依据 2000—2012 年的通胀速度，对 2000 年收入进行调整，改为同年价格标准（2012 年）。

数据来源：《贵州省统计年鉴 2000》。

根据表 7-26 和表 7-28 计算可得到，各个县（区）的 X_1、X_2、Y_1 和 Y_2，其值列于表 7-29 中。

表 7-29　上游各区（县）的 4 个增长率值

区（县）	X_1	X_2	Y_1	Y_2
七星关区	0.109 3	0.080 7	0.037 0	0.098 2
大方县	0.109 8	0.107 7	0.047 7	0.103 3
金沙县	0.169 2	0.080 4	0.023 9	0.083 4

考虑到并不是每一个县的所有乡镇都在赤水河流域范围内,而统计指标仅涉及县一级,因此计算所得到的 X_1、X_2 存在误差。为减少计算误差,本书按流域所涉乡镇人口占总人口比例(表 7-30)作为校正系数,对 X_1、X_2 进行校正,修正后数据如表 7-31 所示。

表 7-30   2012 年赤水河流域上游(毕节段)人口比例   单位:人

区(县)	流域范围内城镇人口数	总城镇人口数	流域范围内农村人口数	总农村人口数
七星关区	11 936	687 352	475 647	822 648
大方县	3 141	251 600	14 902	787 500
金沙县	13 115	65 758	94 293	599 572

数据来源:《贵州省赤水河流域环境保护规划(2013—2012 年)》2012 年上游地区社会经济统计指标表。

表 7-31   上游各县区的 4 个增长率值修正后的数据

区(县)	X_1	X_2	Y_1	Y_2
七星关区	0.001 8	0.046 7	0.037 0	0.098 2
大方县	0.001 4	0.020 4	0.047 7	0.103 3
金沙县	0.033 7	0.012 6	0.023 9	0.083 4

按照表 7-31 的平均增长率,根据公式进行计算,得到各县区的农村总补偿额及人均补偿额、城镇的总补偿额和城镇年人均补偿额如表 7-32 所示。

表 7-32   毕节地区 2013 年各区县基于经济指标法的补偿标准核算结果

区(县)	农村总补偿额/ (万元/a)	农村年人均补偿额/ 元	城镇总补偿额/ (万元/a)	城镇年人均补偿额/ 元
七星关区	12 557.1	264	852.2	714
大方县	6 106.7	409	272.1	866
金沙县	3 818.9	405	0	0
合计	22 482.7	1 078	1 124.3	1 580

7.4.2.5 结果分析

赤水河流域上游 2013 年基于经济法的补偿额度核算结果见表 7-33。由此可以看出：

（1）金沙县城镇人均收入不受赤水河流域环境保护政策的影响，因其不在赤水河流域范围内，产业正常发展。但是位于其西北部的赤水河流域所流经乡镇较为贫穷，且多为农村人口，因此农村地区具备补偿必要条件。

（2）大方县年农村人均补偿额度最高，原因是大方县境内赤水河流域所涉乡镇人均流域面积较大，农村人口较多，导致其经济对赤水河流域的依赖程度较高，且最不发达，因此所需补偿最高，而其城镇人口收入来源较少，因此补偿额较高。

（3）七星关区农村总补偿额最高，这一结果与七星关区赤水河流域面积最大、所涉乡镇人口最多有关。城镇人均收入补偿额最高，是因为城镇人口较农村人口比例更高，对赤水河流域依赖更大。

表 7-33 赤水河流域上游毕节各区（县）2013 年基于经济指标法的补偿额度核算结果

	七星关区	大方县	金沙县	合计
总补偿额/（万元/a）	13 409.3	6 378.8	3 818.9	23 607
年人均补偿额/元	978	1 275	405	2 658

注：经济指标法人均补偿额度依据的是 3 县（区）流域范围内城镇人口和农村人口分别进行计算的人均补偿额。
数据来源：《全面建设小康社会指标体系的 16 项指标详细解读》。

7.4.3 基于生态系统服务价值评估的补偿标准

7.4.3.1 过程分析

Costanza 等 1997 年发表的《全球生态系统服务价值和自然资本》一文，以生态服务供求曲线为一条垂直直线为假定条件，逐项估计了各种生态系统的各项生态系统服务价值，但在该项研究中某些数据存在较大偏差，如对耕地的估计过低。本书针对上述不足，同时参考其可靠的部分成果，在结合谢高地等[5]对我国 200 位生态学者进行问卷调查的基础上，制定出我国不同陆地生态系统单位面积生态服务价值表（表 7-34）。

表 7-34 我国不同陆地生态系统单位面积生态服务价值 单位：元/hm²

指标	森林	草地	农田	湿地	水体	荒漠
水体调节	3 097.0	707.9	442.4	1 592.7	0.0	0.0
气候调节	2 389.1	796.4	787.5	15 130.9	407.0	0.0
水源涵养	2 831.5	707.9	530.9	13 715.2	18 033.2	26.5
土壤形成与保护	3 450.9	1 725.5	1 291.9	1 513.1	8.8	17.7
废物处理	1 159.2	1 159.2	1 451.2	16 086.6	16 086.6	8.8
生物多样性保护	2 884.6	964.5	628.2	2 212.2	2 203.3	300.8
食物生产	88.5	265.5	884.9	265.5	88.5	8.8
原材料	2 300.6	44.2	88.5	61.9	8.8	0.0
娱乐文化	1 132.6	35.4	8.8	4 910.9	3 840.2	8.8

注：此表的数据是引用谢高地的文章《青藏高原生态资产价值评估》中制定的生态系统价值系数表。

表 7-34 仅提供了一个全国平均状态的生态系统生态服务价值的单价，但是，生态系统的生态服务功能大小与该生态系统的生物量有密切关系，一般来说，生物量越大，生态服务功能越强，为此，假定生态服务功能强度与生物量呈线性关系，提出生态服务价值的生物量因子按式（7.22）来进一步修订生态服务单价：

$$P_{ij} = (b_j/B) \times P_i \qquad (7.22)$$

式中：P_{ij} —— 修订后的单位面积生态系统的生态服务价值；

$i=1，2，\cdots，n$ —— 气体调节、气候调节等不同类型的生态系统服务价值；

$j=1，2，\cdots，n$ —— 寒温带山地落叶针叶林、温带山地常绿针叶林高寒草甸草原类、高寒草原类、高寒荒漠草原类等不同生态资产类型；

P_i —— 表 7-33 中不同生态系统服务价值基准单价；

b_j —— j 类生态系统的生物量；

B —— 我国一级生态系统类型单位面积平均生物量。

根据毕节市实际情况，把毕节市生态资产划分为森林、耕地、草地和水域湿地 4 种类型。查阅 2013 年《贵州省毕节市生态补偿示范区建设规划研究报告》，分别把七星关区、大方县和金沙县 4 种生态资产类型占地面积列入表 7-35 中。再结合式（7.14）计算出各种生态系统的单价列于表 7-35 中，依次计算出各种类型的生态系统面积及比例、价值及比例，见表 7-35。

表 7-35　研究区域四种生态资产的分布情况及价值

地区	类型		面积/km²	面积比例/%	单价/（元/hm²)	总价值/（10⁶ 元/a)	价值比例/%
七星关区	森林	针叶林	390.9	13.5	13 314.8	520.5	20.3
		阔叶林	282.5	9.8	17 341.3	489.9	19.1
		混交林	10.5	0.4	10 672.7	11.2	0.4
		竹林	0.3	0	13 910.3	0.4	0
		灌木林	551.9	19.1	9 579.9	528.7	20.7
		其他林	192.8	6.7	13 314.8	256.7	10.0
		林地合计	1 428.9	49.5	—	1 861.4	72.7
	耕地		1 389.5	48.2	4 341.2	603.2	23.6
	草地		47.2	1.6	3 512.6	16.6	0.6
	水域湿地		19.4	0.7	40 676.4	78.9	3.1
七星关区合计			2 885.0			2 560.1	
大方县	森林	针叶林	374.7	13.2	13 314.8	498.9	20.6
		阔叶林	233.7	8.2	17 341.3	405.3	16.7
		混交林	20.1	0.7	10 672.7	21.5	0.9
		竹林	0.9	0	13 910.3	1.3	0.1
		灌木林	678.7	23.9	9 579.9	650.2	26.8
		其他林	98.6	3.5	13 314.8	131.3	5.4
		林地合计	1 406.8	49.6		1 699.5	70.0
	耕地		1 237.7	43.6	4 341.2	537.3	22.1
	草地		159.3	5.6	3 512.6	56.0	2.3
	水域湿地		32.9	1.2	40 676.4	133.8	5.5
大方县合计			2 836.7			2 426.6	
金沙县	森林	针叶林	365.5	16.5	13 314.8	486.7	21.7
		阔叶林	440.1	19.9	17 341.3	763.2	34.0
		混交林	83.6	3.8	10 672.7	89.2	4.0
		竹林	0.8	0	13 910.3	1.1	0
		灌木林	277.6	12.6	9 579.9	265.9	11.8
		其他林	52.9	2.4	13 314.8	70.4	3.1
		林地合计	1 220.5	55.2		1 676.5	74.6
	耕地		859.7	38.9	4 341.2	373.2	16.6
	草地		88.4	4.0	3 512.6	31.1	1.4
	水域湿地		41.1	1.9	40 676.4	167.2	7.4
金沙县合计			2 209.7			2 248	

根据《贵州省赤水河流域环境保护规划（2013—2010 年）》，结合研究区域的人口数，计算出 3 个地区生态资产总价值以及人均占有生态资产价值额度，见表 7-36。

表 7-36　2013 年上游地区人口总数及人均占有生态资产价值汇总表

区（县）	全区总人口数/万人	生态资产总价值/（10^6 元/a）	人均占有生态资产价值/（元/a）
七星关区	151.0	2 560.1	1 695.4
大方县	103.9	2 426.6	2 335.3
金沙县	69.5	2 248.0	3 233.0

注：由于生态系统服务价值法是根据 3 个县区所有乡镇的生态服务类型计算的价值，因此，在计算人居补偿额时用各县区的总人口。

7.4.3.2　结果分析

（1）据表 7-34 可知七星关区、大方县和金沙县都是森林生态系统总价值最高的区县，分别占所在区域生态系统总价值的 49.5%、49.6%和 55.2%，这与所在区域森林生态系统所占面积最大相符合。

（2）通过表 7-35 可知，七星关区、大方县和金沙县人均占有生态系统资产的价值分别为 1 695.4 元/a、2 335.3 元/a 和 3 233.0 元/a，在 3 个区域面积相差不大的情况下，人口越少人均占有生态系统资产的价值就越高，这与计算结果相符合。

（3）由于生态系统创造的价值是上、下游共享的，因此补偿额度应在人均占有生态系统资产价值的基础上折半，即七星关区、大方县和金沙县人均补偿额度分别为 847.7 元/a、1 167.6 元/a 和 1 616.5 元/a。

（4）与经济指标法相比较，本方法计算得出的结果偏高，且不能区分城镇与农村人均补偿的差异，存在一定的偏差。

7.4.4　补偿标准核算研究小结

（1）生态保护总成本法以实地调研数据为基础，经过查阅文献，以 4 类限制发展的产业作为载体测算机会成本，以项目计划和投入明细为载体计算直接生态建设与保护成本，利用科学的数据统计分析方法，运用动态核算法折现到 2013 年，得到七星关区、大方县和金沙县的补偿金额分别为 69 178 万元/a、23 140 万元/a 和 16 093 万元/a，合计

108 413 万元/a；为更加合理地核算出保护区应获得的生态补偿标准，再引入水量分摊系数 K_{vt}（0.75）、水质修正系数 K_{qt}（1.002）对总成本予以修正得到：2013 年基于保护总成本的补偿标准为 81472 万元/a，年人均补偿标准为 1 090.36 元。生态保护总成本法是最具操作性的计算方法，所得结果可以作为补偿资金分配的初始值，作为生态补偿标准的直接参考值。

（2）经济指标法从经济社会发展与环境发展相协调的原则、脱贫为底线的角度出发，以受偿地区的经济发展水平与全国 2020 年经济发展平均水平之差作为补偿标准，得到 2013 年七星关区、大方县和金沙县的补偿金额分别为 13 409 万元/a、6 378 万元/a、38 189 万元/a，上游地区整体共需得到 23 607 万元、年人均补偿标准为 886 元。此计算方法利用了全面建设小康的社会的指标，为保障受偿地区与全国同时完成小康社会的目标，此方法的计算结果作为补偿标准的下限。

（3）生态系统服务价值法是在查阅文献资料和现场调研的基础上，采用生态系统服务价值系数模型与流域人口比例相结合的计算方法。以上游 3 县（区）提供的森林、耕地、草地和水域湿地 4 类生态系统服务价值为基础，假定上、下游以 1 : 1 分享服务价值，测算得到：2013 年毕节地区因提供优质生态系统服务应得到的总补偿标准为 361 737 万元/a、人均补偿 1 210.6 元/a。因此方法涉及的因素单一，且仅从各种生态系统的价值进行简单加总核算，未考虑价值流动等因素，因此生态系统服务价值法的计算结果可作为补偿标准的上限。

按照以上结论，得到补偿标准总量及各区县人均补偿标准建议范围如表 7-37 所示。

表 7-37　上游各县（区）基于服务价值、保护总成本、经济指标法的人均补偿标准

单位：元/（人·a）

受偿区	生态服务价值	基于水质水量修正的保护总成本	经济指标法	建议人均补偿标准范围
七星关区	847.7	1 066.20	978	848～1 066
大方县	1 167.6	1 142.58	1 275	1 143～1 275
金沙县	1 616.5	1 126.10	405	405～1 616
毕节地区总计	1 210.6	1 090.36	886	886～1 210.6

7.5　基于信息熵值的补偿标准分配模型研究

7.5.1　信息熵生态补偿分配模型的构建

7.5.1.1　信息熵理论

熵的概念最初于 1865 年被 Clausius 提出作为状态函数表征热力学过程的不可逆程度，之后 Boltzmann 把熵作为物质系统内部无序程度的量度函数，赋予了表征的意义。熵越大，则系统紊乱程度就越大；反之，系统越有序。信息熵概念应用广泛化，应用范围不断拓展，在环境管理决策当中的应用包括工程技术的可行性和优化分析、多目标决策与环境资源系统分析等，在总量分配实践中也得到了广泛应用。

7.5.1.2　信息熵在生态补偿标准分配决策中的应用

可根据指标提供的信息量的大小，来定量判别系统中各参量的相对重要程度，而重要程度则反映了参量在系统评价中的权重大小，有利于去除决策中的人为因素，也有利于管理决策一致意见的形成。

生态补偿总量分配关键是公平合理，公平合理的分配方案与所选择的分配方法密切相关。生态补偿分配一是要选取反映各地差异性特征的指标体系，二是要定量的判定各项指标值的相对重要程度。各分配指标的相对重要性大小的确定可以用信息熵理论来计算。在生态补偿总量分配信息熵理论模型中，各评价指标的信息熵大小反映各指标在生态补偿总量分配方案中的相对重要程度。根据信息熵理论可知，指标信息熵值越小，在生态补偿总量分配指标体系中的相对重要性越大；反之，该指标在生态补偿总量分配系统中提供的信息相对较少。总之，基于信息熵理论生态补偿标准总量分配模型，无人为因素干扰，体现了各地的差异性特征，为制定公平合理的生态补偿标准总量分配方案提供科学有效的依据。

7.5.2 生态补偿分配模型指标的确定

7.5.2.1 选取原则

指标的选取主要是考虑可行性、典型性、直接相关性和综合性。可行性要求指标要与现有管理制度和统计体系相一致，在系统评价中具有可比性，可以支撑分配方案的实施。典型性原则要求指标间的表征信息不重叠，是相对独立、代表性强的指标。直接相关性原则要求指标的选取要从与生态补偿分配模型紧密相关的因素中选择，非直接关联的因素则予以忽略，使分配模型更加有针对性。综合性原则要求在建立生态补偿总量分配模型时考虑区域的异质性特征，使分配公平性的核心地位更加突出，这就要求尽量选取体现各地区差异性的指标，而少用单一指标，这样不仅指标具有的信息量丰富，也深刻地反映了不同区域的异质性特征。

7.5.2.2 指标的确定

根据以上原则，再结合本研究流域内各区县的社会经济发展现状及生态贡献的差异性、生态保护总成本的现实性等内容，最终选取以下 6 个指标，数据如表 7-38 所示。

表 7-38 生态补偿总量分配指标值

区（县）	流域面积/km²	流域内人口数	环境保护投入/万元	人均收入/元	流量/(m³/s)	第二产业比重/%
七星关区	1 441.7	487 583	88 217	12 296	20.6	27
大方县	817	152 167	19 115	9 373	10.3	46
金沙县	684.3	107 408	27 825	12023	7.7	57

指标 1（流域面积）：流域面积直接体现治理的范围大小，面积越大，花费的人力、物力和财力就越多，是作为生态补偿总量分配的正向指标。数据来源于《赤水河流域环境保护规划（2013—2020）》、赤水河流域水系图、各地人民政府水文条件统计数据，调研时核准。

指标 2（流域内人口数）：流域内涉及人口越多，因保护生态环境而受到限制发展的人越多，则补偿量越大，是生态补偿总量分配的正向指标。数据来源于《赤水河流域环境保护规划（2013—2020）》，调研时核准与保护环境生态系统密切相关的乡镇人口。

指标3（环境保护总投入）：环境保护总投入反映了当地政府为保护生态环境做出的贡献，是分配的重要指标，投入越高，补偿越多，是生态补偿总量分配的正向指标。该指标数据主要是依据7.4.1节的生态保护总成本法的计算结果。

指标4（人均收入）：一个地方的人均收入与很多因素有关，但是在一定程度上人均收入越高说明因环境保护而减少的收入越少，是生态补偿总量分配的负向指标。该数据来源于《贵州省毕节市生态补偿示范区建设规划研究报告（2015—2020年）》。

指标5（流量）：衡量水环境的主要指标是水质和水流量，根据《赤水河上游水质公报》，三个地方的水质达标，为Ⅱ类，因此主要判定依据为流量。流量越大，表明水环境保护越好，应给予的补偿额度越大，是生态补偿总量分配的正向指标。数据主要查阅文献《贵州赤水河流域水污染防治生态成本及补偿机制研究》。

指标6（第二产业比重）：第二产业所占比重越高，则工业相对越发达，污染就越重。而目前3个地方的水质均达标，第二产业比重越高表明为了治理污染投入的越大，因此补偿额度就越多，是生态补偿总量分配的正向指标。数据来源于《贵州省毕节市生态补偿示范区建设规划研究报告（2015—2020年）》。

7.5.3 基于信息熵法的补偿标准总量分配计量模型

7.5.3.1 指标的权重熵值计算

确定了指标体系后，最重要的事是对其权重进行量化计算，以确定不同分配指标的相对重要性程度，可以利用信息熵理论来计算。

假设生态补偿总量分配对象集合为：

$$X_i = \{x_1, x_2, \cdots, x_n\} \quad i \in (1, n) \tag{7.23}$$

假设生态补偿总量分配指标集为：

$$X_j = \{x_1, x_2, \cdots, x_m\} \quad j \in (1, m) \tag{7.24}$$

则可构造出分配对象及其指标项目集的特征值原始数据矩阵：

$$A_{ij} = \begin{bmatrix} x_{11} & \cdots & x_{1m} \\ \vdots & & \vdots \\ x_{n1} & \cdots & x_{nm} \end{bmatrix} \tag{7.25}$$

式中：x_{ij} —— 第 i 个地区第 j 个指标值；

n —— 分配对象个数；

m —— 指标个数；

A_{ij} —— 原始分配指标数据的判断矩阵。

为了排除不同指标间量纲的影响，将不同性质量纲的指标进行无因次化，对于正向指标：

$$x_{ij} = \frac{I_{ij} - \text{Min}\{I_{ij}\}}{\text{Max}\{I_{ij}\} - \text{Min}\{I_{ij}\}} \tag{7.26}$$

对于反向指标：

$$x_{ij} = \frac{\text{Min}\{I_{ij}\} - I_{ij}}{\text{Max}\{I_{ij}\} - \text{Min}\{I_{ij}\}} \tag{7.27}$$

削除了量纲的影响后，构造新的标准化矩阵：

$$B_{ij} = \begin{bmatrix} x_{11} & \cdots & x_{1m} \\ \vdots & & \vdots \\ x_{n1} & \cdots & x_{nm} \end{bmatrix} \tag{7.28}$$

式中：x_{ij} —— 第 i 个地区第 j 个指标值的归一化值，$x_{ij} \in (0，1)$；

I_{ij} —— i 地区 j 指标值；

$\text{Max}\{I_{ij}\}$ —— i 地区 j 指标值最大值；

$\text{Min}\{I_{ij}\}$ —— i 地区 j 指标值最小值；

B_{ij} —— 归一化后的新的判断矩阵。

在确定的指标体系及相应的数据下，指标的信息熵值的评估结果具有唯一性，定义为：

$$H(X)_j = -K \sum p_{ij} \ln(p_{ij}) \tag{7.29}$$

$$0 \leqslant H(X)_j \leqslant 1 \tag{7.30}$$

197

$$p_{ij} = \frac{x_{ij}}{\sum_1^n x_{ij}} \tag{7.31}$$

P_{ij} 是一状态函数，表示各分配对象的指标属性值，体现了分配系统下各地区的不同指标特征或者不同分配对象相关指标下的属性信息。根据熵增定理，对于熵函数而言，P_{ij} 趋同化则使得熵值增加。某一项指标 j，其指标值 P_{ij} 相差越大，那么该指标在生态补偿总量分配中所起的作用就越大，如果某项指标的数值全部相同，则该指标在评价中不起任何作用。

常数参量 K 与分配对象个数 n 有关，一般取：

$$K = \frac{1}{\ln n}, \quad K > 0 \tag{7.32}$$

将式（7.31）和式（7.32）代入式（7.29）中，得：

$$H(X)_j = -\frac{1}{\ln n} \sum_1^n \left(\frac{x_{ij}}{\sum_1^n x_{ij}} \times \ln \frac{x_{ij}}{\sum_1^n x_{ij}} \right) \tag{7.33}$$

其中，当 $P_{ij} = 0$ 时，

$$P_{ij} \ln(p_{ij}) = 0 \tag{7.34}$$

$$\sum p_{ij} = 1 \tag{7.35}$$

生态补偿总量分配指标 j 的信息量与其熵值呈反比关系，可以用下式表征信息量熵权系数，即定义为信息熵的效用：

$$d_j = [1 - H(X)_j] \tag{7.36}$$

由上述生态补偿总量分配的信息熵定义可知，各评价指标的重要性已隐含在其中，可根据以下信息熵熵权权重模型来确定各项总量分配指标的权重（信息熵权）：

$$W_j = \frac{d_j}{\sum_1^m d_j} \tag{7.37}$$

198

将式（7.36）代入式（7.37），可构造分配熵权与信息熵的定量计量模型：

$$W_j = \frac{[1-H(X)_j]}{m - \sum_1^m [H(X)_j]} \tag{7.38}$$

$$0 \leqslant W_j \leqslant 1 \tag{7.39}$$

$$\sum W_j = 1 \tag{7.40}$$

从而可得各指标的权重向量分布为：

$$W_j = \{w_1, w_2, \cdots, w_m\} \tag{7.41}$$

牛态补偿总量分配各对象 X_i 的指标值与其相应的权重进行集结，可得各分配对象的得分，该分值可以作为生态补偿总量分配综合指数，综合指数的大小反映了不同地区在生态补偿总量分配系统中的综合属性，是总量分配的系数。

$$C_i = \sum_1^m X_{ij} \times W_j \tag{7.42}$$

作为反映生态补偿总量分配系统中的各分配对象综合属性状况的 C 值，并不是总量分配中各分配对象的分配系数，由信息熵权理论可知，C 实质上是反映各分配对象的相对分配额度，为了求得各分配对象的分配比例，应再对 C 值进行处理。假设分配对象的分配比例用 r 表示，则各地区的分配比例可用式（7.43）计算。

$$r_i = \frac{C_i}{C_1 + C_2 + \cdots + C_n} \tag{7.43}$$

则各分配地区的补偿额度为：

$$W_i = W_{总} \times r_i \tag{7.44}$$

式中：W_i——i 地区补偿额度；

　　　$W_{总}$——总的分配金额。

7.5.3.2　计算结果

依据式（7.26）和式（7.27），将生态补偿总量分配的 6 项原始指标进行无量纲同向化处理，得到归一化矩阵，见表 7-39。

表 7-39　生态补偿总量分配指标归一化矩阵表

地区	流域面积	流域内人口数	环境保护投入	人均收入	流量	第二产业比重
七星关区	1	1	1	0	1	0
大方县	0.175	0.118	0	1	0.202	0.633
金沙县	0	0	0.126	0.093	0	1

　　基于信息熵的生态补偿总量分配法中各指标的信息熵值、信息熵的效用值和熵权值，这 3 组数值是计算各分配对象综合属性的关键参量值，见表 7-40。

表 7-40　基于信息熵的生态补偿总量分配法的关键参量值

参量值	流域面积	流域内人口数	环境保护投入	人均收入	流量	第二产业比重
信息熵值 [$H(X)$]	0.312	0.261	0.269	0.230	0.329	0.330
信息熵效用（d_j）	0.688	0.739	0.731	0.770	0.671	0.670
熵权值（W_i）	0.161	0.173	0.171	0.180	0.157	0.157

　　指标的信息熵效用值越大，则表明该指标在总量分配中所起作用越大；反之，则越小。因此从表中可知，在生态补偿总量分配法中影响较大的 4 个指标为人均收入、流域内人口数、环境保护总投入和流域面积，其信息熵效用值均在 0.68 以上，说明这 4 项指标信息量较大，在分配中起到较大作用。信息效用值和熵权值较小的两个指标第二产业比重和流量，在分配中所起到的作用较小。这个计算结果从定量的角度印证了实际调研的结果，说明了在分配中主要的影响因素为人均收入、流域内人口数和环境保护总投入，而第二产业比重和流量的影响较小。

　　由式（7.42）和式（7.43）可求得总量分配综合指数和各地区的分配额度，其中总分配金额采用第 4 章环境保护总投入法计算的 2013 年赤水河流域上游地区应得到的生态补偿额度，具体结果见表 7-41。

表 7-41　各地区的总量分配综合指数和分配金额

指标	七星关区	大方县	金沙县
总量分配综合指数（C_i）	0.662	0.360	0.200
分配比例（r_i）	0.54	0.29	0.17
分配金额（W_i）/万元	43 994	23 626	13 850

7.6　基于水污染防治生态成本的补偿机制研究

实施生态补偿机制主要有市场主导和政府主导两种模式。市场主导模式是指将生态服务产品化，在补偿主客体之间自主平等的达成以市场、供求关系决定的交易协议，市场在该种模式中起主导作用。政府主导模式指政府作为主要参与者参与生态补偿机制的策划、制定、落实等过程，尤其在补偿资金的来源、使用中起决定性作用。两种模式的根本区别在于是市场还是政府决定补偿标准的额度。根据我国社会制度、经济发展及生态环境等实际情况，当前主要实施的模式是政府主导生态补偿模式。

7.6.1　政府主导型模式在赤水河流域的适用性分析

7.6.1.1　政府间强制性扣缴流域生态补偿模式

当流域上下游共同利用水资源时，上游过度占用资源所引发的水质状况变差、水体流量减少等后果会严重影响下游利用同样水资源。在流域水环境质量恶化的背景下，为保证流域水质达标，根据行政区域间出境水质的达标情况，推行政府间强制扣缴流域生态补偿模式。

采用该模式推行生态补偿的流域多为行政主体有共同的上级或行政主体间存在隶属的情况。该模式主要包含以下措施：第一，省级政府要明确生态补偿的对象，即主体和客体，以及生态补偿资金扣缴标准，并划定出境水质的考核断面。第二，指定权威部门监测跨界出境断面水质。根据实际监测数据，扣缴或奖励各行政主体的生态补偿金。第三，使用生态补偿资金。生态补偿资金的使用应受到严格监管、审查。第四，当水质状况改善时，转换原有补偿机制中的主客体身份，对水质改善做出较大贡献和牺牲的地区实施补偿。

贵州省的贵阳市与安顺市之间采用政府间强制性扣缴流域生态补偿模式。红枫湖是贵阳市重要的饮用水来源地，红枫湖上游地区（安顺市平坝县）的经济发展受到了一定程度的影响。近年来平坝县为了保护红枫湖水质，谢绝了百万元以上项目 40 余个，投资金额达 30 多亿元。政府间协议选取总磷、总氮为补偿因子，以权威部门实测数据为标准，以贵州省处理单位污水的总投入为基准，计算推出：2009 年下游地区贵阳市应补偿上游平坝县 1 992 万元，供其发展经济，同时，要求平坝县在水源地保护地区禁止引入污染企业并保证上游出水水质达到三类饮用水标准。若出水水质超出三类饮用水标准，平坝县则向下游贵阳市缴纳违约金。

赤水河流域由于具有重要的生态经济价值，多年来一直得到相关省市的大力保护，尤其在 2011 年，贵州省出台《贵州省赤水河流域保护条例》以后，赤水河流域上游受限地区完全达到赤水河水功能区划要求，满足了下游流域各县市对水质的要求。而政府间强制性扣缴流域生态补偿模式主要是根据考核断面实质是否达标，决定上下游赔偿方向。故赤水河流域不具备推行出境水质的政府间强制性扣缴流域生态补偿模式的条件。

7.6.1.2　上、下游政府间协商交易的流域生态补偿模式

一般在流域范围内行政主体较少，且行政主体由共同的上级行政主体主管之间实施上下游政府间水权交易的生态补偿模式。流域内供水区与受水区相对集中且封闭，流域上下游在水资源的丰富程度方面存在明显差异。政府间协商交易的流域生态补偿模式属于政府主导，市场决定的模式。

在实施水权交易时，水权出让方有充足的水资源，不仅能够满足自身需求还有富余；而水权购买方则水资源紧缺，异地购水方式经济便捷，易于操作，且具备购买能力。交易能否顺利实行取决于两点：转让水权所获得资金补偿是否真实准确地反映了水资源的市场价值，以及提供的水资源在水量和水质方面是否达到购买方的要求。水权购买方则通过合理的价钱购买水资源解决生产生活用水紧缺难题，以期获得更加和谐健康的发展，水权出让方通过出售水权充分利用了水资源并获得补偿资金，为进一步保护水资源提供资金保障。

浙江省在金华江流域的东阳和义乌间实行水权交易。位于金华江下游的义乌市是世界著名的小商品贸易中心，经济发展水平位于全国上游，但其因人口众多、城市用水量大，面临水资源紧缺困境。而位居金华江流域上游的东阳则与义乌市情况相反，其经济总量远低于义乌，但水资源极其丰富，如横锦水库的总库容就相当于义乌全市大小水库、山塘总库容的 186%。横锦水库因地处源头，库区没有什么污染。因此根据上述两市极其互补的现实情况，两地政府间达成水权交易模式：义乌以 2 亿元的价格购买东阳境内横锦水库 5 000 万 m³ 水源的永久使用权，同时要求东阳加大横锦水库水环境保护力度，库区范围内禁止引入污染企业。交易的实施使义乌解决了多年水资源匮乏的问题。

赤水河流域内人口密度较大，平均人口密度已达 271 人/km²，上下游各县人均淡水

资源都相当紧张，达不到长江流域人均水资源占有量，若采用水权交易模式，将加剧上游地区水资源匮乏的现状，因此赤水河流域并不具备推行水权交易的条件。此外，由于赤水河下游流域经济结构特殊性，主要产业为酿酒业，酿酒对当地的气候、微生物环境等要求严格，具有一定的地域依赖性，因此也不提倡推行异地开发模式。

7.6.1.3　上、下游政府间共同出资的流域生态补偿模式

上、下游政府间共同出资的流域生态补偿模式一般适用于同级行政主体较多，地理位置交错复杂的区域；同时流域上、下游的社会经济发展水平存在差距，且上游的环境和经济行为直接影响到下游对流域水质水量的需求。

在推行该模式过程中，首先成立由上级行政主体和流域上、下游财政、环保部门共同组成的生态补偿领导小组，统筹协调上、下游行政主体关系，明确各主体的权利和义务。其次根据保护流域环境和提高水质状况所需要的实际资金，确定合理的补偿资金标准。再设定公平合理的出资比例，比例设定和综合考虑上、下游地区生产总值、各行政主体用水量以及行政区域面积等因素。

福建省在闽江流域采用的就是典型的上、下游政府间共同出资的流域生态补偿模式。福建省为了抑制闽江流域水质恶化的趋势，在闽江流域实施上、下游政府共同出资的生态补偿机制，其中，福建省发改和环保部门配套 1 500 万元，福州每年出资 1 000 万元，三明市和南平市分别每年出资 50 万元。共同出资的资金主要用于水土保持、植被覆盖、污水处理等项目，目前取得良好的效果。

贵州境内赤水河流域所涉及的同级行政主体较多，便于上级行政主体组织协调，成立生态补偿工作小组。当前赤水河流域经济发展较为缓慢，流域内经济发展不平衡，差距明显，且上游的环境和经济行为直接影响到下游仁怀、习水等县市的经济发展。尤其贵州省内的赤水河上游毕节地区因保护赤水河生态付出巨大代价，经济发展水平不仅明显落后于中、下游地区的仁怀、习水等县市，也落后于地理位置相近的黔西县。为了统筹流域内各行政区域经济社会公平发展，赤水河流域实行上、下游政府共同出资的模式势在必行。

7.6.1.4　政府间财政转移支付的流域生态补偿模式

政府间财政转移支付分为纵向转移和横向转移支付模式。纵向财政转移支付模式即受偿地区根据生态保护投入和自身经济发展水平，向上级行政主体申请，要求得到财政转移支付；上级行政主体考察合适生态补偿受偿地区的申请，向生态补偿受偿地区提供纵向财政转移支付。横向转移支付则是实施于流域同级行政主管部门间。受益地区根据

受偿地区生态环境治理所投入，予以合理财政转移支付。支付资金可用于退耕还林项目、生态公益林建设等特定领域。

广东、江西在东江流域即采用政府间纵向财政转移支付的流域生态补偿模式。未实施流域补偿前，东江源区生态环境保护措施的经济投入都是由源区贫困的三县政府来承担的，如近年来源区贫困的安远县每年从地方财政中拨出大量资金用于治理水源涵养、水土流失项目。除此之外，安远县因关停矿山每年减少财政收入 7 240 万元，因为限制林木采伐每年减少财政收入 800 万元，因关闭松焦油厂、活性炭厂、木材加工厂每年减少财政收入 1 300 万元，因阻止污染企业进入园区每年减少财政收入 900 万元，合计每年造成财政收入减少 1.024 亿元。由此可见东江源区为保护东江流域生态环境做出了巨大牺牲。实施政府财政转移补偿机制之后，中央以纵向财政转移支付的方式，加大源区水土流失治理、珠江防护林体系建设、公益林建设过程中的资金扶持力度；其次江西省政府根据源区三县实际情况，提供纵向财政资金推动源区生态环境治理项目的实施。广东省也通过横向财政转移支付，水土保持资金生态公益林补偿的方式每年拿出 1.5 亿资金对上游河源市进行补偿。

据 2012 年统计资料，赤水河人均 GDP 为 11 881.5 元，为全国人均水平的 33.86%，属于经济欠发展区域。尤其赤水河上游毕节市，2011 年人均 GDP 仅有 9 113 元，仅为全国平均水平的 26%，是全流域经济发展最缓慢的地区，流域上、下游经济发展严重不均衡。因此赤水河流域相关行政主体根据上述实际情况，中央及省政府应当给予财政转移支付，以补偿上游地区经济损失，提高上游继续保护水资源的积极性。

7.6.2　补偿的主体与客体

赤水河流域范围内，生态系统服务价值的受益者除了下游地区的政府以外，还包括各具发展潜力和发展资源的企业主体（如白酒生产企业、煤矿开采企业、造纸企业、化工企业等），以及因地区产业发达使得人均收入增高的居民。同理，为提供生态系统服务价值付出成本的不仅是上游地区的政府，还有当地发展受到限制的企业主体，以及以纯林业、农业耕作为主要收入来源的居民。因此，本研究建议赤水河流域生态补偿的主体是：提供流域生态系统服务价值、从严保护水质的上游毕节地区政府、企业和居民；客体是利用生态系统服务价值、得到优质水源的下游遵义地区政府、企业和居民。

贵州省赤水河流域所涉及的 8 个县市中，上游地区包括毕节市所属七星关区、大方县、金沙县以及部分遵义县，为赤水河流域生态环境做了大量保护工作，并牺牲部分发展权，目前这些地区的经济发展水平已经明显落后于中、下游地区，因此，本次研究将七星关区、大方县、金沙县、遵义县、桐梓县作为生态补偿的客体。中、下游仁怀、习水地区以酿酒业为龙头的工业经济发展水平较高地区作为生态补偿主体。

7.6.3　生态补偿资金来源

补偿费用的来源问题是建立流域补偿机制的首要问题。依据政府主导和市场相结合的原则，资金来源应该主要为政府财政转移支付和市场行为。贵州省应该加大对流域的财政转移力度。根据前文测算赤水河流域上游受限地区生态成本，2012 年上游地区以及桐梓县为中、下游地区留出剩余环境容量为 COD：26 653 t/a，氨氮：871 t/a。按照市场处理成本，价值约为 1.24 亿元。由白酒制作工艺经验值可知，酿造 1 t 白酒成品平均需要取水量为 40 t，据 2012 年数据统计，赤水河流域中、下游地区白酒企业总产量为 22.5 万 t，计算得出年取水量约为 900 万 t，现建议白酒企业每取 1 t 水，缴纳生态补偿基金 10 元，剩余部分则由下游仁怀市、习水县、赤水市财政分担支付，支付比例以 2012 年 GDP 作为参考。生态补偿资金来源计算结果如表 7-42 所示。

表 7-42　2012 年赤水河生态补偿资金来源统计表

资金来源	GDP	分担比例/%	分担金额/万元
仁怀市	341	73	2 482
习水县	75	16	544
赤水市	50	11	374
白酒企业			9 000
总计			12 400

7.7　小结

本章从水污染生态防治成本，上游地区生态保护总成本兼顾考核断面水质水量达标情况，上游地区生态系统服务价值以及上、下游地区经济发展差异的角度出发，计算了赤水河流域水环境容量及分别作为上限、下限及标准值的生态补偿标准;并在总结分析国内4种典型的政府主导生态补偿模式的基础上,根据赤水河流域上游地区预留的剩余水环境容量市场价值,探讨了赤水河流域生态补偿机制的建议,构建了基于信息熵值理论的补偿标准分配模型,并以生态保护总成本量为初始值模拟了补偿标准分配额度。得到的主要结论如下:

(1)根据赤水河水文地质条件结合各行政区实际入境水质状况,确定污染物混合区长度、各行政区流量、污染物衰减系数等计算参数选取水体一维模型进行正向模拟,采用一维稳态衰减微分方程 $C = C_0 \cdot e^{-kx/u}$ 计算得到赤水河流域水环境容量。2012年赤水河流域COD的总水环境容量为73 146 t/a,氨氮的总水环境容量为2 898 t/a。

(2)经核算,2012年赤水河上游受限地区以及桐梓县总共为中、下游地区留出环境容量为COD: 26 653 t/a,氨氮: 871 t/a。以当前市场处理每吨COD和氨氮的价格分别为4 000元和20 000元核算,即赤水河上游及桐梓县的水污染防治成本即预留环境容量价值为1.24亿元。

(3)生态补偿标准的范围建议:①以上游地区修正后的生态保护总成本为补偿的参考值,按年补偿给上游地区 81 472万元/a,年人均补偿标准为1 090.36元;②以上游地区经济发展底线为依据确定的补偿标准为下限,按年补偿给上游地区23 607万元,年人均补偿为886元;③以上游毕节地区提供的森林、耕地、草地和水域湿地4种类型的生态系统服务价值为补偿的最大值(上限),即下游每年应当补偿上游1 210.6元/人。

(4)生态补偿标准的分配。假设保护总成本为初始值,计算得到受偿地区的补偿额度分别为:七星关区47 253万元/a、大方县22 812万元/a、金沙县11 406万元/a。

(5)补偿的主客体确定。赤水河流域范围内,生态系统服务价值的受益者除了下游地区的政府以外,还包括了各具发展潜力和发展资源的企业主体(如白酒生产企业、煤矿开采企业、造纸企业、化工企业等),以及因地区产业发达使人均收入增高的居民。同理,为提供生态系统服务价值付出成本的不仅是上游地区的政府,还有当地发展受到限制的企业主体,以及纯林业、农业耕作为主要收入来源的居民。因此,贵州省赤水河流域所涉及的8个县市中,上游地区包括毕节市所属七星关区、大方县、金沙县以及遵义县部分地区,为赤水河流域生态环境做了大量保护工作,并牺牲部分发展权,目前这些地区的经济发展水平已经明显落后于中下游地区,因此,本次研究将七星关区、大方县、金沙县、遵义县、桐梓县作为生态补偿的主体。中、下游仁怀、习水地区以酿酒业为龙头的工业经济发展水平较高地区作为生态补偿客体。

（6）以流域生态补偿实施框架与补偿模式为研究对象，总结分析 4 种国内典型政府主导的流域生态补偿模式，并根据贵州省赤水河流域社会经济及生态环境的实际情况，分别探析上述 4 种模式在赤水河流域的适用性，总结指出应当在赤水河流域内同时推行上下游政府间共同出资的流域生态补偿模式和政府间财政转移支付的流域生态补偿模式。

参考文献

[1]　李克国. 生态环境补偿政策的理论与实践[J]. 环境科学动态，2000（2）：8-11.

[2]　刘玉龙，许凤冉，张春玲，等. 流域生态补偿标准计算模型研究[J]. 中国水利，2006（22）：35-38.

[3]　张乐勤，荣慧芳.条件价值法和机会成本法在小流域生态补偿标准估算中的应用——以安徽省秋浦河为例[J]. 水土保持通报，2012，32（4）：158-163.

[4]　刘强，彭晓春，周丽旋，等. 城市饮用水水源地生态补偿标准测算与资金分配研究——以广东省东江流域为例[J]. 生态经济，2012（1）：33-36.

[5]　谢高地，鲁春霞，冷允法，等. 青藏高原生态资产的价值评估[J].自然资源学报，2003，18（3）：189-196.

第8章
赤水河流域保护的政策及法规建设

8.1 《贵州省赤水河流域保护条例》

8.1.1 背景

　　赤水河是英雄河，是我国名酒的圣地，是生态保护的示范河，还是文化河。贵州省人大常委会历来十分重视赤水河流域的保护工作，2009年就组织起草《赤水河流域保护条例》草案，经过广泛征求意见，反复论证修改，贵州省人大常委会于2011年7月29日审议通过了《贵州省赤水河流域保护条例》（以下简称《条例》），自2011年10月1日起施行。

　　《条例》从立项、起草、论证到通过，都是省人大具体负责的，《条例》部门色彩淡，没有部门利益的烙印，也得到了委员和专家们的一致肯定。

　　《条例》的施行，将赤水河流域生态环境保护工作纳入了法制化的轨道，也是地方立法的一种尝试。

8.1.2 内容

　　《条例》分别从流域规划和产业发展、生态建设与环境保护、资源保护与开发利用、文化传承与保护、法律责任等方面进行了详细的规定，《条例》具体内容见专栏8-1。

具体来说，《条例》具有以下几个主要特点：

（1）保护优先，合理开发。赤水河流域保护是前提，但只讲保护，不讲开发，是不符合人民群众的生产、生活需要的。只有具备发展实力，才能更好地保护。

（2）政府主导，社会参与。赤水河流域保护资金的来源，就强调政府要设立专项资金，同时部门要积极支持，也鼓励单位和个人对赤水河流域保护进行投资和捐赠。

（3）立足生态，全面保护。生态是《条例》保护的重点，从水量、植被、大气、面源等《条例》都予以规范，同时《条例》兼顾了文化、自然遗产和非物质文化遗产的保护。

（4）法律手段为主，经济措施配套。《条例》规定了法律责任予以惩戒，同时也有不少经济措施，如规定要编制赤水河流域保护综合规划、产业发展规划，以促进该区域的协调发展。

专栏 8-1 《贵州省赤水河流域保护条例》

（2011 年 7 月 29 日贵州省第十一届人民代表大会常务委员会第二十三次会议通过，自 2011 年 10 月 1 日起施行）。

第一章 总 则

第一条 为了加强我省境内赤水河流域保护，规范流域开发、利用、治理等活动，改善流域生态环境，促进经济社会可持续发展，根据《中华人民共和国环境保护法》《中华人民共和国水法》《中华人民共和国水污染防治法》和有关法律、法规的规定，结合我省实际，制定本条例。

第二条 赤水河流域规划建设、保护管理、开发利用及流域内的生产、生活等活动，应当遵守本条例。

本条例所称的赤水河流域，是指我省境内赤水河干流及其主要支流汇水面积内的水域和陆域，具体范围由省人民政府划定并向社会公布。

第三条 赤水河流域保护遵循统一规划、综合管理，政府主导、社会参与，保护优先、科学开发、合理利用的原则。

第四条　省人民政府与赤水河流域县级以上人民政府应当加强对赤水河流域保护工作的领导，将其纳入国民经济和社会发展规划；积极采取措施，加强生态建设和环境保护，保障流域经济社会发展与生态环境容量相适应，促进流域生态环境改善。

省人民政府有关部门与赤水河流域县级以上人民政府有关部门、乡镇人民政府，按照各自职责做好赤水河流域保护工作。

赤水河流域村（居）民委员会协助各级人民政府及有关部门做好赤水河流域保护工作。

第五条　赤水河流域保护实行流域管理与行政区域管理相结合的管理体制，行政区域管理应当服从流域管理。

省人民政府应当建立健全赤水河流域管理协调机制，统筹协调赤水河流域管理中的重大事项，加强与邻省的沟通协调。

省人民政府根据需要设立赤水河流域管理机构，负责赤水河流域管理的具体工作。

第六条　赤水河流域保护实行责任制，流域各级人民政府及其主要负责人对本行政区域内赤水河流域保护负责。

省人民政府环境保护行政主管部门、水行政主管部门会同省人民政府有关部门，按照赤水河流域保护规划和水功能区划、水环境功能区划，制定赤水河流域水质控制指标、污染物排放总量控制指标等流域保护目标，经省人民政府批准后，逐级分解落实到赤水河流域县级以上人民政府，纳入政府及其主要负责人目标责任考核内容。乡镇人民政府及其主要负责人流域保护目标，由县级人民政府确定。

赤水河流域各级人民政府及其主要负责人流域保护目标完成情况，由上一级人民政府进行考核。考核结果应当向社会公布。

第七条　省人民政府和赤水河流域县级以上人民政府应当设立赤水河流域保护专项资金，列入本级财政预算。

省人民政府和赤水河流域县级以上人民政府在安排生态建设、环境保护、种植业、旅游业、文化保护资金和项目时，应当向赤水河流域倾斜。

鼓励单位和个人对赤水河流域保护进行投资和捐赠。

第八条　赤水河流域建立以财政转移支付、项目倾斜等为主要方式的生态补偿机制，具体办法由省人民政府制定。

第九条　省人民政府和赤水河流域县级以上人民政府应当定期向同级人民代表大会常务委员会报告赤水河流域保护工作情况。

赤水河流域乡镇人民政府应当向乡镇人民代表大会报告赤水河流域保护工作情况。

省人大常委会、赤水河流域县级以上人民代表大会常务委员会应当定期组织赤水河流域保护情况的监督检查。

第十条　赤水河流域县级以上人民政府及其有关部门应当加强赤水河流域保护的宣传教育，普及流域保护知识，增强公众流域保护意识。

任何单位和个人都有保护赤水河流域的义务，有权依法检举和制止污染、破坏流域生态环境的行为。成绩突出的，由县级以上人民政府予以表彰或者奖励。

第二章　流域规划与产业发展

第十一条　赤水河流域保护和产业发展，应当统一规划。规划分为流域规划和区域规划，流域规划、区域规划包括综合规划和专项规划。

区域规划应当服从流域规划，专项规划应当服从综合规划。

第十二条　赤水河流域保护综合规划、产业发展规划以及区域保护综合规划、产业发展规划，应当与国民经济和社会发展规划以及土地利用总体规划、城乡规划、水资源综合规划、环境保护总体规划等相协调。

第十三条　省人民政府发展改革行政主管部门会同省人民政府有关部门，编制赤水河流域保护综合规划、产业发展规划，报省人民政府批准后实施。

赤水河流域保护综合规划应当包括流域功能定位，流域保护现状，流域保护近期、中期、远期目标和重点，流域保护政策措施等内容。

赤水河流域产业发展规划应当包括流域产业发展定位，产业发展现状，产业布局和产业结构调整，产业发展目标和措施，重点发展领域和优先发展项目等内容。

第十四条　省人民政府有关部门根据赤水河流域保护综合规划、产业发展规划，编制赤水河流域保护专项规划、产业发展专项规划，报省人民政府批准后实施。

赤水河流域县级以上人民政府有关部门根据赤水河流域保护综合规划、产业发展规划、专项规划，制定本行政区域内赤水河流域保护规划、产业发展规划和专项规划，报本级人民政府批准后实施。

第十五条　编制赤水河流域保护综合规划、产业发展规划应当公开征求意见，并依法进行环境影响评价。

省人民政府有关部门编制赤水河流域保护综合规划、产业发展规划、专项规划，应当征求赤水河流域县级以上人民政府及其有关部门的意见。

第十六条　经依法批准的赤水河流域保护规划、产业发展规划、专项规划，应当通过广播、电视、报纸、互联网等媒体向社会公开。

第十七条　经依法批准的赤水河流域保护规划、产业发展规划、专项规划，任何单位和个人不得擅自改变。确需改变的，应当报原批准机关批准。

第十八条　省人民政府发展改革行政主管部门会同经济和信息化、环境保护等行政主管部门，根据赤水河流域产业发展规划和国家产业结构调整指导目录，制定赤水河流域鼓励、限制、禁止发展的产业、产品目录，报省人民政府批准后予以公布、实施。

第十九条　省人民政府和赤水河流域县级以上人民政府应当按照赤水河流域产业发展规划和赤水河流域鼓励、限制、禁止发展的产业、产品目录，统筹兼顾，因地制宜，优化产业布局，调整产业结构，促进流域产业发展。

赤水河流域产业布局和产业结构调整，应当优先考虑自然资源条件、生态环境承载能力以及保护流域生态环境的需要。

第二十条　省人民政府和赤水河流域县级以上人民政府应当根据流域产业发展规划，将节水、节能、节地、资源综合利用、可再生能源项目列为重点发展领域，积极采取措施发展低水耗、低能耗、高附加值的产业。

鼓励依托赤水河流域特有的资源，发展农产品深加工等产业，发展地方特色优势种植业、林业和旅游业。

第二十一条　赤水河流域县级以上人民政府应当根据流域产业发展规划，积极推动农业产业结构调整，优先发展农业无公害产品、绿色产品和有机产品，建设相应的基地，逐步实现规模化、集约化、标准化生产。对于发展生态农业的，应当给予政策扶持。

第二十二条　禁止在赤水河流域内发展下列产业：

（一）不符合国家产业政策的；

（二）不符合环境保护要求的；

（三）不符合赤水河流域保护规划、区域保护规划、产业发展规划的。

第二十三条　赤水河流域县级以上人民政府应当按照国家规定和流域保护的需要，限期淘汰本行政区域内落后的生产技术、工艺、设备、产能。

禁止采用被国家列入限制类、淘汰类的工艺、技术和设备。

第二十四条　在赤水河流域内推广节水、节能型工艺，推行清洁生产，发展循环经济。

鼓励企业采用新材料、新工艺、新技术，改造和提升传统产业，开展废弃物处理与资源综合利用。

第三章　生态建设与环境保护

第二十五条　赤水河流域县级以上人民政府应当加强污水、垃圾的无害化、资源化处理等生态环境保护基础设施建设，制定工作计划并纳入流域保护目标责任制。

鼓励、支持公民、法人和其他组织投资经营污水、垃圾集中处理设施等环境保护项目。

第二十六条　赤水河流域县级人民政府所在地城镇以及赤水河干流、主要支流沿岸的乡镇、村庄、居民集中区，应当建设生活污水处理设施，实现达标排放。

赤水河流域县级以上人民政府应当安排资金，加强赤水河干流、支流沿岸村庄沼气池等清洁工程建设。

第二十七条　赤水河流域县级以上人民政府所在地城镇应当根据省人民政府批准的城镇生活垃圾无害化处理设施建设规划，建设生活垃圾无害化处理设施。

赤水河流域县级以上人民政府应当安排资金，扶持和指导赤水河干流、支流沿岸乡镇、村庄、居民集中区按照相关标准设置生活垃圾分类收集、集中转运、无害化处理设施。

第二十八条　赤水河流域县级以上人民政府应当鼓励、引导流域内种植业、养殖业、林业等产业的生产者发展循环经济，实行资源综合利用。

从事规模化畜禽养殖和农产品加工的单位和个人，应当对畜禽粪便、废水和其他废弃物进行综合利用和无害化处理。

从事水产养殖的单位和个人应当采取相应措施，防止污染水环境。

第二十九条　赤水河流域县级以上人民政府农业行政主管部门应当根据流域内农业生产需要，加大科技投入，推广使用安全、高效、低毒和低残留农药以及易降解地膜，指导农民科学、合理施用化肥和农药，防止农业面源污染。

第三十条　赤水河流域县级以上人民政府应当根据流域内生态环境保护的需要，依法划定禁止建设规模化畜禽养殖场的区域，并向社会公布。

禁止在前款规定的区域建设规模化畜禽养殖场；本条例施行前已建成的，由赤水河流域县级人民政府责令其限期搬迁或者关闭，并依法给予补偿。

第三十一条　赤水河流域县级以上人民政府应当按照流域生态功能区划采取封山育林、退耕还林、植树造林、种竹种草等措施，增加林草植被，增强水源涵养能力。

在赤水河流域从事农作物、经济作物种植和植树造林、荒坡地开垦等农业生产活动，应当依法采取水土保持措施；开办可能造成水土流失的生产建设项目，生产建设单位应当依法编制水土保持方案，并按照经批准的水土保持方案，采取水土流失预防和治理措施。

第三十二条　禁止占用或者征收、征用流域内的生态公益林地，不得随意变更生态公益林地用途。因国家和本省重点工程项目确需占用或者征收、征用的，应当依法办理审批手续。

第三十三条　赤水河流域县级以上人民政府应当组织对本行政区域内的严重污染河段进行清淤和治理。鼓励采用适宜的生态修复技术，充分利用水生生物提高水体自净能力。

勘探、采矿、开采地下水和兴建地下工程，必须采取防护措施，防止污染地下水。

第三十四条　赤水河流域主要水污染物实行排放总量控制制度。

确定赤水河河段的主要水污染物控制总量，应当符合该河段的水质控制目标要求。

赤水河流域县级以上人民政府根据省人民政府下达的总量控制指标，将主要水污染物排放总量控制指标分解落实到排污单位，并向社会公布，接受社会监督。

省人民政府环境保护行政主管部门应当责令水污染物排放超出总量控制指标的市、县限期削减污染物排放量。逾期仍未达到总量控制指标要求的，不得新建、扩建向流域内排放污染物的建设项目。

第三十五条　排污单位排放污染物不得超过国家和本省的污染物排放标准，不得超过排放总量控制指标。

从事生产经营活动的单位和个人应当向所在地县级以上人民政府环境保护行政主管部门申请领取排污许可证。禁止无证排污。

第三十六条　排污单位应当按照国家和省的规定设置排污口，并安装标志牌。排污口设置后不得随意变动。不符合排污口设置技术规范、标准和要求的，应当在环境保护行政主管部门规定的期限内完成整改。

列为重点污染源的排污单位应当在排污口安装在线自动监控设备并负责其正常运行。

第三十七条　赤水河流域逐步实行水污染物排污权有偿使用和转让制度。

排污单位通过清洁生产和污染治理等措施削减依法核定的重点水污染物排放指标的，由赤水河流域县级以上人民政府给予适当奖励。

赤水河流域排污权有偿使用和转让的具体方案由省人民政府环境保护行政主管部门会同省人民政府财政、价格行政主管部门制订，报省人民政府批准后实施。

第三十八条　向水体排放污染物的企业事业单位和个体工商户，应当按照排放水污染物的种类、数量和排污费征收标准缴纳排污费。

排污费纳入财政预算，用于污染的防治，不得挪作他用。

第三十九条　污水、垃圾处理设施服务范围内的单位和个人，应当按照规定缴纳污水处理费和垃圾处理费。污水、垃圾处理费纳入财政预算管理，专户储存，用于污水、垃圾处理设施的运营和维护，不得挪作他用。

污水、垃圾处理设施所在地县级人民政府环境保护行政主管部门应当对污水、垃圾处理设施处理污水、垃圾的情况进行监测，监测合格的，由县级人民政府有关部门定期核拨污水、垃圾处理费。

单位、个人缴纳的污水、垃圾处理费不能维持污水、垃圾处理设施正常运营的，县级人民政府应当给予适当补贴。

第四十条　在流域内新建、改建、扩建工业建设项目以及居住小区、宾馆、饭店等建设项目，应当依法进行环境影响评价，建设配套的水污染防治设施，并达标排放。

水污染防治设施应当与产生污染物的主体设施同时运行使用。已建成的防治污染设施不得擅自拆除、闲置或者停运，因紧急事故停运的，排污单位应当立即报告所在地环境保护行政主管部门，并采取应急措施。

本条例施行前在流域内已建成的污染严重的建设项目或者对生态破坏严重的设施，由当地县级以上人民政府环境保护行政主管部门责令限期治理。

第四十一条　赤水河流域禁止下列行为：

（一）向水体排放油类、酸液、碱液或者剧毒废液；

（二）在水体清洗装贮过油类或者有毒污染物的车辆、容器、包装物；

（三）向水体排放、倾倒工业废渣、城镇垃圾或者其他废弃物；

（四）在流域沿河滩地和岸坡倾倒、堆放、填埋垃圾等固体废弃物或者其他污染物；

（五）使用国家明令禁止的农药，随地丢弃农药包装物、废弃物；

（六）生产、销售、使用含磷洗涤剂；

（七）法律、法规禁止的其他行为。

单位和个人设置的废弃物储存、处理设施或者场所，应当采取必要的措施，防止堆放的废弃物产生的污水渗漏、溢流和废弃物散落等对水环境造成污染。

第四十二条　流域内的矿产资源开采企业排放的废水、产生的矿渣等固体废物，应当限期进行治理；逾期不治理的，由所在地县级人民政府依法组织治理，所需费用由矿产资源开采企业承担。

流域内的废弃矿山及其产生的矿渣、矿坑废水由所在地乡、镇以上人民政府按照规定期限组织治理。

第四十三条　赤水河流域县级以上人民政府应当制定流域重大污染事故应急预案。发生重大污染事故时，应当立即报告上一级人民政府和省人民政府环境保护行政主管部门，并按照应急预案，采取应急措施，消除或者减轻危害。

在赤水河流域内从事生产、经营、储存、运输等可能造成水污染事故的单位，应当制定水污染事故应急预案，定期进行演练并做好应急准备。

第四十四条　省人民政府环境保护行政主管部门负责组织赤水河干流断面水质监测，断面水质的监测结果由省人民政府环境保护行政主管部门定期向社会公布。

第四章　资源保护与开发利用

第四十五条　赤水河流域资源保护与开发利用，应当遵循保护优先、适度开发的原则，充分考虑流域生态环境承载能力，减轻对生态环境的影响。

第四十六条　赤水河流域矿产资源开发利用应当符合赤水河流域保护规划和产业发展规划。开采矿产资源应当采用先进技术和工艺，降低资源和能源消耗，减少污染物、废物数量，污染物不得直接向外排放。

第四十七条　赤水河流域水资源开发遵循统一规划、合理利用和有偿使用原则，依法实行饮用水水源保护区制度和取水许可制度。

第四十八条　赤水河流域水资源的开发利用应当符合水功能区划的要求，在满足城乡居民生活用水的同时，应当坚持生态环境用水优先，并兼顾农业、工业以及航运等需要。

禁止在赤水河干流和珍稀特有鱼类洄游的主要支流进行水电开发、拦河筑坝等影响河流自然流淌的工程建设活动。

第四十九条　赤水河流域依法划定珍稀特有鱼类保护区范围。赤水河流域县级以上人民政府及其有关部门应当加强流域珍稀特有鱼类保护，定期对本行政区域内渔业资源进行调查、监测、评估。

渔业行政主管部门应当在赤水河流域鱼类及其他水生动物重要产卵场、越冬场、索饵场、洄游通道划定禁渔区或者划段设置常年禁渔区，并设立禁渔标志。珍稀特有鱼类保护区应当作为常年禁渔区进行严格保护。

禁止在禁渔期、禁渔区、水产种质资源保护区、水生动植物自然保护区内从事捕捞、扎巢捕杀亲体和其他危害渔业资源的活动。

禁止使用炸鱼、毒鱼、电鱼等破坏渔业资源的方法进行捕捞。

禁止捕捞、销售野生珍稀特有鱼类。

第五十条　在赤水河内进行水下爆破、勘探、施工作业、路桥等水工建设，对渔业资源有严重影响的，建设单位应当组织对渔业资源环境影响进行评价，并报县级以上人民政府渔业行政主管部门审核后，方可建设。

第五十一条　赤水河流域县级以上人民政府及其有关部门应当加大资金投入，采取有效措施，加强对流域内森林资源、珍稀濒危野生动植物、自然地貌、地质遗迹的管理和保护。

有条件的地方，应当依托流域自然资源，依法申请建立国家级、省级和县级自然保护区、风景名胜区、森林公园以及世界自然遗产地等，已经申报成功的地区，应当严格按照有关法律法规的规定，做好相关保护工作。

第五十二条　赤水河流域县级以上人民政府及其有关部门应当按照适度开发、合理布局、完善设施、提高档次的原则，加快旅游基础设施建设，合理开发生态旅游、文化旅游、工业旅游、乡村旅游等旅游产品，加大对外开放、招商引资和旅游推介力度，促进旅游业发展。

第五十三条　赤水河流域旅游资源的开发利用实行政府主导、社会参与、市场运作的原则，鼓励投资开发赤水河流域旅游业；依法保护投资者的合法权益。

第五章　文化传承与保护

第五十四条　赤水河流域文化实行重点保护、科学开发、合理利用的原则。

赤水河流域县级以上人民政府应当制定流域文化遗产保护规划，积极采取措施加强文化遗产保护工作，正确处理经济建设、社会发展与文化遗产保护的关系，合理开发利用文化遗产。

赤水河流域县级以上人民政府有关部门应当定期对流域内文化遗产进行普查登记，加强文化遗产的发掘、整理、抢救、保护，及时查处破坏文化遗产的行为，保障文化遗产安全。

城乡建设、旅游发展中涉及文化遗产的，应当依法加强保护和管理，不得对文化遗产造成损害。

第五十五条　赤水河流域内的物质文化遗产，符合文物保护单位申报条件的，应当依法申报文物保护单位，并依法予以保护。

赤水河流域内未列入文物保护单位而具有人文历史价值的传统民居、古镇、古城墙、古道、古埠头、古墓葬、宗祠、摩崖石刻等物质文化遗产，赤水河流域县级以上人民政府及其有关部门应当建立相关档案，对其名称、类别、位置、规模等事项予以登记，并采取有效措施进行保护。

第五十六条　依法对赤水河流域不可移动的文化遗产实施原址保护，任何单位和个人不得擅自拆除、迁移或者改变其风貌。

禁止因商业开发拆除、迁移不可移动文化遗产或者改变其风貌。

第五十七条　赤水河流域县级以上人民政府及其有关部门应当积极采取措施，加强对民风民俗、民间艺术、传统技艺、民族文化、航运文化、盐运文化、长征文化、酒文化、竹文化等非物质文化遗产的发掘、整理、保护和开发利用工作，传承流域特有文化。

第五十八条　赤水河流域县级以上人民政府文化行政主管部门应当根据文化遗产的特征和保护需要，明确文化遗产保护责任单位、责任人、传承人。

文化遗产保护责任单位、责任人、传承人应当制定文化遗产保护方案和措施，积极履行保护和管理义务，依法保护、管理和利用文化遗产。

文化遗产受到或者可能受到损坏的，文化遗产保护责任单位、责任人、传承人应当积极采取保护、修缮措施，并向县级以上人民政府文化行政主管部门报告，文化行政主管部门应当及时予以处理。

第五十九条　赤水河流域内县级以上人民政府应当根据流域文化遗产特色和优势，制定文化旅游开发方案和实施计划，积极发展文化旅游业。

鼓励、支持旅游经营者依托流域文化遗产资源，开发旅游产品，创建旅游品牌，发展文化旅游、红色旅游等特色旅游项目。

第六十条　赤水河流域县级以上人民政府应当加强文化遗产历史、文化价值研究和宣传推介，加强文化遗产保护教育，增强文化遗产保护意识。

鼓励单位和个人从事文化遗产保护科学研究，逐步提高文化遗产保护水平。

第六章　法律责任

第六十一条　本条例规定的行政处罚，由县级以上人民政府有关部门按照各自职责依法实施。

第六十二条　赤水河流域各级人民政府未完成赤水河流域保护目标的，由其上一级人民政府依法对其主要负责人给予行政处分。

赤水河流域县级以上人民政府有关部门及其工作人员未履行赤水河流域保护职责的，由本级人民政府或者上级主管部门责令改正，通报批评；对直接负责的主管人员和其他直接责任人员依法给予行政处分。

第六十三条　赤水河流域县级以上人民政府及其有关部门违反本条例第二十二条规定或者批准、引进法律、法规和本条例禁止的项目的，责令改正，予以通报批评，对直接负责的主管人员和其他直接责任人员依法给予行政处分；对批准、引进的项目，依法予以关闭。

第六十四条　违反本条例第二十三条第二款规定的，责令停止违法行为，限期淘汰；逾期不淘汰的，依法予以关闭，可以处以5万元以上20万元以下罚款。

第六十五条　违反本条例第三十条第二款规定，在禁止建设规模化畜禽养殖场的区域内建设规模化畜禽养殖场的，责令限期关闭；逾期不关闭的，拆除相关设施，处以1万元以上5万元以下罚款。

第六十六条　违反本条例第三十二条规定，未经批准占用生态公益林地或者擅自变更生态公益林地用途的，责令停止违法行为，限期恢复原状，处以非法改变用途或者占用林地每平方米 10 元以上 30 元以下罚款。

第六十七条　违反本条例第三十三条第二款规定，未采取防护措施的，责令停止违法行为，情节严重的，处以 5 000 元以上 5 万元以下罚款；造成水污染事故的，按照有关规定处理。

第六十八条　违反本条例第三十八条第一款规定，未按照规定缴纳排污费的，责令限期缴纳；逾期拒不缴纳的，责令停产停业整顿，处以应缴纳排污费数额 1 倍以上 3 倍以下罚款。

第六十九条　违反本条例第四十一条第一款第五项规定的，责令改正；情节严重的，对个人可以处以 500 元以下罚款，对单位可以处以 500 元以上 2 万元以下罚款。

违反本条例第四十一条第一款第六项规定，责令改正；对生产含磷洗涤剂的，可以处以 1 万元以上 10 万元以下罚款；对销售含磷洗涤剂的，可以处以 1 000 元以上 1 万元以下罚款。

第七十条　违反本条例第四十八条第二款规定的，责令停止违法行为，限期拆除相关设施，恢复原状，处以 10 万元以上 100 万元以下罚款；逾期不拆除的，依法强制拆除，所需费用由建设单位承担。

第七十一条　违反本条例第五十六条第二款规定的，责令停止违法行为，恢复原状；造成严重后果的，处以 5 万元以上 50 万元以下罚款，由原发证机关吊销资质证书。

第七十二条　违反本条例规定的其他违法行为，按照有关法律、法规的规定处罚。

8.1.3　《条例》实施效果

《条例》自从 2011 年实施以来，取得了实质性的成效，对于保护赤水河流域有至关重要的推动作用。赤水河流域流经的各级政府、企业和公众保护意识不断增强，沿线各城镇的环保基础设施建设及环境监管能力建设日臻完善，流域水质优于或保持功能区水质类别，赤水河流域保护已经形成了"政府—企业—市场—公众"联动的全员参与模式，赤水河流域保护进入了全面法治的时代。《条例》颁布后取得的总体成效如下：

（1）各级党委政府高度重视，干部履职，各方力量尽心尽职。省人大常委会组织调研组调研了赤水河流域沿线的毕节地区（七星关区、金沙县）及遵义地区（仁怀、习水、赤水）的 13 个乡镇，各级政府高度重视赤水河流域保护，领导干部尽心履职，国有企业、民营企业及第三方运营环保设施的公司都积极履行社会责任感，村民积极响应，形成了各方力量尽心尽职保护赤水河流域的格局。

（2）宣传到位，《条例》深入民心，保护意识日益增强。毕节地区的清水铺镇、清池镇及遵义地区的美酒河镇、习酒镇和复兴镇的《条例》石刻，宣传《条例》，深入民心，赤水河流域保护意识日益增强。

（3）保护措施得力，《条例》落到实处。赤水河流域贵州段流经各个地区的措施及做法各具特色，赤水河流域保护与开发并重，环保投入大，措施落实到位。例如，毕节市七星关区五级河长，层层履职；重拳出击，严格执法，严查养殖场粪便污染，关停砂厂及页岩砖厂；毕节市金沙县为保护赤水河，严格环境准入，关停煤矿及不符合准入条件的酒厂，保护生态环境的同时，保护传统文化；仁怀市投入 50 亿元用于基础设施和能力建设，狠抓"四位一体"环保司法体系建设，小酒厂全面实施"32111"工程，工业园区污水集中处理；遵义市实施"四河四带建设"，同步推进赤水河流域保护与治理；习水县集中治理酿酒废水，实施乡镇农村污水处理全覆盖；赤水市，是流域内生态保护与经济发展较好的区域，探索乡村/城镇污水处理与乡村旅游、扶贫开发的新模式。

（4）与时俱进，改革创新，补充完善《条例》内容。各级政府在贯彻执行《条例》内容的同时，与时俱进地严格执行新的生态文明体制改革精神及全省的"大扶贫、大数据、大生态"战略行动，颁布并实施了 12 项"赤水河流域生态文明体制改革制度"（生态红线制度、自然资源审计制度、生态补偿制度、河长制、环境污染第三方治理制度、健全环保司法保障制度等），补充完善《条例》相关内容，合力推进赤水河流域水质保护。

8.2 贵州省赤水河流域生态补偿办法

8.2.1 实施背景

自 2011 年 10 月 1 日起施行的《贵州省赤水河流域保护条例》第八条规定："赤水河流域建立以财政转移支付、项目倾斜等为主要方式的生态补偿机制，具体办法由省人民政府制定。"后由国家相关主管部门颁布的《西部大开发"十二五"规划》（发改西部〔2012〕189 号）和《西部地区重点生态综合治理规划纲要（2012—2020）》（发改西部〔2013〕336 号）等政策性条文对贵州省赤水河生态补偿机制的建立均有明确指示，2011 —

2013 年的指导性文件为补偿机制建立了政策、法律背景；2013 年 4 月起，贵州省人民政府及贵州省环境保护厅联合制定并宣布："贵州将按照'保护者收益、利用者补偿、污染者受罚'的原则，在毕节市和遵义市实施赤水河流域水污染防治横向生态补偿制度。"

为贯彻落实党的十八届三中全会和省委关于加快生态文明制度建设要求，为进一步落实生态补偿制度，加强我省境内赤水河流域生态建设和环境保护，促进赤水河流域经济社会可持续发展，根据《贵州省赤水河流域保护条例》《贵州省赤水河流域环境保护规划（2013—2020 年）》等有关规定，贵州省政府出台了《贵州省赤水河流域水污染防治生态补偿暂行办法》（黔府办函〔2014〕48 号），从 2014 年 5 月起实施。

本办法所称赤水河流域，是指《赤水河流域环境保护规划》中确定的流域和范围，具体为七星关区、金沙县、大方县、习水县、仁怀市、赤水市、遵义县、桐梓县。

8.2.2 实施内容

办法明确，省环境保护厅负责考核断面水质监测；省水利厅负责考核断面水量监测，并及时将水量数据通报省环境保护厅。对出境考核断面水质和水量实施自动监测，取月平均值作为生态补偿资金的计算依据。在自动监测装置建成前，以人工监测数据进行评价和计算。省环境保护厅负责及时向省财政厅、毕节市、遵义市及有关县（市、区）通报监测断面考核情况及缴纳金额。

办法明确，按照"保护者受益、利用者补偿、污染者受罚"的原则，在贵州省毕节市和遵义市之间实施赤水河流域水污染防治双向生态补偿。

按照该办法，上游毕节市出境断面水质优于 Ⅱ 类水质标准，下游受益的遵义市应缴纳生态补偿资金；上游毕节市出境断面水质劣于 Ⅱ 类水质标准，毕节市则应缴纳生态补偿资金。赤水河流域内有关县（市、区）出境考核断面水质劣于规定的水质类别，也应缴纳生态补偿资金。

办法明确，生态补偿以赤水河在毕节市和遵义市跨界断面水质监测结果为考核依据，断面水质监测指标为高锰酸盐指数、氨氮、总磷，污染物超标补偿标准为高锰酸盐指数 0.1 万元/t、氨氮 0.7 万元/t、总磷 1 万元/t。有关区（县）生态补偿资金计算按照该方法执行。

赤水河流域生态补偿资金实行按月核算、按季通报、按年缴纳。省环境保护厅按月对生态补偿金进行核算，每季度将核算结果向省财政厅和遵义市、毕节市人民政府及有关县（市、区）人民政府通报，每年 1 月 31 日前将上年度核算结果和应缴纳总额向省财政厅和遵义、毕节两市人民政府及有关县（市、区）人民政府通报。遵义市人民政府或毕节市人民政府及有关县（市、区）人民政府在收到上年度生态补偿资金核算结果和应缴纳总额后的 20 个工作日内，将生态补偿资金缴纳对方市级财政和省级财政。逾期不缴纳的，省财政厅将通过办理上下级结算扣缴。

办法明确，省财政厅负责对流域生态补偿资金的使用、管理进行监督检查和追踪问效；省环境保护厅负责对利用生态补偿资金实施的项目进行监督检查。

8.3　赤水河流域贵州段河长制

8.3.1　实施背景

作为长江支流上唯一一条未被开发的支流，赤水河对保护生物多样性具有重大意义。贵州省委、省政府高度重视赤水河的保护，2013 年 4 月，省政府办公厅下发了《关于在赤水河流域贵州段实施环境保护河长制的通知》，要求"省人民政府有关部门与赤水河流域县级以上人民政府有关部门、乡镇人民政府，按照各自职责做好赤水河流域保护工作"。与河长制在三岔河流域治理经验不同的是，河长制在赤水河打出由所属市（州）人民政府负责人、县（区）人民政府负责人、乡（镇）人民政府负责人层层推进组成的"组合拳"，这意味着赤水河上的每一条沟、每一道渠，都有了自己的主人。由此，改革后的河长制在赤水河粉墨登场。

为进一步落实贵州省赤水河流域（以下简称赤水河流域）环境保护河长制，改善赤水河流域生态环境质量，根据《省人民政府办公厅关于在赤水河流域贵州段实施环境保护河长制的通知》（黔府办函〔2013〕42 号）要求，2014 年 6 月 5 日，省政府颁布《贵州省赤水河流域环境保护河长制考核办法》（黔府办函〔2014〕69 号）。

8.3.2　实施内容

贵州赤水河流域内各"河长"，即遵义市、毕节市人民政府主要负责人，遵义县、桐梓县、仁怀市、习水县、赤水市、七星关区、大方县、金沙县人民政府主要负责人。赤水河流域内各"河长"对本行政辖区内河流水环境质量负责，按照行政辖区分别考核河流水环境监测断面水质。每个行政辖区的河流出境断面水体中的化学需氧量、氨氮、总磷、铁、锰等主要污染指标浓度不得高于河流入境断面浓度；只有河流出境断面的，主要污染指标浓度不得超过该河流规定的水质类别。

在赤水河改革实行的乡镇"河长制"遵循"三巡查两报告一考核"制度。"三巡查"即镇长巡查、班子领导巡查、村长辖区巡查。巡查辖区内排污口是否合法，排放标准是否达标，区域内是否有新设的非法排污口、非法在溪沟内乱取水等情况。并且，每天开展巡查，实行日报告制，每周对各村各干部包保的区域进行通报，每月进行一次奖惩的制度。"若包保的区域内有发生乱排乱放、乱倾乱倒以及区域内有新增的非法排污口以及排出的水没有达到相关标准等，除了提出批评和整改之外，还要实行惩罚制度。"

赤水河的每位河长，都将面临河长制发展历史上最严格的考核。赤水河水环境保护工作实绩将作为"河长"政绩考核的一项重要内容。而奖惩分明的机制，充分调动了河长们的干劲。每年 3 月底前，省环保厅要对河长制实施情况进行核查。根据核查结果进行"奖"和"罚"。每年从省级环境保护专项资金中安排 1 000 万元作为赤水河流域环境保护河长制奖励资金。年度所有河流考核断面水质监测结果达到规定水质类别要求的，对"河长"所在地政府给予奖励，达不到要求的不予奖励。奖励资金由当地政府统筹用于赤水河流域水污染防治设施建设以及生态环境保护。对年度有一个及以上河流考核断面水质监测结果达不到规定水质类别要求的，暂停审批相关县（市、区）新（改、扩）建项目环境影响评价文件。从暂停审批新（改、扩）建项目环境影响评价文件之日起，连续三个月河流考核断面水质监测结果达到规定水质类别要求的，解除项目环境影响评价文件审批限制。对河流考核断面水环境质量严重下滑的"河长"，要按照有关规定进行问责。

赤水河流域市、县（市、区）环境保护河长制考核断面见表 8-1。

表 8-1　赤水河流域市、县（市、区）环境保护河长制考核断面

市	考核河流名称	考核断面名称及考核类别				县（市、区）	考核河流名称	干流/支流	考核断面名称及考核类别			
		入境	类别	出境	类别				入境	类别	出境	类别
毕节市	赤水河	河坝	II	清池	II	七星关区	望乡河	支流	/	/	小河	III
						大方县	二道河	支流	/	/	三岔河	III
						金沙县	水边河	支流			金普组	III
遵义市	赤水河	九仓	II	鲢鱼溪	III	仁怀市	赤水河	干流	九仓	II	两河口上	III
							五马河	支流	/	/	五马河	III
							盐津河	支流	/	/	盐津河	IV
							九仓河	支流	/	/	九仓河	III
						桐梓县	桐梓河	支流	/	/	龙爪	III
						遵义县	观音寺河	支流	/	/	观音寺村	III
						习水县	赤水河	干流	醒民	III	九龙屯	III
							习水河	支流	/	/	大白塘	III
						赤水市	赤水河	干流	九龙屯	III	鲢鱼溪	III
							习水河	支流	大白塘	III	长沙	III

注：表格中"/"表示该支流发源于境内，没有入境断面及水质类别。

8.4　贵州省赤水河流域生态文明体制改革

8.4.1　改革背景

党中央、国务院高度重视生态文明建设，先后出台了一系列重大决策部署，推动生态文明建设取得了重大进展和积极成效。《中共中央　国务院关于加快推进生态文明建设的意见》中明确指出："生态文明建设是中国特色社会主义事业的重要内容，关系人民福祉，关乎民族未来，事关'两个一百年'奋斗目标和中华民族伟大复兴中国梦的实现。"同时，《生态文明体制改革总体方案》中明确改革的目标为："到 2020 年，构建起由自然资源资产产权制度、国土空间开发保护制度、空间规划体系、资源总量管理和全面节约制度、资源有偿使用和生态补偿制度、环境治理体系、环境治理和生态保护市场

体系、生态文明绩效评价考核和责任追究制度等八项制度构成的产权清晰、多元参与、激励约束并重、系统完整的生态文明制度体系，推进生态文明领域国家治理体系和治理能力现代化，努力走向社会主义生态文明新时代。"

　　随着《贵州省生态文明建设促进条例》《贵州省赤水河保护条例》的出台，贵州省政府就赤水河流域生态建设建立了"一揽子"长效管理机制，制定了《贵州省赤水河流域水污染防治生态补偿暂行办法》，建立了四级河长制和省、市、县三省三级环保联动机制，联合查处污染，联动应急。贵州省环保厅配套出台了《贵州省赤水河流域环境保护规划》《贵州省赤水河流域生态文明制度改革试点工作方案》，在赤水河流域部署了"六个一律"环保"利剑"执法专项行动。

8.4.2　改革内容

　　2014 年 4 月 25 日，贵州省出台了《贵州省赤水河流域生态文明制度改革试点工作方案》（以下简称《方案》）。按照"先行先试"的原则，贵州率先在赤水河流域推动生态文明制度 12 项改革（包括建立流域生态保护红线制度、建立流域资源使用和管理制度、建立自然资源资产审计制度、建立流域生态补偿制度、推进生态环境保护监管和行政执法体制改革、建立健全生态环境司法保障制度、建立环境污染第三方治理制度、完善生态环境保护投融资制度、建立农业农村污染合力整治制度、建立生态环境治理和恢复制度、健全落实环境保护河长制、创新生态环境保护考评机制）（详见专栏 8-2）。

　　赤水河流域生态文明制度建设的目标是：坚守发展和生态两条底线，在加快经济发展的同时，以改革的办法和过硬的措施，加快贵州省赤水河流域生态文明制度建设，实行最严格的源头保护制度和责任追究制度，完善环境治理和生态恢复制度，把赤水河流域建成全省流域生态文明制度建设先行区和示范区，实现企业强、百姓富、生态美的目标。

　　通过改革，建立了环境保护河长制、生态补偿、生态红线划定、执法联动机制、第三方治理等一批可复制、可推广的生态文明制度成果，形成了"党政统筹、部门联动、齐抓共管、社会参与"的水环境保护大格局，污染治理设施建设持续推进，流域水质明显好转，生态环境质量明显改善，为解决流域污染难题创造了有利条件。

专栏 8-2

赤水河流域 12 项生态文明建设制度改革之一
——建立流域生态保护红线制度

一、总体目标

将全市国土面积的 30%以上划定为红线区域，实行永久性保护，为全市生态保护与建设、自然资源有序开发和使用、产业合理布局提供重要支撑。

二、划定范围：初步确定 3 类 11 条生态保护红线

（一）一类生态功能红线，主要分为：

1. 项目建设生态环境保护控制红线

2. 赤水河干流沿岸生态环境保护红线

3. 风景旅游名胜区生态环境保护红线

4. 集中式饮用水水源地保护红线

5. 畜禽养殖红线

（二）二类环境质量红线，主要分为：

6. 地表水功能区指标红线

7. 大气环境质量红线

（三）三类资源消耗红线，主要分为：

8. 林地保护红线

9. 水资源保护红线

10. 国土资源消耗红线

11. 赤水河流域水生物种多样性红线

赤水河流域 12 项生态文明建设制度改革之二
——建立生态环境治理和恢复制度

一、总体目标

通过制度保障和工程实施，用 3～4 年时间，把仁怀建成国家级生态文明建设先行示范区；到 2020 年，基本实现水资源的可持续利用，各类生态功能区充分发挥生态效益，人与自然和谐相处，社会经济发展步入生态良性循环的轨道。

二、工程措施

1. 以退耕还林、天然林保护、森林经营以及绿色通道工程为重点的生态林建设工程；

2. 以岩溶地区生态恢复为主的石漠化治理工程；

3. 以小流域为基本单元的坡耕地水土流失综合治理；

4. 以退役矿山治理和尾矿处理为主的矿山生态环境治理和恢复工程；

5. 以城镇污水处理、白酒废水处理和生活垃圾收运处理设施建设为主的环保基础设施建设工程；

6. 以煤改气、清洁能源推广为主的大气环境保护工程；

7. 以酒糟为主的工业固体废物综合利用工程；

8. 以无公害农产品基地和能源替代为主的生态农业工程。

赤水河流域 12 项生态文明建设制度改革之三
——建立流域资源使用和管理制度

一、工作目标

大力推进赤水河流域生态文明制度建设，实行最严格的耕地保护制度和责任追究制度，重点开展赤水河流域土地资源调查，进一步摸清区域内土地资源利用现状。

二、主要任务

（一）开展自然资源调查评价。一是开展赤水河流域土地、森林、草原、水流等自然资源调查工作，初步掌握近三年赤水河流域自然资源保护利用变化情况。二是全面完成农村集体土地所有权集体建设用地使用权登记发证。三是全面完成赤水河流域乡镇土地利用总体规划修改和基本农田划定工作。四是对赤水河流域自然资源保护区域进行一次全覆盖航片拍摄，为开展赤水河流域自然资源管理等方面工作提供科学依据。

（二）开展自然生态空间统一确权登记。开展自然资源资产产权制度调研，研究制定自然生态空间统一确权登记制度，制定统一的自然生态空间登记表卡簿册及证书，研究建立统一的自然生态空间登记信息管理基础平台。充分利用自然资源调查评价成果，开展赤水河流域水流、森林、山岭、荒地、滩涂、湿地等自然生态空间的统一确权登记。

（三）划定自然资源保护红线区域。一是对赤水河流域重点的自然资源控制区域划定为禁止建设区；二是对赤水河流域自然资源生态敏感区域划定为限制建设区；三是对赤水河流域内其他土地划定为可建设用地区，区域内土地使用仍需符合土地利用规划及相关规划，尽量少占或不占耕地，确保区域内资源的生态平衡。

赤水河流域 12 项生态文明建设制度改革之四
——建立自然资源资产审计制度

一、总体目标

1. 摸清被审计单位自然资源资产数量、质量、价值等基本情况，为探索自然资源资产负债表的编制提供基础，并通过自然资源资产数量、质量、价值的变化评价相关责任的履行情况。

2. 检查自然资源资产保护与利用是否合法合规，是否按照相关规定对自然资源资产予以有效保护，是否存在非法利用、处置和出让转让自然资源资产。

3. 检查自然资源资产管理制度是否建立健全，制度的执行是否有效。

4. 审查自然资源资产开发、利用、保护和征收管理涉及的专项资金财政、财务收支是否真实、合规。

5. 评价自然资源资产管理的效益性及自然资源资产是否有效配置。

6. 提出完善政策法规制度、加强自然资源资产管理和利用的建议，探索自然资源资产审计的路子和自然资源资产责任考核评价体系，为有关部门加强干部管理监督提供参考依据。

二、重点内容

1. 自然资源资产总体情况、权属、规模、制度建设、保护和开发利用，自然资源资产收益以及自然资源资产流失，财政投入资金使用情况等内容。

2. 审计实施方案包括：自然资源资产责任审计的对象、审计的主要内容、审计组织领导、审计步骤安排、审计结果的运用五个方面内容。

3. 摸清自然资源资产的家底，建立自然资源资产负债表，对领导班干部任期内自然资源资产情况进行总体评价，是否存在生态盈余、有没有生态亏空，从而有利于保住青山绿水，保住自然资源资产。开展自然资源资产责任审计，树立正确的政绩观，特别是树立"绿色政绩观"，破除唯 GDP 论英雄的错误观念，自觉建设生态文明。

赤水河流域 12 项生态文明建设制度改革之五
——建立流域生态补偿制度

一、生态补偿基金来源

1. 政府专项资金。

2. 排污费收入。

3. 水资源使用费收入。

4. 土地使用费收入。

5. 社会捐赠收入。

二、生态补偿资金使用办法

（一）生态受偿主体为对赤水河流域（仁怀段）生态环境保护做出贡献的乡镇（街道）人民政府（办事处）。

（二）专款专用。生态补偿金专项用于赤水河流域规定范围内的污染防治、生态环境保护、环境监测、断面水量监测和环保能力建设以及和流域生态环境保护相关的产业发展项目等，不得挪作他用。

（三）各乡镇（街道）人民政府（办事处）每年根据流域环境保护需要和资金总量，研究制定生态补偿金项目年度实施方案，并报市政府审查、同意后组织实施。

（四）生态补偿金按年度进行核算和拨付。对禁止发展区乡镇补偿占 40%，生态补偿项目经费占 60%。

三、生态补偿资金的管理

（一）市财政局负责对生态补偿金的使用、管理进行监督检查和追踪问效。

（二）市环境保护局负责对利用生态补偿金实施的项目进行监督、检查和验收。

（三）市政府将资金拨付情况向社会公示，建立绩效考评制度和信息公开制度，接受公众监督。

（四）纪检监察部门对补偿资金的发放、使用进行监督。纳入党政领导干部政绩考核，严格考核奖惩。

赤水河流域 12 项生态文明建设制度改革之六
——建立行政执法体制改革

（一）构建完善环境监察和应急以及监测体系。加强环境监察、应急能力建设，落实乡镇环保人员编制，建立健全乡镇环保机构，环保执法向纵向深入。加强环境监测队伍能力建设，完成赤水河流域（仁怀段）3 座水质自动监测站建设和 3 座空气自动监测站增项建设；水质监测指标扩大为 109 项。

（二）建立健全生态环境保护联防联控制度。建立和完善流域上下游信息互通及环境执法联动机制，建立赤水河流域突发环境事件应急联动工作机制，提升流域环境应急联动能力和处置水平。加强与环保部区域管理机构的沟通，环保部门主动与毗邻县市相关部门联系，分别建立和完善各级赤水河流域监管、执法联动机制。

（三）建立重点污染源定期联动巡查制度。加强对流域内企业的日常环境监管，增加监督性监测和现场检查频次，开展移动执法，实行实时监控、动态管理。完成环境保护数字化管理平台项目建设，实现远程化、实时化监管。

（四）建立健全公众参与制度。广泛深入开展环境保护宣传教育，增强干部群众环保意识，组建生态文明建设志愿者队伍、生态保护信息员队伍，强化仁怀市环境保护促进会职能，凝聚赤水河流域生态环境保护的强大合力，推动全社会参与赤水河流域生态环境保护。建立生态环境信息发布制度，环保部门要在门户网站及时公布流域水质和重点城镇空气质量以及重点企业排污信息，加强社会监督。健全举报制度，及时查处群众关心的热点、难点环境污染和生态破坏问题。

（五）建立生态文明建设行政联动执法机制和司法联动机制。成立生态保护行政工作联动工作机构，强化公安、检察、法院、司法、国土、安监等执法部门以及乡镇（街道）、环保部门之间的协调配合，积极建立全市生态保护行政联动的长效机制，依法打击各类破坏生态环境的违法行为。

赤水河流域 12 项生态文明建设制度改革之七
——健全落实环境保护河长制

一、考核对象

贵州省赤水河流域（仁怀段）内各"河长"，即全市 21 个乡镇（街道）人民政府（办事处）及其主要负责人。

二、考核内容

赤水河流域（仁怀段）"河长制"考核主要内容包括：辖区内九仓河、五马河、桐梓河、沙坝河等 76 条河流（溪沟）断面水质环境质量情况、环境保护年度目标执行情况、河道溪沟环境综合整治情况、河道溪沟环境保护宣传情况等。

三、考核等次

考核工作采取百分制计分，分四个等次。凡当年辖区内发生较大（含）以上级别水环境污染事件或生态环境破坏事件的，直接考核为"不合格"。

四、考核方式

从环保、监察、督查、水务、酒发等有关工作部门抽人组成考核专项工作组，采取定期与不定期、明察暗访与现场检查相结合等方式，按照考核细则对"河长"制落实情况进行考核。

五、考核奖惩

1. 市财政每年安排预算资金 200 万元，作为"河长"制工作奖励专项经费。

2. 依据承担的工作任务，将 21 个乡镇（街道）设置为三类进行考核，兑现奖惩。

赤水河流域 12 项生态文明建设制度改革之八
——建立生态环境保护监管

（一）严格执行环境准入制度。赤水河流域（仁怀段）的规划建设、保护管理、开发利用及生产生活等，必须严格执行《贵州省赤水河环境保护条例》《贵州省赤水河流域保护综合规划》的规定，在特殊功能区内禁止新建化工、造纸、涉重金属等易造成水体污染的项目，严格控制煤炭和其他矿产采选类建设项目。

（二）建立新建项目信息共享制度。市环保、发改、工商、经贸、酒发、水务等部门要对各自审批、备案、登记的新（改、扩）建项目全部建档，部门相互之间根据工作需要定期实行信息共享。

（三）建立健全环境容量总量控制制度。根据仁怀环境容量和总量控制指标，实行总量控制。按照重大经济项目优先的原则，对环境容量和总量进行分配，无环境容量和总量的区域暂停审批新建项目。

（四）建立健全排污许可制度。环保部门要建立和完善所有污染物排放许可和监管制度，流域内所有排污的企事业单位必须持证排污，严厉查处无证排污和超证排污行为。供电、供水部门在给企业办理供电、供水手续时，必须把持有排污许可证作为前提之一，否则不予办理；其他有关部门审验企业证照将持有排污许可证作为前置条件。

（五）构建固体废物处置体系。统筹规划建设县域乡镇生活垃圾收运处置，实施垃圾焚烧发电项目；建立和完善医疗废物收集、清运和处置体系。

赤水河流域 12 项生态文明建设制度改革之九
——建立环境污染第三方治理制度

一、总体目标

通过市场机制的引入，把排污者的直接责任转化为间接的经济责任，由具体承担治理任务的中介机构集中资金投入，建立治理经营实体，实行社会化有偿服务、管理和运行，实现治污集约化、专业化。

二、实施范围

本市行政辖区内的已建、在建或拟建城镇污水处理厂；企业废水、废弃、废渣治理设施；污染源在线自动监控设施等的建设和运行。

三、实施方式

按照污染物排放量、地理位置敏感程度及污染治理运行情况，筛选试点单位，确定的试点单位强制推行环境污染第三方治理工作。环境污染第三方治理分为代理运行和社会化运行两种模式。

赤水河流域 12 项生态文明建设制度改革之十
——建立农业农村污染合力整治制度

一、总体目标

依法治理全市畜禽养殖污染、农业面源污染，从严打击违法违规行为，切实保护赤水河流域水生野生生物。

二、工作措施

（一）整治农业面源污染，保护水生野生生物（四个禁止）。

（二）推进农业农村污染治理工程。

1. 调整农业种植结构。一是推进以能源替代为主的生态农业工程；二是积极推广"畜—沼—果（粮、菜）"等生态农业种养模式，促进农业经济良性发展；三是扩大高粱、小麦、蔬菜、水果的绿色、有机种植规模，减少农药、农膜、化肥污染。

2. 推广生态化养殖。一是科学划定规模畜禽养殖区，控制畜禽养殖总量。在赤水河仁怀段主体河流两岸 1 km 内为禁养区，1~2 km 内为限养区，千人以上集中式饮用水水源地积雨区 1 km 内为禁养区，1~3 km 内为限养区，支流、溪沟两侧 500 m 内为限养区，严格控制规模养殖。二是全面实施标准化圈舍升级，推广养殖新技术。三是畜禽养殖污染治理。建设相应的畜禽粪便、污水与雨水分流设施。四是强化赤水河珍稀特有鱼类国家级自然保护区管理，实施人工增殖流放，建立和完善保护区水生生态环境监测管理体系。五是实施野生动植物保护工程，增加生物多样性。

3. 加强农业面源污染防治。一是严格控制农业生产污染源，推广实施测土配方、绿色、有机种植。二是开展农药安全用药技术培训及指导，提高安全用药技术普及率。三是开展农业面源污染定点监测和预警。四是开展农产品产地土壤重金属普查监测，建立综合防治技术示范区，开展污染治理与修复技术示范。

4. 改善农村生活环境。一是优化村庄布局，以"小康寨"建设为载体，积极培育建设中心村。二是实施"三改"、庭院硬化、垃圾分类处理、集中式饮用水水源地保护、污水处理、公共厕所、照明设施、文体活动场所八项工程建设。三是实施扶贫生态移民搬迁工程。

赤水河流域 12 项生态文明建设制度改革之十一
——完善生态环境保护投融资制度

一、总体目标和坚持原则

改善我市赤水河生态环境，实现可持续发展。坚持"谁使用，谁付费；谁污染，谁治理；谁受益，谁补偿"的原则。

二、多渠道筹措资金，用于生态环境保护

（一）建立生态补偿金。由各收益主体和排污主体共同出资建立。用于补偿为保护生态环境受到开发限制和实施生态修复。

（二）用区域内可能的政府收费或生态补偿金收入质押，向银行融资。

（三）积极争取返还缴纳的生态补偿金。

（四）土地纯收益 3%用于污水项目。

（五）经政府审查批准，可适当引入 PPP 和 TOT 模式。

（六）积极争取发行债券等方式筹措资金。

三、投融资对象

筹措资金只能用于环境生态项目。

四、融资还款来源

坚持"谁决策、谁担险，谁受益、谁承担原则"，确保还款来源情况下，积极融资，切实确保环境生态得到有效保护。

赤水河流域 12 项生态文明建设制度改革之十二
——建立健全生态环境保护司法保障制度

一、总体目标

建立环境保护行政执法机关、公安机关、检察机关和人民法院之间高效、快捷的办案协调机制，确定生态环境保护红线就是联合执法的底线的工作目标。

二、工作措施

建立环境保护执法联席会议制度。环境保护行政执法机关、公安机关、人民检察院和人民法院每个季度定期举行联席会议，就环境违法犯罪案件有关情况进行交流、沟通和协调。联席会议由环境保护行政执法机关召集。

8.5　贵州省赤水河流域保护规划

8.5.1　规划背景

《贵州省赤水河流域保护条例》第十一条明确规定："赤水河流域保护和产业发展，应当统一规划。规划分为流域规划和区域规划，流域规划、区域规划包括综合规划和专项规划。区域规划应当服从流域规划，专项规划应当服从综合规划。"

《贵州省赤水河流域保护条例》第十三条明确规定："省人民政府发展改革行政主管部门会同省人民政府有关部门，编制赤水河流域保护综合规划、产业发展规划，报省人民政府批准后实施。赤水河流域保护综合规划应当包括流域功能定位，流域保护现状，流域保护近期、中期、远期目标和重点，流域保护政策措施等内容。赤水河流域产业发展规划应当包括流域产业发展定位，产业发展现状，产业布局和产业结构调整，产业发展目标和措施，重点发展领域和优先发展项目等内容。"

8.5.2　规划内容

针对赤水河流域，应该借鉴制定实施《太湖流域水环境综合治理方案》《珠江流域综合规划》的经验，以及泰晤士河、莱茵河、田纳西河统一规划治理的经验，建立全流域的《赤水河流域综合性保护与发展规划》，明确流域产业发展、生态建设和环境保护的目标及责任，合理规划流域上下游的产业发展、结构调整；同时争取制定赤水河全流域污染防治规划。

因此，贵州省明确了"要以规划为引领，加快工业化、城镇化、农业产业化、旅游服务业的进程"。2013年，贵州省环保厅联合相关部门制定《赤水河流域环境保护规划》。设置了"主干河包括主要支流在2020年全部达到二类水质"的目标，规划了400多个项目，主要是污染治理、防治方面，预计投资是65亿元；并且划了3个功能区，第一个是环境保护区，第二个是生态恢复区，第三个是生态控制区。按照对3个不同的功能区划分，实质上对产业的要求、水质的要求、保护的要求都有相关的查验。

8.6　流域管理政策（法规）实施效果

贵州省制定并实施《贵州省赤水河流域保护条例》《贵州省赤水河流域水污染防治生态补偿暂行办法》《省人民政府办公厅关于在赤水河流域贵州段实施环境保护河长制的通知》（黔府办函〔2013〕42 号）、《贵州省赤水河流域环境保护河长制考核办法》《贵州省赤水河流域环境保护规划》《贵州省赤水河流域生态文明制度改革试点工作方案》以来，严格规范和推进流域生态环境保护，加快环保基础设施建设和工程治理，集中连片治理力度不断加大，使贵州省赤水河流域水质发生了根本性改变，出境断面水质维持在 II 类，70%河段达到 II 类水质，总体水质III类，IV类、V 类水质河段已经消失。尤其是率先在赤水河流域推进的 12 项生态文明建设重点改单任务，目前已基本落实，取得了实实在在的效果，并将成功经验复制推广到乌江流域继续推进。具体表现在以下几个方面：

（1）划定并实施了赤水河水环境功能分区、水资源利用、森林及物种资源、耕地保护红线，红线区域面积 7 472 km^2，占比达到 61.1%。

（2）建立了最严格的水资源使用和管理制度，完成流域水资源开发利用控制、用水效率控制和水功能区限制纳污"三条红线"指标分解。

（3）开展了以赤水市为对象的全国首例领导干部自然资源资产离任审计试点，对该市森林、土地、水等自然资源以及体制创新、领导干部政绩考核等进行审计。

（4）建立了水污染防治生态补偿机制，在毕节市与遵义市之间实施双向水污染防治生态补偿，2014 年以来遵义市向毕节市缴纳生态补偿资金 3 300 万元。探索实施赤水河云贵川三省生态补偿机制，编制完成了《赤水河流域生态补偿方案（云贵川）》。

（5）强化了生态环境保护监管和行政执法机制，建立了流域排污许可证制度、固体废物处置体系，开展跨部门、跨区域联动执法；在公检法分别成立了生态环境保护机构，强化行政、司法执法衔接。

（6）实施环境污染第三方治理，企业付费，专业的环保公司负责运营管理，有效地保护了赤水河的水环境。

（7）完善生态环境保护投融资制度，争取中央及省级各类资金实施环保基础设施建设项目 50 余个。

（8）整合省直各部门力量推进流域 102 个乡镇农业种植结构调整、生态化养殖等，合力整治农业农村污染。

（9）创建生态环境治理和恢复制度，形成了加强森林资源、生物多样性保护以及石漠化治理、退耕还林还草、小流域治理等项目实施的长效机制。

（10）落实环境保护河长制，每年定期对流域 2 位"市级河长"和 8 位"县级河长"进行年度考核，赤水河市（州）、县（区）、乡（镇）三级河长通力合作，细化分解责任，共谋保护措施。

（11）认真实施生态环境损害、林业生态红线保护工作党政领导干部问责暂行办法，初步建立了生态环境保护考评机制。

2015 年，赤水河流域 10 个监测断面均达到规定水质类别，其中 9 个达到 II 类水质，占 90%。鲢鱼溪出境断面水质稳定达到 II 类，水体中 COD 浓度均值为 12.0 mg/L，比标准限值低 3 mg/L。总体上看，赤水河流域水质实现了"水质恶化趋势得到根本遏制，水质明显改善，稳定达到国家规定的水质功能"的要求，老百姓满意度明显提高。

8.7　保护赤水河流域的建议

（1）赤水河全流域需要云、贵、川上下联动，齐心保护赤水河流域。赤水河流域贵州段上游地区（七星关、金沙、大方等）为保护赤水河流域，严格环境准入，他们做出了奉献；中下游地区在给上游生态补偿的同时，也提出了"向污染宣战"，巩固建设成效，下大力气治理污染管控污染，尤其是盐津河等整治，赤水河流域贵州段已经从政府层面形成了上下联动，但是赤水河流域贯穿云南、贵州、四川三省，当前亟须三省形成合力，上下联动保护赤水河。

（2）在新建环保设施的同时，夯实已建成环保设施的建设与运营，避免出现"重建设、轻监管"及"重开发、轻保护"的动态，强化治理成效。一方面，已经建成的工业废水处理厂以及城镇生活污水处理厂，一定要加强污水收集管网的建设和老旧管网的维护改造，做好雨污分离，避免出现"大马拉小车"的现象，同时要注重中水回用。另一方面，针对已经建成的农村分散污水处理工程，要定期维护，确保出水水质达标排放。

（3）加强能力、资金、技术、制度等保障，政府加大环境监察能力建设。采取多种形式（在线监测、举报、法律手段等）严厉打击企业及个人违法行为，对排污者实行实时监控，杜绝小企业的偷排行为。

（4）采用多样化的宣传方式，营造保护赤水河的氛围。除了《条例》石刻之外，开展形式多样的保护赤水河流域的宣传方式，如知识竞赛、微信、微博等平台宣传《条例》，营造全员参与保护赤水河流域的氛围。

（5）建议相关政府起草《赤水河全流域治理与保护行动计划》，提交给国家相关部门，力争把赤水河流域保护纳入国家层面，从国家层面推进流域生态补偿。

附 录

附录1 2013—2017年直接成本（DC）统计核算表

附录1-1 流域生态保护与建设成本（DC$_1$）

赤水河流域监管能力建设项目及投入核算表

序号	县（区）	项目名称	建设内容及位置	是否为保护赤水河流域而投	投入年份	完成年份	总投资/万元	省级财政补贴/万元	地方自筹资金/万元	责任单位	备注
1	七星关区	建成赤水河干流河坝断面1个自动监测站点	配备赤水河流域上游干流监控系统，位于清水铺镇橙满园村河坝村民组	是	2014	2015	350	250	100	毕节市环保局、七星关区政府	项目建设周期6个月，包含征地、通电、主体工程施工等费用
2	大方县	建成赤水河支流三岔河1个断面水质自动监测站	配备赤水河流域二道河支流环境监控系统，位于大方县三岔河电站	是	2014	2015	250	250	0	毕节市环保局	项目投资250万元，其中50万元用于监测站房建设，200万元用于仪器设备采购及安装。项目于2015年4月建成并试运行，数据已开始模拟传输

序号	县（区）	项目名称	建设内容及位置	是否为保护赤水河流域而投	投入年份	完成年份	总投资/万元	省级财政补贴/万元	地方自筹资金/万元	责任单位	备注
3	金沙县	建成赤水河1个断面水质自动监测站	配备赤水河干流环境监控系统，位于金沙县清池，二道河入河口下游完全混合段处	是	2014	2015	250	250	0	毕节市环保局	
		总计					850	750	100		

注：数据来源于《规划》项目表及投资预算，环保局调研与填报，《赤水河流域环保资金一览表》（毕节市环保局）2014-12-1）《2015上半年大方县环境保护局关于我县赤水河流域专项资金建设项目的情况汇报》；本书并未计算后期运营维护费用。

赤水河流域水土流失治理项目及投入核算表

序号	县（区）	项目名称	河流名称	建设内容及规模	解决的环境问题	项目时间 投入年份	项目时间 完成年份	总投资/万元	省级财政补贴/万元	自筹资金/万元	项目实施单位
1	七星关区	毕节市赤水河流域重点治理示范区	小河、沿河、白沙河、高流河	石坎坡改梯735.84 hm²，柳杉为主的水保林692.92 hm²，梨子、板栗、柑橘为主的经果林1533.62 hm²，人工种草182.21 hm²，实施封禁治理4945.36 hm²，保土耕作2582.04 hm²，配套修建谷坊28座，总长568 m，蓄水池64口，共1920方，排灌沟渠16 km，沉沙凼32口共128方，田间便道11.2 km，沼气池19口	规划治理面积106.72 km²	2017	2020	5015.81	3348.72	1667.09	水保办

序号	县（区）	项目名称	河流名称	建设内容及规模	解决的环境问题	项目时间 投入年份	项目时间 完成年份	总投资/万元	省级财政补贴/万元	自筹资金/万元	项目实施单位
2	七星关区	国家水土保持重点建设工程毕节市七星区燕林项目区	渭河、沔鱼河	坡改梯 268.8 hm²，水保林 1 472.8 hm²，经果林 1 472.8 hm²，封禁治理 2 977.7 hm²，保土耕作 4 557.9 hm²，配套修建、排灌沟 4.46 km，蓄水池 19 口、沉沙函 19 口，生产道路 15.56 km²	综合治理面积 107.5 km²	2013	2017	3 767.07	2 524	1 243.07	水保办
				总计				8 782.88	5 872.72	2 910.16	

注：数据来源于实地调研中对环保局和水保办的工作人员的问询，《毕节市赤水河流域规划项目申报表 2013》《赤水河流域水土流失规划项目表（水保办填）2013》；经水保办工作人员提供：该项目投资由省级财政资金：地方政府自筹资金≥2：1 构成。

赤水河流域上游毕节地区生态环境保护和建设专项表

序号	县（区）	项目名称	项目位置	建设内容及规模	干流/支流	项目时间 投入年份	总投资/万元	省级财政补贴/万元	自筹资金/万元	责任单位
1	七星关区	赤水河流域生态恢复	林口镇、生机镇等	坡改梯、水保林、人工种草等	干流	2017	800	544	256	毕节市环保局、七星关区政府
2	七星关区	炼硫区废弃场污染治理及生态修复工程	林口镇、生机镇等	炼硫区废弃场污染治理及生态修复工程	干流	2016	800	544	256	七星关区政府、环保局
3	金沙县	煤矿山及非煤矿山生态保护和环境综合治理	流域所属乡镇	煤矿山及非煤矿山生态保护和环境综合治理	二道河、水边河	2017	1 000	676	324	金沙县政府、环保局
			总计				2 600	1 764	836	

注：数据来源于《规划》。对主管部门的实地调研及对方工作人员的资料填报；经责任单位证实，该项目投资由省级财政资金：地方政府自筹资金≥2：1 构成。

附录 1-2　水环境保护与治理直接成本（DC$_2$）

上游沿岸集镇污水处理厂建设及配套管网工程投入汇总表

序号	县（区）	项目名称	项目实施单位	项目建设内容	投资/万元	国家补助或其他来源/万元	自筹资金/万元	投入年份	完成年份	解决的主要环境问题	备注
1	七星关区	七星关区小吉场镇污水处理厂	七星关区人民政府	建设日处理400 t污水处理厂及管网建设3 997 m	866.79	693.43（银行贷款）	173.36	2014	2015	集镇的污水经集中收集进入污水处理厂处理后达到一级投资预算标准后排放	数据以《赤水河环保项目申报表》为基础，再根据《各污水厂及配套管网工程的可研报告》进行调整；《规划》处理18个月；污水处理厂及垃圾清运设施建设类项目出资，国家≥60%，地方≤40%出资
2		七星关区清水铺污水处理厂		建设日处理500 t污水处理厂及管网建设11 080 m	938.18	760.56（银行贷款）	177.62	2014	2015		
3		七星关区燕子口污水处理厂及集镇管网建设		建设日处理400 t污水处理厂及管网建设5 634 m	792.06	633.65（银行贷款）	158.41	2014	2015		
4		七星关区龙场营镇污水处理厂及集镇管网建设		建设日处理600 t污水处理厂及管网建设6 900 m	969.5	775.6（银行贷款）	193.9	2015	2017		
5		七星关区林口镇污水处理厂及集镇管网建设		建设日处理800 t污水处理厂及管网建设11 080 m	1 605.32	1 075.57	529.75	2015	2017		
小计					5 171.85	3 848.81	1 233.04				

序号	县(区)	项目名称	项目实施单位	项目建设内容	投资/万元	国家补助或其他来源/万元	自筹资金/万元	投入年份	完成年份	解决的主要环境问题	备注
6	大方县	星宿乡污水厂及集镇管网建设	大方县政府	建设日处理1000t污水处理厂（2015年4月已完成可研、环评）	1 000	677	323	2015	2017	集镇的污水经收集进入污水厂处理达到一级标准后排放	数据以《赤水河环保项目申报各表》为基础，根据《各污水厂工程的可研报告》进行调整；项目实施周期规定为不超过18个月；《规划》投资预算及环保局确认
7		长石镇污水处理厂及集镇管网建设		建设日处理为1500t的污水处理厂及污水管网11095m（2015年5月已投入试运行）	1 285	771	514	2013	2015		
		瓢井镇污水处理厂		建设日处理为2000t的瓢井镇污水处理厂，负荷率为60%	1 259	817	432	2015	—		
		小计			3 544	2 275	1 269				
8	金沙县	石场乡集镇污水处理工程建设	金沙县政府、金沙县住建局	建设日处理为1500t的石场乡污水处理厂	552	331.2	220.8	2015	2016	解决集镇生活污水对赤水河流域污染	污水处理厂建设及设施，垃圾清及建设运设施，建设类项目出≥国家≥60%、地方≤40%出资
9		金沙县清池镇污水处理厂		建设日处理为2000t的清池镇污水处理厂，负荷率为60%	1 259	817	432	2014	2015		
10		平坝集镇污水处理工程建设		建设日处理为1500t的污水处理厂	457.2	274.32	182.88	2015	2016		
		小计			2 268.2	1 422.52	835.68				
		总计			10 884.05	7 556.33	3 327.72				

注：数据来源于《规划》中项目投资预算，《2014—2015年度赤水河流域保护专项资金实施方案及项目表》《大方县长石镇污水处理厂投标公告》《金沙县国民经济与社会发展"十二五"规划》《贵州省环境污染治理设施建设三年行动计划（2015—2017）年》、现场调研，资料填报等；经环保局工作人员证实，总投资由省级财政资金：地方政府自筹资金≥2：1构成。

流域内集镇污水处理设施（含管网配套）改造升级项目投入核算表

序号	县（区）	项目名称	新增污水处理设施/（万 t/d）	升级改造污泥处理设施/（t/d）	新增管网水管/km	污泥处理处置量/t	项目时间 投入年份	项目时间 完成年份	总投资/万元	补助资金/万元	自筹资金/万元	责任单位
1	七星关区	毕节市燕子口镇污水处理配套设施工程	0.5	1 060.3	21.2	2 650.8	2014	2015	3 711.1	2 597.8	1 113.3	毕节市政府
2	七星关区	毕节市小吉场镇污水处理配套设施工程	0.7	1 390.7	27.8	3 476.8	2014	2015	4 867.5	3 400.7	1 466.8	毕节市政府
		总计							8 578.6	5 998.5	2 580.1	

注：数据来源于《规划》中项目投资表、《2014—2015 年度赤水河流域保护专项资金实施方案及项目表》《贵州省环境污染治理设施建设三年行动计划（2015—2017）年》《贵州三峡库区上游库区及影响区水污染防治规划（2012—2015 年）》中项目规划表；现场调研及资料填报；经环保局工作人员证实，总投资由省级财政资金：地方政府自筹资金≥2∶1 构成。

畜禽养殖污染治理项目投入核算表

序号	县（区）	项目名称	干流/支流	建设内容及规模	解决的环境问题	项目时间 投入年份	项目时间 完成年份	总投资/万元	省级财政补贴/万元	自筹资金/万元	责任单位
1	七星关区	龙场营镇彭垣养殖场	支流	建设干粪集收集池 120 m³，清粪收集池 4 000 m³	实现污染物削减 NH₃-N: 2.16 t，COD: 43.2 t	2014	2015	123.6	84	39.6	七星关区政府
2	七星关区	清水铺镇老道山村种养殖场	支流	建设干粪集收集池 100 m³，清粪收集池 3 333 m³	实现污染物削减 NH₃-N: 1.8 t，COD: 36 t	2014	2015	103	70	33	七星关区政府
3		清水铺镇曾军养殖场	支流	建设干粪集收集池 110 m³，清粪收集池 3 666 m³	实现污染物削减 NH₃-N: 1.98 t，COD: 39.6 t	2014	2015	113.28	76	37.28	七星关区政府

序号	县（区）	项目名称	干流/支流	建设内容及规模	解决的环境问题	项目时间 投入年份	项目时间 完成年份	总投资/万元	省级财政补贴/万元	自筹资金/万元	责任单位
4	七星关区	田坎乡青龙生猪养殖场	干流	建设干粪收集池50 m³，清粪收集池1 666 m³	实现污染物削减 NH$_3$-N: 0.9 t, COD: 18 t	2016	2017	51.48	34.48	17	七星关区政府
5	七星关区	生机镇晨曦生猪养殖专业合作社	干流	建设干粪收集池110 m³，清粪收集池3 666 m³	实现污染物削减 NH$_3$-N: 1.98 t, COD: 39.6 t	2016	2017	113.28	76	37.28	七星关区政府
6		清池镇坳上村赖克祥养殖场	二道河	养殖废水生化处理，排污口规范化整治	实现污染物削减 NH$_3$-N: 4.6 t, COD: 284.7 t	2017	2017	40	28	12	七星关区政府
		小计						544.64	368.48	176.16	
7	金沙县	石场乡柏杨养殖专业合作社	水边河	养殖废水生化处理，排污口规范化整治	实现污染物削减 NH$_3$-N: 9.2 t, COD: 369.4 t	2017	2017	60	40	20	金沙县政府
8		箐门乡大山养殖专业合作社	水边河	养殖废水生化处理，排污口规范化整治	实现污染物削减 NH$_3$-N: 4.6 t, COD: 284.7 t	2017	2017	40	27	13	金沙县政府
		小计						100	67	33	
		总计						644.64	435.48	209.16	

注：数据来源于《流域保护规划》、对主管部门的实地调研及对方工作人员的资料填报，《金沙县和大方县"十二五"环境保护专项规划》；经农牧局工作人员证实；该项目投资一般由省级财政资金：地方政府自筹资金≥2∶1构成。

垃圾收集—清运—填埋设施工程建设项目投入核算表

序号	县（区）	项目名称	项目位置	工程内容	处理规模(t/d)	项目时间 投入年份	项目时间 完成年份	总投资/万元	中央财政补贴/万元	地方政府自筹/万元	项目实施单位	备注
1	七星关区	林口镇生活垃圾转运系统	林口镇	垃圾转运站及转运车辆	55	2013	2014	398	238.8	159.2	七星关区政府	项目实施背景是：①农村生活垃圾影响赤水河流域地表、地下水；②大方县垃圾焚烧发电的垃圾收集。项目实施后可缓解集镇生活垃圾对赤水河流域的污染问题。垃圾转运项目的工程周期为4个月
2		生机镇生活垃圾转运系统	生机镇	垃圾转运站及转运车辆	60	2013	2014	426	255.6	170.4	七星关区政府	
3		清水铺镇生活垃圾转运系统	清水铺镇	垃圾转运站及转运车辆	60	2013	2014	426	255.6	170.4	七星关区政府	
4		亮岩镇生活垃圾转运系统	亮岩镇	垃圾转运站及转运车辆	40	2013	2014	284	170.4	113.6	七星关区政府	
5		大银镇生活垃圾转运系统	大银镇	垃圾转运站及转运车辆	40	2013	2014	284	170.4	113.6	七星关区政府	
6		小吉场镇生活垃圾转运系统	小吉场镇	垃圾转运站及转运车辆	70	2013	2014	512	307.2	204.8	七星关区政府	
7		燕子口镇生活垃圾转运系统	燕子口镇	垃圾转运站及转运车辆	75	2013	2014	540	324	216	七星关区政府	
8		赤水河流域乡镇生活垃圾无害化处理工程	七星关区	垃圾填埋无害化处理	300	2013	2015	12 084	7 854.6	4 229.4	七星关区政府	
		小计						14 954	9 576.6	5 377.4		
9	金沙县	清池镇生活垃圾转运处置	清池镇	垃圾收集、转运及转运车辆	40	2015	2016	300	180	120	金沙县政府	
10		赤水河三乡生活垃圾转运设施建设	马路乡、太平乡、桂花乡、箐门乡	垃圾收集、转运及转运车辆	100	2016	2017	800	480	320	金沙县政府	
11		石场乡生活垃圾转运系统	石场乡	垃圾收集转运及转运车辆	40	2015	2016	300	180	120	金沙县政府	
		小计						1 400	840	560		

序号	县(区)	项目名称	项目位置	工程内容	处理规模/(t/d)	项目时间 投入年份	项目时间 完成年份	总投资/万元	中央财政补贴/万元	地方政府自筹/万元	项目实施单位	备注
12	大方县	果瓦乡垃圾收运处置项目	果瓦乡上寨村	垃圾收集、转运及转运车辆	30	2015	2015	263	157.8	105.2	大方县政府	
13		瓢井镇垃圾收运处置项目	瓢井镇中洞村	垃圾收集、转运及转运车辆	40	2015	2015	210	126	84	大方县政府	
14		星宿乡垃圾收运处置项目	星宿乡龙山村	垃圾收集、转运及转运车辆	30	2015	2015	263	157.8	105.2	大方县政府	
15		三元乡垃圾收运处置项目	三元乡胜兴村	垃圾收集、转运及转运车辆	30	2015	2015	263	157.8	105.2	大方县政府	
16		大山乡垃圾收运处置项目	大山乡高峰村	垃圾收集、转运及转运车辆	30	2015	2015	263	157.8	105.2	大方县政府	
17		长石镇垃圾收运处置项目	长石镇巨石村	垃圾收集、转运及转运车辆	40	2015	2015	210	126	84	大方县政府	
		小计						1 472	883.2	588.8		
		总计						17 826	11 299.8	6 526.2		

注：数据来源于《规划》中的项目表、《2015 上半年大方县环境保护局关于我县赤水河流域专项资金建设项目的情况汇报》及实地调研与填报；《规划》投资预算》中写污水处理厂建设及垃圾清运设施建设类项目的出资，按国家≥60%、地方≤40%出资；与《三年行动计划》中毕节 3（区）县垃圾收运系统投资预算相吻合。

附录 1-3　流域环境综合整治成本（DC₃）

赤水河流域环境综合整治项目投入核算汇总表（含 4 项指标）

序号	县(区)	项目类别	项目名称	干流/支流	工程内容及规模（污水站单位：万 t/d）	解决的环境问题	项目时间 投入年份	项目时间 完成年份	总投资/万元	省级财政补贴/万元	自筹资金/万元	责任单位
1	七星关区	城镇生活/工业污水治理项目	龙场营镇污水处理厂	支流	0.7	实现污染物削减 NH₃-N: 48.6 t, COD: 306.6 t	2015	2016	7 000	4 690	2 310	七星关区政府
2			林口镇污水处理厂	干流	0.6	实现污染物削减 NH₃-N: 41.6 t, COD: 262.8 t	2015	2016	6 000	4 200	1 800	七星关区政府
3			清水浦镇污水处理厂	干流	0.36	实现污染物削减 NH₃-N: 24.95 t, COD: 157.7 t	2014	2015	2 520	1 689	831	七星关区政府
4			生机镇污水处理厂	干流	0.2	实现污染物削减 NH₃-N: 13.9 t, COD: 87.6 t	2016	2018	2 000	1 342	658	七星关区政府
5			普宜镇污水处理厂	干流	0.3	实现污染物削减 NH₃-N: 20.8 t, COD: 131.4 t	2016	2018	3 000	2 000	1 000	七星关区政府
6			林口镇污水处理厂	干流	0.35	实现污染物削减 NH₃-N: 24.3 t, COD: 153.3 t	2016	2018	3 000	2 200	800	七星关区政府
7			团结乡污水处理厂	干流	0.1	实现污染物削减 NH₃-N: 6.9 t, COD: 43.8 t	2017	2019	1 000	693	307	七星关区政府
8			对坡镇污水处理厂	干流	0.2	实现污染物削减 NH₃-N: 13.9 t, COD: 87.6 t	2017	2019	2 000	1 442	558	七星关区政府

序号	县（区）	项目类别	项目名称	干流/支流	工程内容及规模（污水站单位：万 t/d）	解决的环境问题	项目时间 投入年份	项目时间 完成年份	总投资/万元	省级财政补贴/万元	自筹资金/万元	责任单位
9	七星关区		大银镇污水处理厂	干流	0.15	实现污染物削减 NH₃-N: 10.4 t, COD: 65.7 t	2017	2019	1 500	1 050	450	七星关区政府
10			大屯乡污水处理厂	干流	0.08	实现污染物削减 NH₃-N: 5.6 t, COD: 35.1 t	2017	2019	800	568	232	七星关区政府
11			田坎乡污水处理厂	干流	0.06	实现污染物削减 NH₃-N: 4.2 t, COD: 26.3 t	2017	2019	600	400	200	七星关区政府
12		城镇生活/工业冶水污水	燕子口镇污水处理厂	干流	0.5	实现污染物削减 NH₃-N: 40.6 t, COD: 276.6 t	2014	2015	3 711	2 486.3	1 224.7	七星关区政府
13			小吉场镇污水处理厂	干流	0.7	实现污染物削减 NH₃-N: 51.6 t, COD: 416.2 t	2014	2015	4 867	3 260.9	1 606.1	七星关区政府
	七星关区小计										11 976.8	
14	金沙县		桂花乡集镇污水处理项目	水边河	0.04	实现污染物削减 NH₃-N: 2.2 t, COD: 15.3 t	2013	2013	400	268	132	金沙县政府
15			清池镇污水处理厂	二道河	0.1	实现污染物削减 NH₃-N: 5.1 t, COD: 35.8 t	2016	2017	1 000	693	307	金沙县政府
16	金沙县		石场乡污水处理厂	水边河	0.08	实现污染物削减 NH₃-N: 4.4 t, COD: 30.7 t	2016	2017	800	528	272	金沙县政府
17			太平乡平雁煤矿生活污水处理厂	水边河	0.007	排污口规范化整治，实现污染物削减 NH₃-N: 0.2 t, COD: 2.4 t	2013	2013	50	50	0	平雁煤矿
	金沙县										711	

序号	县（区）	项目类别	项目名称	干流/支流	工程内容及规模/（污水站单位：万 t/d）	解决的环境问题	投入年份	完成年份	总投资/万元	省级财政补贴/万元	自筹资金/万元	责任单位
18	大方县	城镇生活/工业污水治理项目	长石镇污水处理厂工程	二道河	0.15	实现污染物削减 NH₃-N: 8.8 t, COD: 61.3 t	2013	2013	1 064	753	311	大方县政府
19			瓢井镇污水处理厂工程	二道河	0.15	实现污染物削减 NH₃-N: 8.8 t, COD: 61.3 t	2015	2016	1 650	1 105.5	544.5	大方县政府
20			三元乡污水处理厂工程	二道河	0.1	实现污染物削减 NH₃-N: 5.8 t, COD: 40.9 t	2015	2016	1 000	693	307	大方县政府
21			果瓦乡污水处理厂工程	二道河	0.1	实现污染物削减 NH₃-N: 5.8 t, COD: 40.9 t	2015	2016	1 000	693	307	大方县政府
22			大山乡污水处理厂工程	二道河	0.1	实现污染物削减 NH₃-N: 5.8 t, COD: 40.9 t	2015	2016	1 000	693	307	大方县政府
23			星宿乡污水处理厂工程	二道河	0.1	实现污染物削减 NH₃-N: 5.8 t, COD: 40.9 t	2014	2015	1 000	693	307	大方县政府
大方县 项目小计									46 962	32 190.7	2 083.5 14 771.3	
24	七星关区	小流域综合整治	普宜镇等 16 个村流域环境综合整治	干流	16 村	对流域内垃圾清理、规范河道	2013	2016	1 665	1 160	505	七星关区政府
25	金沙县		箐门乡油沙河狗脑壳一玄心店段河道治理工程	干流	3.7 km	治理河道 3 690 m，新建堤防堤 2 492 m	2013	2014	1 194	0	1 194	毕节市政府，金沙县政府
26	大方县		炼硫区植被恢复工程	二道河	11 km²	恢复炼硫区生态植被 11 km²	2013	2016	1 200	880	320	大方县政府
项目小计									4 059	2 040	2 019	

序号	县(区)	项目类别	项目名称	干流/支流	工程内容及规模(污水站单位：万t/d)	解决的环境问题	项目时间 投入年份	项目时间 完成年份	总投资/万元	省级财政补贴/万元	自筹资金/万元	责任单位
27	金沙县	流域内农村环境综合治理	太平乡、马路乡、桂花乡和箐门乡环境综合治理	干流	4乡环境综合治理	解决集镇生活污水及垃圾对赤水河流域污染	2014	2016	760	520	240	金沙县政府
28	大方县		大方县农村生活垃圾监管能力建设	干流	全县生活垃圾收集、处置监管能力建设	配备监测、环境监察设备等收集、处置生活垃圾，减少农村生活垃圾对水环境影响	2014	2016	100	77	23	大方县政府
29	大方县		赤水河流域上游6乡(镇)连户路硬化和院坝硬化	干流	6乡(镇)17 672户，连户路625.103 km	全面实施农村环境综合整治，加强公共服务设施建设，改善居民生活环境	2013	2015	5 323.11	3 566.49	1 756.62	大方县政府
		项目小计		赤水河流域					6 183.11	4 163.49	2 019.62	
30	七星关区	集中水源地治理	田坎村街上组上龙井水源污染防治及保护工程	干流	赤水河流域石场乡段保护区划定、防护栏及警示牌建设	保护乡镇饮用水水源地，利于控制上游赤水河取水量，减少污染发生率	2016	2018	50	50	0	七星关区政府
31	金沙县		清池镇集镇集中饮用水水源地整治项目	干流	赤水河流域清池镇段保护区划定、防护栏及警示牌建设	保护乡镇饮用水水源地，利于控制上游赤水河取水量，减少污染发生率	2015	2015	50	35	15	金沙县政府
32	金沙县		石场乡集镇集中饮用水水源地整治项目	干流	赤水河流域石场乡段保护区划定、防护栏及警示牌建设	保护乡镇饮用水水源地，利于控制上游赤水河取水量，减少污染发生率	2015	2015	50	35	15	金沙县政府

序号	县(区)	项目类别	项目名称	干流/支流	工程内容/及规模(污水站单位：万t/d)	解决的环境问题	投入年份	完成年份	总投资/万元	省级财政补贴/万元	自筹资金/万元	责任单位
33	金沙县	集中水源地治理	马路乡集镇集中饮用水水源地整治项目	干流	赤水河流域马路乡段保护区划定、防护栏及警示牌建设	保护乡镇饮用水水源地，利于控制上游赤水河取水量，减少污染发生率	2015	2015	30	20	10	金沙县政府
34			太平乡集镇集中饮用水水源地整治项目	干流	赤水河流域太平乡段保护区划定、防护栏及警示牌建设	保护乡镇饮用水水源地，利于控制上游赤水河取水量，减少污染发生率	2015	2015	30	20	10	金沙县政府
35			桂花乡集镇集中饮用水水源地整治项目	干流	赤水河流域桂花乡段保护区划定、防护栏及警示牌建设	保护乡镇饮用水水源地，利于控制上游赤水河取水量，减少污染发生率	2015	2015	30	20	10	金沙县政府
36			箐门乡集镇集中饮用水水源地整治项目	干流	赤水河流域箐门乡段保护区划定、防护栏及警示牌建设	保护乡镇饮用水水源地，利于控制上游赤水河取水量，减少污染发生率	2015	2015	30	20	10	金沙县政府
			项目小计						270	200	70	
			总计						57 474.11	38 594.19	18 879.92	

注：数据来源于《规划》、实地调研、《赤水河流域保护专项资金项目 2014 年度实施方案》、金沙县和大方县《"十二五"环境保护专项规划》；经环保局工作人员证实，总投资一般由省级财政资金：地方政府自筹资金≥2：1 构成。

251

附录2 2013—2016年机会成本（L_{OC}）统计核算表

附录2-1 上游地区煤矿（原煤、无烟煤）产业限制发展产值损失（$L_{煤矿}$）

2013—2016年赤水河流域上游地区煤炭（原煤、无烟煤）开采经营项目（企业）变更、退出情况汇总表

序号	矿山名称	矿权方位	可采储量/万t	原生产能力/（万t/a）	生产状态	现生产能力/（万t/a）	扩能/关停兼并重组状态 时间、原因	扩能/关停兼并重组状态 现象描述（依据）	现采矿权名称	是否因环境保护而损	备注
1	毕节市恒正煤矿	亮岩镇	1 746	9（设计）	停建	0	2013年停建，后停建至2015年11月转让采矿权，转让采矿权，现象描述	采矿权以980万元整体出售给贵州汇巨能源集团投资有限公司，原因：扩能资金不足，市场萧条，保护水源	贵州汇巨能源集团投资有限公司	否	原有矿权有效期2011—2017年；停建至2015年底，期间从未生产，无法根据产能估计损失
2	毕节市大树煤矿	亮岩镇	604	15	关停	0	2014年7月转让采矿权，兼并重组后至今未生产	采矿权以908万元整体出售给贵州新西南矿业股份有限公司	贵州新西南矿业股份有限公司	是	采矿权有效期为2013年6月—2017年9月，未过期
3	毕节市恒兴煤矿	生机镇联营官村	1 987	15（设计）	停建	0	2012年被要求停建，期间至2015年9月时转让采矿权后关闭	采矿权以1 020万元整体转让给贵州汇巨能源集团投资有限公司	贵州汇巨能源集团投资有限公司	否	采矿权有效期2012年7月—2017年9月，统计期内未生产，但采矿权转让前期损失由受让方承担

序号	矿山名称	矿权方位	可采储量/万t	原生产能力/（万t/a）	生产状态	现生产能力/（万t/a）	扩能关停兼并重组状态（时间、原因（依据）、现象描述）	现采矿权名称	是否因环境保护而损	备注
4	毕节市马鞍山煤矿	生机镇耿官村	644	9	关停	0	2014拟扩能，但资金不足，2014年6月转让矿权，等原因于2015年自动申请关闭。因产业政策要求原定于2014年前在不扩界下技改为30万t/a，但因资金困难	贵州新西南矿业股份有限公司	是	采矿权有效期限2012年2月—2017年4月，转让矿权后未生产
5	毕节市向阳煤矿	阿市乡安然村	345	30	关停	0	2014年3月转让采矿权，至今关停后告生产，期间部分煤矿继续开采、经营。采矿权整体出售以5000万元给贵州新西南矿业股份有限公司	贵州新西南矿业股份有限公司	否	采矿权有效期2011年12月—2017年4月，但向阳煤矿资源补偿到大告煤矿继续生产，资源未闲置
6	毕节市宝黔煤矿	燕子口镇	932	15	关停	0	2014年11月采矿权转让，2015宣告关闭产。采矿权整体出售1.3亿元给贵州黔宣能源集团有限公司，后因环境准入条件高、市场低迷等原因告关闭	贵州黔宣能源集团有限公司	是	采矿权有效期2011年8月—2017年5月，有效期内未生产
7	毕节市黄泥煤矿	林口镇	2 437	9（设计）	停建	0	2015年9月采矿权转让，拟扩能至30。采矿权整体出售1180万元给贵州汇巨能源集团投资有限公司	贵州汇巨能源集团投资有限公司	否	采矿权有效期2011年7月—2017年7月，期间从未生产过，前期损失由受让方承担

序号	矿山名称	矿权方位	可采储量/万t	原生产能力/（万t/a）	生产状态	现生产能力/（万t/a）	扩能关停兼并重组状态（时间、原因（依据）、现象描述）		现采矿权名称	是否因环境保护而损	备注
							时间、原因	现象描述			
8	毕节市煤洞山煤矿	林口镇	428	9	停产	0	2012年因事故被责令停产整顿	2012 被吊销采矿证；后又因采矿权于2016年4月到期，至今已停止采掘业务	无	否	《行政处罚决定书》（黔国土资执法罚〔2012〕2号），采矿权至2016年4月到期
9	毕节市大吉煤矿	小吉场镇高兴村	570	9	被兼并重组后关停	0	2013年采矿权转让，2014年宣告关团	采矿权以8 000万元整体出售给贵州新西南矿业股份有限公司。关停原因：从严保护水源、扩能资金不足等	贵州新西南矿业股份有限公司	是	采矿权有效期为2009年2月—2017年5月，采矿权未到期，但已停产
10	毕节市长运煤矿	层台镇	807	15	合资合作后停产	0	2014年9月起采矿权变更，至今未生产	由安顺永峰集团有限公司支付给长运400万元，以合资合作方式变更采矿主权	安顺永峰煤焦集团有限公司	是	采矿许可证有效期为2011年4月—2017年7月，合资合作继续生产
11	毕节市先明煤矿	对坡镇	837	9	被兼并重组后关停	0	2013年11月起采矿权转让，之后一直未生产	采矿权以2 600万元整体出售给安顺永峰煤焦集团有限公司	安顺永峰煤焦集团有限公司	是	采矿许可证有效期为2011年12月—2017年5月，有效期内停产
	七星关区小计：流域范围内共有11家煤矿，停建煤矿，涉及8个乡镇		11 337	144	全部处于停产、停产、停建状态		2013—2016年，共6家煤矿准入，环保准入条件而关停；4家煤矿企业在实施保护前后停建，统计期间一直未生产，默认停产前期投入费用由受让方承担，因此停建成本损失未计入生态保护机会成本损失中；1家煤矿因安全事故失去采矿权；抬高市场准入，且在采矿权有效期内且未生产，本书中计算过的产能统计原因，且本书计算的产能损失企业因安全事故被吊销采矿权				2013—2016年，共6家煤矿企业转让采矿权后因赤水河流域保护且在采矿权有效期内停产，共损失生产能力72万t/a，统计时段：2013年1月—2016年1月，0家煤矿采矿权过期

序号	矿山名称	矿权方位	可采储量/万t	原生产能力/(万t/a)	生产状态	现生产能力/(万t/a)	扩能关停兼并重组状态 时间、原因(依据)、现象描述	现采矿权名称	是否因环境保护而损	备注
12	平雁煤矿	太平乡大平村	1 591.27（截至2013年6月）	30	兼并重组后关停	0	2012年扩能至30万t/a；2013年8月转让采矿权后关闭	贵州蓝雁投资实业有限公司	是	原有矿权有效期2011—2017年；新采矿权有效期2013—2021年
13	红岩脚煤矿	清池镇鱼塘河村	709.2	9（设计）	停建	0	2012年停建，2013年9月转让采矿权，至今未投产	贵州省瓮安县龙腾焦化有限责任公司	否	采矿权有效期为2013年11月—2017年5月
14	路河煤矿	马路乡青平村	448	9	转让后关停	0	2015年转让后停产至2015年3月后自动申请关闭。2015年5月整体出售给吉顺，售价400万元。关停原因：资金、生产能力不足，环保压力	贵州吉顺矿业有限公司	是	新采矿权有效期2015—2017年，有效期内2015年一整年未生产
15	金鑫煤矿	石场乡群丰村	1 754	9	关停	0	2013年拟扩能至45，2014年自动申请关闭。关闭原因：原采矿权到期，扩能资金不足。2014年整体出售给龙腾焦化，售价6 000万元	贵州省瓮安县龙腾焦化有限责任公司	否	采矿权有效期2012年8月—2014年6月，采矿权已过期
	金沙县小计：流域范围内共4个矿山，停产、停建煤矿7个，涉及4个乡镇		4 502.47	57	全部停产、停建状态		2013—2016年，共2家煤矿企业转让采矿权后因赤水河流域保护抬高市场准入，环保准入条件而关停，共损失生产能力39万t/a，且在采矿权有效期内：1家煤矿企业虽已关闭，但采矿权也已过期，推定为因技改扩能资金不足而自动申请关闭，不算入该统计时段为2013年1月—2016年2月，采矿权已过期；1家煤矿企业在实施生态保护前后停产2月，采矿权过期建而一直未生产，因停建而无法详尽地统计原因，且本书在计算过程中，默认停建前期投入费用由受让方承担，因此停建企业的产能损失不计入生态保护入机会成本损失中			

序号	矿山名称	矿权方位	可采储量/万 t	原生产能力/(万 t/a)	生产状态	现生产能力/(万 t/a)	扩能关停兼并重组状态 时间、原因（依据）、现象描述		现采矿权名称	是否因环境保护而损	备注
16	吉利煤矿	星宿乡龙山村	202.1	9			2013 年 6 月将采矿权转让给众一金彩黔，以整体出售方式将采矿权转让给金彩黔业，转让费 20 000 万元，2014 年吉利煤矿资源被端丰整合，继续生产	国家产业产能调整政策 2013 年以协议出让采矿权的方式给众一彩黔，售价 3 500 万元	贵州众一金彩黔业有限公司	否	原有矿权有效期 2011 年 7 月—2014 年 2 月，采矿权过期与端丰煤矿合并，现采矿权有效期 2015 年 12 月—2016 年 12 月，目前在产
17	端丰煤矿	星宿乡龙山村	626	15	被兼并重组后正常生产	45					
18	阳菁煤矿	星宿乡龙山村	624	15	停产	0	2013 年 8 月被兼并重组关停后一直关停后未生产	2013 年以整体出让方式售采矿权给吉顺，售价 4 000 万元	贵州吉顺矿业有限公司	是	新采矿权有效期 2012—2019 年，其中 2013—2016 年未生产
19	庆阳水安煤矿	果瓦乡庆阳村	2 347.66	9	被兼并重组后停产	0	2013 年 12 月被兼并重组，2015 年申请注销采矿权	先以 5 106 万元出售给丰鑫源，后又注销采矿权，原因：资金压力款，注销的的缴纳金未缴纳（采矿权价款未缴纳金原因）	贵州丰鑫源矿业有限公司	是	采矿权有效期 2011 年 8 月—2017 年 4 月，采矿权未到期，已停产
20	德兴煤矿	瓢井镇油沙村	2 960.5	9	被兼并重组后停产	0	2014 年 9 月被兼并重组后关闭	2014 年以整体出让方式售采矿权给天府矿业，售价 360 万元	贵州天府矿业有限公司	是	采矿权有效期限 2012 年 8 月—2017 年 6 月，采矿权未到期，已停产

序号	矿山名称	矿权方位	可采储量 万t	原生产能力/(万t/a)	生产状态	扩能关停/兼并重组状态 时间、原因（依据）、现象描述	现生产能力/(万t/a)	现采矿权名称	是否因环境保护而损	备注
21	正达煤矿	大山乡	1 789	15	在产拟扩能	2013年7月与钰祥矿业合资合作将采矿权与贵州钰祥矿业集团共享，转让费600万元，合资合作后继续生产扩能，但因后续问题暂未扩能成功	15	贵州钰祥矿业集团有限公司	否	采矿权有效期限2011年11月—2017年7月，采矿权未到期，在产
22	龙山煤矿	星宿乡龙山村	469.87	15	兼并重组后停产	2013年10月将采矿权转让，后申请关闭。以合资合作方式将采矿权与永基矿业共享，转让费330万元，合并后停产	0	贵州永基矿业投资有限公司	是	采矿权有效期为2011年8月—2017年8月，有效期内未生产
23	长石煤矿	长石镇	843	15（设计）	停建	2014年4月。以合资合作方式将采矿权与蓝雁矿业共享，转让费740万元，合并后未建	0	贵州蓝雁投资实业有限公司	否	采矿权有效期为2011年11月—2017年5月，有效期内未工建设，期内停建未开工建，原因不详
	大方县小计：流域范围内共4个，1个停建，3家停产，涉及5个乡镇		9 862.13	102	4家停产，1个停建，3家停产后在产合并后在产停产	2013—2016年，共4家煤矿企业准入，环保准入，贵州省煤矿企业兼并重组工作组，目前在采矿权有效期内停产，1家煤矿企业在后停建；1家在实施保护后停产，统计期间一直未生产，因停建而无法得地统计原因，本书计算过程中，默认前期投入费用由受让方承担，因此停建企业的产能损失不计入生态保护机会成本损失中	赤水河流域保护因水污染因为赤水河流域保护，共损失生产能力48万t/a，统计时段为2013年1月—2016年2月		统计时段为2013年1月—2016年2月

数据来源：1.《省人民政府办公厅关于转发省能源局等部门贵州省煤矿企业兼并重组工作方案（试行）的通知》（黔府办发〔2012〕61号）；每一组煤矿与赤水河流域的关联度有多处佐证资料：①环保部门确认清除名的；②网络搜索备存中心数据；水污染工业污染数据分布与统计》（贵州省关闭关矿区内）水污染工业污染数据分布与统计的：http://www.gzcoal.gov.cn；③省国土资源厅官网公共资源交易备存中心数据；④调研时毕节市工能局提供的《赤水河流域关闭煤矿企业名单》等。

2.《金沙县煤矿企业兼并重组工作规划》中有关赤水河流域关闭煤矿企业名单及处置对策，因《赤水河流域保护规划》中规定的流域所涉及金沙县大田乡，因此统计时段将大田乡3家煤矿（蒋家沟煤矿、开发煤矿、云涧煤矿）排除；②由毕节市工能局、金沙县环保局提供的《毕节市517个矿井统计表（2011年12月）》等。

3.①大方县人民政府上报市政府的《大方县517个矿井统计表（2011年12月）》等；②由毕节市工能局、大方县工能局提供的《毕节市517个矿井统计表（2011年12月）》。

附录2-2 上游地区优势矿石（硫黄、砂石、页岩）产业限制发展产值损失（L其他矿石）

2013—2016年赤水河流域上游优势矿产业（硫黄冶炼、砂石开采）项目（企业）生产、关停状态汇总表

序号	项目名称	项目位置	项目类型	原生产能力/(t/a)	生产状态	现有生产能力（万t/a）	关停整合并转状态		是否有环境保护有损	备注
							时间	原因（依据）描述	环境保护有损	
1	硫黄一分厂	林口镇	硫铁矿开采—加工—销售：生产硫黄制品等	1 000	关闭	0	2008—2013年	因硫铁矿土法冶炼硫黄工艺落后，硫铁矿采矿方式粗放，硫黄厂成为赤水河流域的主要工业污染源之一，因此自2008年开始，七星关区下大力关闭硫黄冶铁冶炼企业，并对主要支流所涉及的15个镇乡在办理新建、改建、扩建项目的环保审批时，谨慎从严，按照环保优先原则，严把项目环评审批关，杜绝产生新污染源	是	七星关区众多硫黄厂主营硫铁矿开采、冶炼及销售，部分硫黄厂还生产硫黄块生产粉、硫黄挖矿加工等业务；且近5年硫铁矿市场需求量稳步上升，全国多个地区存在硫铁矿供不应求现象。但毕节地区正在此时因保护限制硫铁矿开采—加工，造成丁矿产资源闲置，产生了一定的机会成本
2	硫黄二分厂			2 000	关闭	0				
3	硫黄三分厂			2 000	关闭	0				
4	硫黄四分厂			2 000	关闭	0				
5	硫黄五分厂			2 000	关闭	0				
6	硫黄六分厂			2 000	关闭	0				
7	硫黄七分厂			1 000	关闭	0				
8	硫黄八分厂			500	关闭	0				
9	硫黄九分厂			2 000	关闭	0				
10	川花硫黄			2 000	关闭	0				
11	永兴硫黄厂			2 000	关闭	0				
12	迎新硫黄			2 000	关闭	0				
13	川黔联办硫黄厂	团结乡		4 000	关闭	0				
14	兴银硫黄厂			2 000	关闭	0				
15	三合硫黄厂			2 000	关闭	0				
16	乡山王坳硫黄厂			2 000	关闭	0				
17	滇黔广益硫黄厂			4 000	关闭	0				
18	黔瑙硫黄厂	生机镇		2 000	关闭	0				

序号	项目名称	项目位置	项目类型	原生产能力/(t/a)	生产状态	现有生产能力（万 t/a）	关停整合并转状态 时间	关停整合并转状态 原因（依据）描述	是否因环境保护有损	备注
		硫铁矿停矿停产状况小结：共关停3乡镇18个硫黄厂，涉及3个乡镇		46 500	全部关停	0				因赤水河流域的保护，七星关区自2008年起，共关停18家赤水河上游沿岸硫铁矿开采、硫黄加工冶炼厂，合计损失硫铁矿开采—加工产能共46 500 t/a
19	毕节市棒坡田页岩砖厂	清水铺镇	砖瓦用页岩矿开采、黏土砖瓦及建筑砌块制造等	开采规模：30 000万匹/a；生产规模：火烧砖3 000万/a	采矿权转让后继续生产	开采规模3万t/a开采；生产规模3 000万匹/a生产	2012年3月	30 000元转让给四川省宜宾县私人；采石场可采量48.34万t，矿山服务年限16 a	否	转让给私人后继续生产，并不影响生产值，不发生税收损失
20	毕节市清水铺镇东山村页岩砖厂			开采规模：3万t/a；生产规模：火烧砖3 500万匹	采矿权转让后继续生产	开采规模：3万t/a；生产规模：火烧砖3 500万匹	2012年5月	48 000元转让给亮岩镇水井湾砂厂；矿山资源储量20.10万t，矿山服务年限约6 a	否	转让给赤水河流域另一乡镇，不发生税收损失，资源浪费
21	毕节市兴建免烧砖厂			免烧砖2 000万匹；粗、细砂4万t	正常生产	免烧砖2 000万匹；粗、细砂4万t			否	
22	清水铺镇十八亩砂厂			粗、细砂3万t	正常生产	粗、细砂3万t			否	
23	毕节市清水铺大路砂厂			粗、细砂3万t	正常生产	粗、细砂3万t			否	主营石灰石开采项目
24	毕节市邹立页岩砖厂	亮岩镇		火烧砖3 000万匹	正常生产	火烧砖3 000万匹			否	主营黏土砖瓦及建筑砌块制造
25	宏恒建材厂	大银镇		页岩矿开采5万t/a	停产	0		主营业务收入390万元/a	是	2010年可比价
26	杨泽文采石场			采石打砂3万t	停产	0		主营业务收入 是	是	2010年可比价

序号	项目名称	项目位置	项目类型	原生产能力/(t/a)	生产状态	现有生产能力（万 t/a）	关停整合并转状态		是否因环境保护有损	备注
							时间	原因（依据）描述		
27	金鑫砂厂		砂	万 t/a	正常生产			120 万元/a	否	
28	仁鹏砂厂		砂		正常生产				否	碎石加工，主营收入300万元
29	德虎砂厂	林口镇	砂		正常生产				否	碎石加工，主营收入500万元
30	渭河砂厂		砂		正常生产				否	碎石加工，主营收入200万元
31	毕节市宏发页岩砖厂	对坡镇	页岩矿开采3万t/a	停产	0		主营收入：160万元/a	是	
32	毕节市阿市制砖厂		页岩矿开采3万t/a	正常生产	页岩矿开采3万t/a				否	
33	宏远采石厂	阿市乡	采石打砂5万t/a	停产	0		主营收入：360万元/a	是	数据采自2010年可比价
34	百石岩砂厂		石材未知	正常生产			主营收入145万元/a	否	

页岩矿、灰岩矿业停产状况小计：
共6个乡镇16个砖瓦用页岩矿开采/加工：

共停产4家

赤水河流域保护提升了页岩矿等的环境准入条件及总量控制目标，致使4家页岩矿开采、采石打砂厂停产。可统计到的损失产常生产，4家企业一共1030万元/a，以此作为当年销售收入（含税）：57元/t（2010年可比价），折算到2013年，约为69.8元/t

260

2013—2016 年赤水河流域优势矿资源（砂石土、页岩矿等）开采经营项目（企业）退出情况汇总表

序号	项目名称	项目位置	项目类型	原生产能力/（万 t/a）	生产状态	现生产能力/（万 t/a）	关停整合倒转状态	是否因环境保护有损	备注
1	金沙县桂花乡桂花村石粉厂	桂花乡		建筑石料用灰岩 10		0	出让桂花乡 1 号采矿权点 5 a 给金沙县白亮沟石粉厂，成交价 5.1 万元	是	为落实赤水河流域保护，金沙县矿产山中开发规划要求 3 个富含灰岩、页岩地区限制开采，桂花乡砂石矿个数及总量：限采数量 1 个，产量 2 万 t；
2	金沙县桂花乡回龙村石粉厂	桂花乡		建筑石料用灰岩 10		0	出让桂花乡 1 号采矿权点 5 a 给金沙县回龙石粉厂，成交价 5.1 万元	是	
3	金沙县桂花乡柿花村采石场	桂花乡	页岩、灰岩矿开采业、建材业	建筑石料用灰岩 10	2012 年 12 月起转让采矿权，转让后至今，全部处于停产状态。	0	出让桂花乡柿花村采石场 5 a 给金沙县白亮沟石粉厂，成交价 5.1 万元	是	
4	金沙县桂花乡回龙村采石场	桂花乡		建筑石料用灰岩 10		0	出让桂花乡 1 号采矿权点 5 a 给金沙县回龙石粉厂（杨成略）	是	清池镇砂石矿开采数量限制为 5 个，
5	金沙县马路乡金石粉厂	马路乡		建筑石料用灰岩 10		0	出让马路乡 1 号采矿权点 5 a 给金沙县马路金石粉厂，成交价 3.9 万元	是	产量 40 万 t，页岩矿 2 个，产量 15 万 t；
6	金沙县马路乡金龙村采石场	马路乡		建筑石料用灰岩 10		0	出让马路乡金龙村采石场 5 a 给金沙县马路金旺石粉厂（尹吉洪），成交价 3.9 万元	是	马路乡灰岩矿开采数量限制为 2 个，产量 4 万 t
7	金沙县清池镇鱼河石粉厂	清池镇		建筑石料用灰岩 10	统计期间全部停产	0	出让清池镇 1 号采矿权点 5 a 给金沙县农村公路管理所，成交价 5.1 万元	是	
合计		3 乡镇 6 个厂		60		0	因赤水河流域的保护，页岩资源、页岩集中化调整等，产业集中化调整等，且自实施保护以来，水泥用灰岩矿及砖用页岩矿的开采准入条件变得严格，设定灰岩开采规模≥30 万 t；建筑用砂石、砖用页岩矿规模≥2 万 t		金沙县共 6 个采矿权，采矿权未到期的采矿场转产、关闭，水泥用灰岩的损失产能为 60 万 t/a 的灰岩。2013—2015 年截止矿矿山项目表；目前统计到的页岩矿≥2 万 t

注：数据来源于《金沙县第二轮矿产资源总体规划 2011—2015》中附表 23：金沙县 2011—2015 年截止非煤矿山项目表；国土资源、页岩资源，金沙县采矿权挂牌出让成交公示，http://www.mlr.gov.cn/kyqsc/jggs/ckjjgs/20140404/20140404_3061679.htm，引用时间 2015-12-20.金沙县采矿权挂牌出让成交公示（金国土资公告（2012）52 号）。

附录 2-3　上游地区优势白酒产业（项目）限制发展产值损失（$L_{白酒}$）

2013—2016 年赤水河流域上游优势白酒产业（项目）退出情况统计表

序号	项目名称	项目位置	项目类型	原生产能力/（t/a）	生产状态	现有生产能力/（万 t/a）	关停整合/并转状态	是否因环境保护有损	备注
1	贵州三源喜酒业有限公司毕节大曲异地技改扩能项目	八寨镇	白酒酿造、包装业	年产基酒 1 万 t，成品酒包装能力达 3 万 t	关停	0	因治理污染而关停，且在统计时段 2013 年 6 月—2016 年 2 月，未见其正常生产。该酒厂异地扩能项目建成后，预计可完成年销售额达 10 亿元，税金超 3 亿元，利润总额 2.2 亿元；提供近 2 000 个就业岗位	是	2012 年 7 月起项目进入建设一期，约占地 435 亩，项目总投资 43 677 万元，2013 年完成 80%，投资额近 3 亿元
2	清池镇普安村清池源酒厂	清池镇普安村		150	停建	0	由普安村党支部 4 名党员投入 500 万元创办，截至 2013 年 4 月已完成投资 300 万元，因保护于 2013 年年底停建	是	酒厂采用茅台工艺酿沙酿酒
3	赤水源酒业有限公司	清池镇渔塘河		3000	停建	0	因保护于 2013 年年底停建，预引资 3.2 亿元，截至 2013 年已完成投资 1 800 万元	是	

序号	项目名称	项目位置	项目类型	原生产能力/(t/a)	生产状态	现有生产能力/(万t/a)	关停/整合/并转状态	是否因环境保护有损	备注
4	甘吉顺酒厂	清池镇普安村中心组		100	停建	0	2013年年初已投入200多万元的建设费用，后因保护停建	是	采用蒸气锅炉烤酒法酿酒的独特工艺熬
	合计	4家白酒生产、包装企业		基酒：13 250 包装：30 000	2012年年底停建	0	位于赤水河上游的该酒厂因赤水河流域保护而停建，截至停建时（2013年），已投入前期建设费用近3亿元	是	

注：1. 数据来源于①毕节市环保局在《毕节市赤水河流域工业污染源调查及处置结果》中所列的污染源名单及生产状况；②财务数据来源于毕节市人民政府、毕节市晚报，毕节市工业与能源管理委员会官方网站中有关该项目的简介等地。例如，新华网，"毕节大曲""毕节技改"异地技改"能项目建设如火如荼，http://www.gz.xinhuanet.com/2013-03/22/c_115121352.htm，引用时间2015-12-01等。

2. 数据来源于金沙县人民政府网，金沙县清池镇着力打造永水河酿酒食品工业园，http://www.gzjinsha.gov.cn/html/2013/05/03/content_57575.html，引用时间2013-5；调研时由金沙县工能局核实的"关于三家企业工能局核实的"关于三家企业因保护中游茅台镇白酒生产环境、赤水河水质、水量而被叫停"——没有提供纸质资料，只有口头描述（现在网上已经彻底找不到这个工业园区的资料了，但是2013年6月以前还是报道得如火如荼）。

附录2-4　上游地区畜禽养殖业限制发展产值损失（L畜禽）

2013—2016年赤水河流域上游畜禽养殖产业（项目）退出情况统计表

序号	项目名称	项目位置	产品类型	原生产能力/(t/a)	生产状态	现有生产能力/(t/a)	关停/整改状态、原因	是否因环境保护有损	备注
1	福泽生态养猪场	岚岩镇	猪	1 000	2014年年底停产	0	为落实《流域保护规划》，2013年七星关区、大方县依照《赤水河流域保	是	
2	开泰佳畜养殖有限责任公司	海子街镇	猪	300	全部停产	0		是	

序号	项目名称	项目位置	产品类型	原生产能力/(t/a)	生产状态	现有生产能力/(t/a)	关停整改状态、原因	是否因环境保护有损	备注
3	富源养殖场	层台镇	猪	1 200		0	护条例》制定并落实了《七星关区畜禽养殖禁（限）区划分方案》《大方县畜禽养殖禁（限）区划分方案》，方案将赤水河流域列为禁养区，具体规定禁养各区内不得新建和改扩建各类畜禽规模养殖，现有2014年12月31日内实现关停、转、迁	是	
4	桥头养猪专业合作社	亮岩镇	猪	800		0		是	
5	庆友种植养殖专业合作社	阿市乡	猪	200		0		是	
6	凯歌养殖场	阿市乡	猪	1 300		0		是	
7	龙香养猪场	瓢井镇	猪	271		0		是	
8	刘平养殖场	瓢井镇	猪	227		0		是	
9	兴隆养殖场	兴隆乡	猪	295	2013年年底全部停	0		是	
10	红星养猪场	长石镇	猪	189		0		是	
11	兴隆养殖专业合作社	星宿乡	牛	86		0		是	
12	富民养殖专业合作社	果瓦乡	牛	54	2014年年底前已全部关停	0		是	
合计	共12家养殖场赤水河流域内9家个乡镇		养猪场10家、养牛场2家	10年损失猪5 782头、牛140头	2014年年底前已全部关停	0	涉赤水河流域9个乡镇、12家畜禽养殖场因保护而关停、转迁，合计损失肉牛产量5 782头/a，肉牛产量140头/a，统计时段2013年6月—2016年2月末有新建、复建信息。	是	毕节市七星关区环保局《毕节市七星关区赤水河流域环境保护问题整改情况报告》

注：数据来源于调研座谈，由环保局提供的"十三五"环境保护规划项目表（畜禽养殖治理项目）；七星关区环保局《毕节市七星关区赤水河流域环境保护问题整改情况报告》，2013-10-02。

附录3　统计与核算相关解释

统计术语解释：①原生产能力指的是：煤矿山等正常生产时设计的矿井规模，假定生产当年达产且不超过该设计产量（该统计量各区县统计口径相同，单位均为万 t/a，便于后期核算），现有生产能力则根据统计截止日期前，矿井最新的生产经营状况（扩能技改、关停、兼并重组等）来确定；②文中统计的可采资源储量、采矿权有效期均由国土资源系统（国土部、省国土厅、毕节市国土局）内部可查的—××采矿权已勘探查明资源储量报告等资料提供，统计截至 2016 年 2 月；③关停并转、技改扩能的状态及原因、时间节点等数据是综合描述性数据，结合实际情况汇总多方资料相互佐证，尽量确保统计数据真实、可靠；核算产业机会成本的数据来源于以下主要资料：《流域保护规划 2013—2020》《毕节地区矿产资源总体规划 2011—2015》《金沙县人民政府——关于打造白酒酿造工业园区的规划》《2013 年大方县畜禽养殖禁（限）区划分方案》《毕节地区"十二五"经济社会发展规划项目库》《赤水河流域重点监控企业名单、煤矿企业名单》等。

现场调研包括：①向毕节地区及县一级工能局、煤炭局、环保局等收集官方所有的赤水河流域所经乡镇（按地区列表）有关矿产产业的政策、企业运营基本信息，包括各职能部门提供有关《赤水河流域相关产业限批、限排、限期治理等工作计划或文件》等；②到煤炭企业现场调研、资料收集与座谈会交流，向矿长等相关人员了解煤炭市场变化情况、环保运营成本、生产成本等财务信息。